When Young Children Need Help
Understanding and Addressing Emotional, Behavioral, and Developmental Challenges

透视与应对幼儿的情绪、行为和发展问题

[美] 德博拉·赫希兰（Deborah Hirschland） 著

李冰伊　霍力岩　杜宝杰　译

中国轻工业出版社

图书在版编目（CIP）数据

透视与应对幼儿的情绪、行为和发展问题／（美）德博拉·赫希兰（Deborah Hirschland）著；李冰伊，霍力岩，杜宝杰译. —北京：中国轻工业出版社，2022.5（2025.1重印）

ISBN 978-7-5184-3707-8

Ⅰ. ①透… Ⅱ. ①德… ②李… ③霍… ④杜… Ⅲ. ①儿童心理学-研究 Ⅳ. ①B844.1

中国版本图书馆CIP数据核字（2021）第225221号

责任编辑：牟　聪　　　责任终审：张乃柬

策划编辑：吴　红　　　责任校对：刘志颖　　　责任监印：吴维斌

出版发行：中国轻工业出版社（北京鲁谷东街5号，邮编：100040）

印　　刷：三河市鑫金马印装有限公司

经　　销：各地新华书店

版　　次：2025年1月第1版第3次印刷

开　　本：787×1092　1/16　印张：19.25

字　　数：200千字

书　　号：ISBN 978-7-5184-3707-8　定价：68.00元

读者热线：010-65181109

发行电话：010-85119832　010-85119912

网　　址：http://www.chlip.com.cn　http://www.wqedu.com

电子信箱：1012305542@qq.com

242420Y1C103ZYW

译者导读

在我国脱贫攻坚任务顺利收官、全面小康社会如期建成和学前教育“普及普惠”任务基本完成的背景下，高质量学前教育体系建设成为新的政策引领和重要要求，满足并实现人民群众对“幼有所育”“幼有优育”的美好期盼成为广大幼儿教育同行者的共同追求，贯彻落实立德树人根本任务，为培养德智体美劳全面发展的社会主义建设者和接班人奠定坚实基础成为具体目标。因此，教师能关注、识别每一名学前儿童的典型行为表现并支持他们的发展就显得尤为重要。至此背景下，我们用心寻觅可以有效帮助我们理解“学前儿童的典型行为表现”和“教师的针对性支持策略”的书籍，在我们的精心策划和选择下，最终确定本书并开始进行深入研读和译介。

为什么要译介本书

具体而言，我们译介本书主要基于如下几点理由。

以研究支持为焦点，幼儿研究与支持将成为未来核心素养

在研究幼儿的基础上支持幼儿，才能真正帮助幼儿获得有质量的发展。近年来，我国学前教育正朝向“幼儿研究与支持”的方向不断深入。具体来讲，《3—6岁儿童学习与发展指南》的“目标部分分别对3—4岁、4—5岁、5—6岁三个年龄段末期幼儿应该知道什么、能做什么，大致可以达到什么发展水平提出了合理期望，指明了幼儿学习与发展的具体方向”，也明确了幼儿学习与发展的典型行为表现；“教育建议部分列举了一些能够有效帮助和促进幼儿学习与发展的教育途径与方法”，即提供了针对典型行为表现的教师支持策略。《幼儿园教师专业标准（试行）》中要求幼儿园教师“研究幼儿，遵循幼儿成长规律，提升保教工作专业化水平”“了解幼儿发展中容易出现的问题与适宜的对策”“掌握不同年龄幼儿身心发展特点、规律和促进幼儿全面发展的策略与方法”。《幼儿园新入职教师规范化

培训实施指南》中为了提升幼儿园教师的内生学习力与岗位胜任力，更是直接将“幼儿研究与支持”作为重要的培训模块之一，并帮助幼儿园教师实现从“幼儿研究与支持”向“幼儿保育与教育”的转化。可以说，随着我国高质量学前教育体系建设的不断深入，幼儿研究与支持将会更加重要，更受重视，成为幼儿园教师的核心素养。而本书呈现的内容以研究与支持为焦点，正是幼儿园教师在研究幼儿典型行为表现的基础上为幼儿提供针对性支持策略以促进幼儿发展，对我们有重要的启示价值和借鉴意义。

以实践操作为导向，有生动、具体的实践案例和理论分析

为了帮助一线教育工作者理解幼儿的典型行为表现和应用教师支持策略，本书以实践操作为导向，在结构设计、内容选择和术语表达等方面都尽可能贴近实践工作者的需求，通过生动、具体的实践案例和基于实践案例的理论分析，帮助实践工作者理解和掌握幼儿的典型行为表现和一般性支持策略，引导实践工作者应用、制定和实施促进幼儿发展的具体支持策略。本书作者基于丰富的研究积累和实践经验，列举了不同年龄段、不同特点的幼儿的典型行为表现和针对性教师支持策略，使得关注、识别幼儿的典型行为表现并支持他们的发展变得更加具体化和可操作化。

“借他山之石，琢己身之玉”。自中国共产党第十八次全国代表大会以来，我国学前教育事业快速发展，整体水平和发展质量都不断提高，但是由于底子薄、欠账多，发展不平衡不充分问题十分突出，目前学前教育仍是整个教育体系的短板。在传统观念的影响和推动下，我们探寻到这本系统研究学前儿童的典型行为表现与教师支持策略的书籍，在深度研读的基础上，决定将此书译介给我国学前教育学习共同体、发展共同体和命运共同体中每一位志同道合的朋友。《透视与应对幼儿的情绪、行为和发展问题》（*When Young Children Need Help: Understanding and Addressing Emotional, Behavioral, and Developmental Challenges*）一书是德博拉·赫希兰教授的研究成果，是兼具理论前瞻性与实操指引性的专业书籍。我们真切地盼望此书的译介能够在一定程度上引发广大读者的行动与思考。

本书的基本结构与主要内容

本书围绕“透视与应对幼儿的情绪、行为和发展问题”展开论述，全书内容共十八章，主要分为四大部分。第一部分指向“在开始工作前明确细节”，具体包括本书的第一至六章；第二部分强调“关系是关键”，具体包括本书的第七至十二章；第三部分描述“解决自我调节方面的问题”，具体包括本书的第十三至十六章；第四部分注重“整合所有信息”，主要以书信方式进行总结，具体包括本书的第十七、十八章。

本书的主要启示与我们的未来工作

“三人行，必有我师焉”，本书中多处内容令译者陷入反省和深思且获得教育启迪。本书是一本专业性强、针对性强、指导有力的专业读本，书中的一些典型性、具体化和可操作的理念、做法和案例更是给译者留下了深刻印象，并可以为我们的教育和教学工作提供重要的启发。具体来说，有以下几个方面。

进一步明确学前儿童发展的典型行为表现

“内化于心，外显于行”，明确学前儿童发展的典型行为表现是实现支架学前儿童的学习与发展的基础。第一，实现学前儿童的学习与发展需要先理解其学习与发展的典型行为表现。比如，书中的案例明确指向有不同表现的幼儿——沉默寡言的玛丽娅、内向胆怯的珍妮、四处游走的埃米利奥、精力旺盛的亚当、沮丧易怒的汉娜和焦虑忧愁的伊莎贝尔等，他们的内心经历错综复杂，外显表现各不相同。第二，学前儿童的典型行为表现是学习与发展目标的具体化呈现。比如，沉默寡言的玛丽娅可能是语言能力发展迟缓，内向胆怯的珍妮可能是社会交往能力不足，沮丧易怒的汉娜可能是有心灵创伤等。无论是先天发展的不足，还是后天经历了困难，那些外化的典型行为表现都为发展和支持指明了前进的方向。

进一步重视学前儿童的教师支持策略

“木受绳则直，金就砺则利”，学前儿童的教师支持策略是实现学前儿童的学习与发展的保证。随着作为教学方法的支架式教学越来越多地被使用，今天的教师比以往任何时候都更加需要在充分认识到幼儿典型行为表现的同时，更多地对幼儿发展水平所处何处做出判断并对幼儿的学习与发展需求做出回应。第一，遵循教师支持策略的应用原则，涉及效益最大化、前瞻性而非反应性、强项带动弱项、温馨的关系保障、最近发展区、目标分解、游戏媒介、借助于力量、平等互动、灵活性等。第二，选择适宜的教师支持策略，涉及“三段式翻转”、用关系孕育每一天、“借一个伙伴”游戏、90-10规则、家园合作等，通过不同支持策略的组合实现支持幼儿学习与发展效益的最大化。

进一步追求基于典型表现的教师支持策略

“兵来将挡，水来土掩”，追求学前儿童的典型行为表现与教师支持策略的一体化是实现学前儿童学习与发展的关键。对于不同的幼儿，本书中采取的支持策略虽有交叉但指向每个案例的典型行为表现，并且都有一个核心的策略。例如：打破汉娜的黑暗保护墙，温暖之光才能照射到她的内心深处，她才会逐渐敞开心扉；通过发展强项和感兴趣之物，“参与灯泡”逐渐闪烁耀眼光芒，教师才能接近真实的汉娜、了解不一样的汉娜、成就多彩的汉娜。追求学前儿童的典型行为表现与教师支持策略的一体化就是为了实现效益的最大化，正如“将”来挡“兵”，“土”来掩“水”之有效。

进一步关注真情境中的典型表现与支持策略

“骏马能历险，力田不如牛”，关注真情境中的典型表现与支持策略是实现学前儿童学习与发展的前提。在不同的真实情境中，不同的儿童有不同的学习与发展情况，不同的教师有不同的支持方式和策略，同一儿童的学习与发展情况也存在差异，同一教师的支持方式和策略也有不同的组合。第一，只有理解和把握真实的教育和教学场景中学前儿童的典型行为表现和发展水平，才能真正实现在“有准备的教师”支架下儿童有效且有益的学习与发展，为儿童后续的学习与终身发展奠定良好的素质基础。第二，儿童学习与发展的真情境就是能够真实反映儿童学习与发展的教育和教学活动，正如本书中不同章节内容的“举案说法”，典型表现与支持策略是因地制宜、因人而异、因时而变、因需而制的真表现和真策略，从而能够实现儿童的真发展。

本书的翻译分工与致谢

本书是研究团队共同努力的结晶。首先，在翻译过程中，李冰伊和杜宝杰牵头，李金、李柃霏和姚聪瑞协同，合作完成了本书的翻译和完善工作，包括查阅资料、翻译初稿、交替阅读、核对术语等工作。其次，杜宝杰牵头，李金、李柃霏和姚聪瑞协同，对全书进行了逐字逐段地细致校对和质量审查。最后，霍力岩和李冰伊、杜宝杰进行了全书内容的确认。特别感谢李冰伊、杜宝杰、李金、李柃霏和姚聪瑞等人，他们都是20多岁的年轻人，但是他们主动担当、不怕困难等品质使我受益良多，他们持续推动翻译工作不断前行，同时在为学前教育质量的提升贡献自己的力量。

付梓出版之际，还要特别感谢中国轻工业出版社的领导和老师们，感谢万千教育编辑部的吴红老师、牟聪老师为此书提供的支持和付出的心血。

“橘生淮南则为橘，生于淮北则为枳”。虽然本书中的部分观点和教育方法有助于我们全面且客观地了解幼儿的发展，改进幼儿园的课程与教学，深化教师对幼儿的认识与理解，丰富交流内容，改善家园关系，加强家园合作，并且启示我们进一步明确学前儿童的典型行为表现，重视学前儿童的教师支持策略，追求基于典型表现的教师支持策略，关注真情境中的典型表现与支持策略，但是我们仍要以审慎和辩证的思维来阅读、评论和借鉴书中的观点和做法。

“纸上得来终觉浅，绝知此事要躬行”。愿每位读者都能贴合实际，基于我国时代、文化的调整，结合园所、幼儿和自身的需要，加以学习和借鉴，充分发挥学习本书的意义和价值。

霍力岩

2021年7月30日

序　　言

很多年以前，我女儿所就读的幼儿园的园长问我是否能够加入她的幼儿协会，并举办一场关于支持具有挑战性行为的幼儿的研讨会。这件事情似乎非常合乎情理（至少在她看来），因为她知道我在当地的一所社会工作学校担任教授，并教授关于幼儿发展的课程。但这对我来说并非如此，我没说出口的第一反应是："你一定是在开玩笑！"我哪里知道什么东西能帮助幼儿园教师啊？当遇到无法解决的问题时，我会向幼儿教师寻求帮助，而不是与其相反。"我会被撵出去的"，当内心的声音告诉我不要犹豫，要直接拒绝园长的请求时，我却听到自己说："没问题……这个机会太棒了。我很乐意。"

时间到了举办研讨会的晚上。当我准备对着挤得满满当当的一屋子人开始演讲时，我所在城市的深受喜爱的幼儿教育顾问朱迪·梅达利亚（Judy Medalia）走了进来，并且在后面坐了下来。她当时和我现在的年纪差不多。她每个月都会来我的孩子就读的幼儿园参加一次"家长咖啡会"。我尽量不缺席这些聚会。在每次聚会时，我们会坐在朱迪的旁边，听她帮我们找到解决孩子的入睡困难、兄弟姐妹之间的矛盾、"你管不着我"等问题的方法。虽然我们提出的问题又多又杂，但是朱迪都会令人欣喜地为我们提供理解所发生事情的方法。然后，她会用理智且令人振奋的方式为处理孩子的难题提供建议。朱迪是我的英雄。

我就站在那里，将要第一次对一群学前教育工作者进行演讲，有些让我出乎意料的东西又一次从我的嘴里跳了出来——笑声。"朱迪，你来了我可真高兴！我能给在座的教师们带来的知识根本没法和你所拥有的知识相提并论。咱们要不换换位置，我会很开心地听你讲话。"不知道是什么原因，聚集在那间屋子里的幼儿园教师和园长及我一起笑了起来（而不是嘲笑我所讲的话）。我立刻放松了。这些人并不是想要我展示我所不知道的内容。我们能够一起度过有趣的几小时。我们也确实这样做了。

我们慢慢地进入了研讨会的状态。有些参与者分享了他们的幼儿园中的故事：有的孩子因一些看上去微不足道的原因而情绪大爆发，有的孩子故意打别人，还有的孩子一不开心就把教室搞得乱七八糟。有些参与者描述了活跃得让人担忧的孩子、无法集中注意力的孩子和沉默寡言得让人心痛的孩子。我也讲了一些故事，这些故事来源于我与丈夫和两个女儿的生活，以及我作为儿童与家庭治疗师的经历。随着交谈的深入，我开始将我与研究生一起探索的理论融入其中，希望它们能够帮助教师更完整地理解教室中最具有挑战性的幼儿。在讨论并提出了特殊需要儿童表现出问题行为的可能原因后，我们分享了教师如何帮助这些幼儿蓬勃发展的想法。我们还讨论了如何与家庭合作。

几小时后，研讨会结束了。与研讨会参与者之间的伙伴关系让我产生了深深的满足感，对参与者似乎也发挥了很好的作用。但是，当时的我并不知道的是，与这些教师和园长的对话会点燃我为学前教育工作者提供咨询的热情。我也没有预想到自己会开始在幼儿园、开端计划和学前班教室中花费越来越多的时间。我更没有想到自己最终会离开所任教的社会工作学校，转而更专注于学前儿童问题。我肯定想象不到很多年后，我会如此享受撰写基于家庭和教室的幼儿干预类书籍，而这类问题恰恰是家长和教师最为忧心的。

我的第一本书《早期儿童的合作性干预》（*Collaborative Intervention in Early Childhood*）是针对心理医生、幼儿教育工作者和不同学科的研究生的。在写作上述书稿的过程中，我仍然在想象着单独为教师撰写另一本书，该书要以他们在教室中的经验为中心。《透视与应对幼儿的情绪、行为和发展问题》就是那本书。

本书的结构与内容可以追溯到那些很久以前的家长咖啡会上的经历（那时我坐在朱迪·梅达利亚的旁边），也可以追溯到一些研讨会上的经历（她那时坐在后排不断地向我微笑、点头）。为什么这些咖啡会对很多家长来说这么重要？我认为一部分原因是朱迪用了一些时间阐述我们有时对自己在家庭中面对问题所做出的反应并不满意，但这并不是全部原因。朱迪还帮助我们梳理出了孩子的行为，并使我们了解孩子行为的原因，也为我们提供了如何让事情变得更好的实践想法。我猜想，我为教师和园长们举办的研讨会能够让参会者感到有用也是因为相同的原因。我们会仔细地探讨有行为问题的幼儿。这些幼儿会让教师们感到自己是不快乐的成人，我们对这一点表示同情。我们还会建构出幼儿所作所为的信息画面。然后，我们会考虑这些行为背后的原因，并基于这些暂时的理解产生支持幼儿成长的实践性想法。

“观察—思考—行动”的过程是我们帮助课堂上最难触及的幼儿的核心。本书的目的是为你提供一些工具和想法，这样你就能在被某一名或某一组特殊需要儿童难住时使用它们并继续前行。如果在读完本书后，你对让你担忧的行为背后的原因有了更深的理解，也拥有了一个装着能够让事情对所有人来说都变得更好的策略的工具箱，那么本书就成功地完成了它的任务。我在本书中所传递的信息主要得益于朱迪和其他导师的指导，以及我在整个职业生涯中合作过的优秀教师和家长们的智慧。我非常感谢每一个人。我也感谢那些幼儿，如果能够充满关爱地观察、倾听他们，那么他们会教我很多帮助其成长和成功所需的知识。

目　录

导言……………………………………………………………………………………1

第一部分　在开始工作前明确细节 / 5

第一章　从反思到行动……………………………………………………………7
从反思到行动：一次重要的前进……………………………………………10
“三段式翻转”：使用观察来制定目标并考虑策略…………………………12
在开始工作前明确细节…………………………………………………………15
对幼儿及其家庭保持开放和好奇的重要性……………………………………17
脚踏实地地朝着理想状态努力…………………………………………………18
第二章　产生“可能性”…………………………………………………………21
“深度观察”：观察、思考、进一步观察……………………………………23
产生“可能性”：建立观察之间的关系………………………………………29
基于观察画面的思考：发生了什么？为什么？………………………………33
第三章　聚焦发展…………………………………………………………………35
共享关于行为的观察……………………………………………………………36
将发展性技能的提升置于中心…………………………………………………37
第四章　聚焦原因…………………………………………………………………43
回望过去，着眼当下……………………………………………………………45
考虑先天和后天因素……………………………………………………………45
对“此地此刻”进行评估………………………………………………………50
下一步……………………………………………………………………………53
第五章　描绘幼儿的专属画像……………………………………………………55
从复杂性中创造叙事：标签的局限性…………………………………………56
完成画像：勾画幼儿的专属画像………………………………………………59
继续向前：列出成长目标………………………………………………………63

从制定目标到行动计划及后续 …… 66
第六章 成长的道路 …… 67
多方面的目标，多方面的策略 …… 68
出发：安全第一 …… 69
从安全到技能发展 …… 73
为能够预测到的困难做好准备 …… 76
开始针对阿兰的工作：开启一段新的旅程 …… 82

第二部分 关系是关键 / 85

第七章 聚焦3C …… 87
关系是关键：简单了解依恋 …… 88
理解“沟通圆环” …… 89
提示回应：一项基本技能 …… 90
婴儿时期的3C及其后续 …… 91
3C和游戏 …… 93
基于游戏的支持：一个有力的工具 …… 93
深入地了解，有效地进行 …… 97
第八章 开始进行针对汉娜的工作 …… 99
走开！（靠近？）：注意幼儿的叙述风格 …… 101
过去的生活到底是怎样的？考虑幼儿的早期历史 …… 102
傻宝宝和蠢老师：寻找了解幼儿内心感受的窗口 …… 103
如果……会发生什么？产生关于干预的“可能性” …… 104
保护墙后的需求之地：讲述汉娜的经历 …… 105
我们不能回到过去——现在能做什么？ …… 106
第九章 开始进行针对汉娜的工作（续） …… 113
一种基础困境：触及既需要又恐惧关系的幼儿 …… 114
帮助汉娜：一种幼儿特定却能够一般化使用的方法 …… 114
用关系孕育每一天：一种策略，多种形式 …… 115
打开“参与灯泡” …… 119

打开通向同学和游戏之门 ……121
整合所有方法：为汉娜制订一个计划 ……124
第十章 开始进行针对珍妮的工作 ……129
理解珍妮：谨慎的气质与有问题的模式 ……131
用关系孕育每一天？她才不会让我们这么做呢！ ……132
支持同龄人之间的游戏和对话 ……134
“我藏起来了……你能看到我吗？”：行动中的课程桥梁 ……138
家长和教师手拉手 ……139
第十一章 当家庭环境困难时 ……141
不同的方法，相同的基础 ……142
发展迟缓还是脱离群体？开始针对凯文的工作 ……143
当阳光变成伤感：开始针对伊莎贝尔的工作 ……152
第十二章 当语言有限时 ……157
两名幼儿，同一主题的两种变式 ……158
开始针对埃米利奥的工作 ……160
开始针对乔纳森的工作 ……167

第三部分 解决自我调节方面的问题 / 173

第十三章 和加布丽埃勒一起工作 ……175
理解“扭来扭去的人” ……176
用“五个重点”支持焦点 ……178
房间设计、常规、规则等 ……179
逐步培养技能的方法 ……184
加强关系，改变模式：90-10规则 ……191
把全景放在心上……包括家庭生活 ……192
第十四章 和布赖恩在一起的工作 ……195
理解容易受挫的孩子 ……197
当“大情绪”变得迅猛时：要记住这些观念 ……198
针对一系列问题，未来工作的目标 ……199

崩溃还是应对？三项核心技能 …… 201
从目标设定到干预：在课堂中嵌入支持 …… 206
技能发展至关重要……但还不够 …… 210
第十五章 关于幼儿的“大情绪” …… 211
为“突破性行为”而制订的计划 …… 213
支持和支架，还是期待和限制？ …… 216
支持情绪表达和治愈 …… 220
我们能谈谈吗？与家长一起解决问题 …… 222
支持焦虑情绪高涨的孩子 …… 224
在大世界里做一个小孩很难 …… 228
第十六章 聚焦育儿 …… 229
我们都在一起：吸引难以接触到的家长 …… 230
当家庭生活充满挑战时：提供指导和支持 …… 231
限制并不是目的——它是一种教学工具 …… 232
家庭故事，潜在模式 …… 233
你能帮助我们改变吗？家长支持的螺母和螺栓 …… 236
找到权威的声音——一个基本要素 …… 238
帮助孩子倾听和遵守基本要求 …… 239
家长有助于养育，孩子也有助于养育 …… 240
最后的一些想法 …… 241

第四部分 整合所有信息 / 243

第十七章 一封关于萨姆的信 …… 245
在“差异”的大陆上 …… 247
观察和了解 …… 250
一封关于萨姆的信 …… 251
故事的延续 …… 257
第十八章 当幼儿需要帮助时 …… 259
一些悬而未决的问题 …… 261

总结 ……262

附录A 寻求清晰——有用的表格 ……265

小组讨论的问题和行动计划 ……265

创建行动计划的预告：需要考虑的领域 ……271

附录B 坚持正轨——干预的原则 ……275

干预的原则 ……275

附录C 学习更多——工具和资源 ……281

基于主题的工具和资源 ……281

参考文献 ……287

导 言

这本书是关于难以被理解、难以被帮助或两者皆有的幼儿的。如果你是一名教师或幼儿保育员，你应该知道针对这样的幼儿开展工作会带来多大的压力：他们通常是你最关注的幼儿，但同时是最令你无能为力的幼儿。在一天结束时，你可能会在和这类幼儿告别时感到解脱。但是当回到家后，你又会控制不住地想起他们。你在乎他们、为他们感到苦恼，并且真的不知道能够为他们做些什么。你看到其弱点的背后露出的强项，但好像并不能使这些天赋闪耀得更加彻底。

当教师感到被难住时，他们有时会召来一名幼儿教育顾问，以新的角度看看正在发生的情况。我已经担任这样的顾问很多年。本书讲述了我在工作过程中遇到的一些幼儿和帮助他们的成人的故事。本书通过这些故事描绘了一幅画面，即我们要在对幼儿的强项保持关注的情况下理解他们正在经历的困难。本书也探究了如何生成一步步的幼儿成长目标。它也为我们提供了很多具有实践性、对幼儿友好的方法，帮助幼儿在面对一系列的挑战时正向成长。

我所描述的难以被帮助的幼儿是怎样的？他们会做出什么行为？有些幼儿会让周围所有人的生活变得极度困难。也许他们会对一些小问题做出很大的反应——啜泣或打人，骂人或丢弃玩具，或者一次又一次地惹恼周围的幼儿。也许他们会在一天之内扭来扭去、走来走去，在圆圈时间惹恼同学，让户外活动无法安全地进行。也许他们拒绝聆听，或者能够做出聆听的行为却无法理解听到的内容。也许他们会同时做出以上多种行为。

但是，并不是所有难以被帮助的幼儿都充满了破坏性。有些幼儿有交流方面的问题，他们对让别人理解自己感到疲惫，便安静地失去了对友谊和学习的热情。其他幼儿对教室环境做出的反应就好像教室是个非常危险的地方，他们游荡于游戏的边缘，并在同学和教师给出友善的提议时做出沉默不语的反应。还有一些幼儿会对人和活动做出冷漠茫然的反应。我们可以温柔地推动这些幼儿度过在幼儿园里的时间，他们并不会为其他人带来困难。尽管教室中存在这些幼儿对我们来说是相对轻松的事情，但他们可能与那些经常情绪发作的幼儿一样难以触及。

上述描述只捕捉到了幼儿向我们展示他们感到不适、不自信的方式，以及他们作为朋友和学习者缺失未来所需技能的方式。不管细节如何，这样的困难情况经常会导致教师问出一系列的问题：这名幼儿是否应该接受评估？幼儿园外部的服务（甚至转园）会有用吗？家庭中的情况如何？我们是否应该为幼儿或家庭写一封转介信，让其接受相应的治疗？

这些都是很好的问题，它们的答案通常能够帮助我们向幼儿提供帮助。虽然评估能够提供一些有价值的信息，但是它们并不能捕捉到幼儿的全部，也不能捕捉到幼儿经历的困难是如何在家庭和课堂中表现出来的。它们通常无法阐明教师该如何时刻支持幼儿的成长。尽管额外的服务可以很有用，但最难以被帮助的那些幼儿每天仍会在教室中度过很长的时间。

上述内容意味着，即便在评估完成、额外支持就绪后，教师仍面临艰巨的任务：使用现有的任何信息来理解他们照看的最令人担忧的幼儿；对于哪些方法能够支持幼儿成长做出最接近的猜想，并尽可能有技巧、充满同情地使用这些方法；仔细观察这些方法的效果，并按照需要对它们做出调整；在可能的时刻与幼儿家长合作，这样幼儿生活中最重要的人都能够一起充满希望地推动幼儿向前发展。

本书深入地探索了上述过程——从理解幼儿，到帮助幼儿进步。但是这并不代表，如果一名幼儿做出这样的行为，那么教师就要做出那样的行为。在学习和成长的过程中，幼儿是各不相同的。正是这一点使我们对幼儿开展工作的过程变得如此冒险和愉悦。难以被帮助的幼儿也不例外，我们提供帮助的方法必须是为他们量身定做的。还有一个要素应考虑：教师用于支持特殊需要儿童成长的策略必须适合特定儿童。只有当使用者将方法归为己用后，干预方法才能起到很好的效果。

我的目的并不是期望当读完这本书后，你就能知道在一名幼儿面临困难时该做出哪些具体的事情。除了那些你喜欢使用、经常使用的策略外，你在本书中会找到很多额外的策略。同样重要的是，你会获得一些能够帮助你更加清晰地思考所教困难幼儿的视角，这能够让你产生一些支持他们及其家庭的创造性方法。

本书的结构如下文所述。第一部分“在开始工作前明确细节”仔细地探索了观察、反思和行动计划的过程，阐述了针对特定困难使用的特定方法。第二部分“关系是关键”强调了对无法愉悦、轻松地进行沟通的幼儿开展工作的本质。第三部分“解决自我调节方面的问题”聚焦于我们该如何支持那些无法放慢身体、集中注意力、管理情绪及控制冲动的幼儿。第四部分“整合所有信息”通过一个难以被帮助、面临诸多发展挑战的幼儿的故事对干预进行了全面观察。本书的最后一章通过回顾我们已经探索的内容和展望新的可能性庆祝了导向巨大改变的每一小步。

我希望你在本书中发现的各种想法能够帮助你更容易地走出每一小步，也能帮助你更加相信最终的巨大改变。我也希望本书描写的幼儿生活及其经历的困难能够生动地阐明这些想法。我对书中所有的幼儿及其家庭的真实身份都进行了处理，但是他们的问题、课堂表现及干预方法都是绝对真实的。

任何讨论幼儿及其照顾者的人都会遇到一个问题：很难找到一个有效且包含性强的表达方式来描述幼儿教育工作中涉及的要素。在本书中，“教师”一词指代学步儿、幼儿园和学前班教师、幼儿教育机构的教职人员和家庭幼儿保育者，“家长”一词指代母亲、父亲、祖父母、阿姨、叔叔、养父母和其他固定在家庭中生活的成人，“教室”和“学校”指代所有幼儿保育和教育环境。此外，我一般会在章节之间调整“他”和“她”的使用，以提供一种性别中立的语言，而不必重复使用“他”或“她”，以及“他的”或“她的”。

在我们开始探索前，还有最后一点需要说明。我很幸运有一位优秀的摄影师朋友。塞奇·索希尔（Sage Sohier）很早便听说了这一写作项目，并慷慨地同意为我提供咨询的幼儿园拍摄一些照片。你在本书的照片中看到的幼儿，都不是我在后文中描述的难以被帮助的幼儿。这些幼儿正在幼儿园中度过他们的一天，经历着游戏、学习和友谊带来的喜悦，也经历着在又大又复杂的世界中作为孩子带来的挑战。塞奇以如此美丽的方式捕捉到了他们经历的细节，我很感激她。我也很感激这些幼儿的家长和教师，谢谢他们愿意分享塞奇拍摄的幼儿照片。

第一部分

在开始工作前明确细节

>>

成功地帮助一名幼儿需要我们理解她所有的与众不同之处，这件事说起来很容易。以上述方式理解幼儿有助于我们创造一套为幼儿量身定做的干预方法。但是，这些表述的真正含义是什么呢？它们在实践行动中又是怎样的？接下来的六章内容会对这两个问题进行详细的探究。在第一章中，一名教师不知所措地寻求帮助的请求，为我们了解幼儿在困境中的挣扎过程奠定了基础。第二至六章通过一名可爱却极具挑战性的4岁幼儿——阿兰的故事详细剖析了上述过程。第二章关注了观察的内容。第三、四章以能够帮助我们理解所观察内容的理论基础为主要内容。第五章探究了如何为处于自己世界中的幼儿描绘具有细微差别的画像。最后，第六章阐明了如何利用反思过程制订一份详细的行动计划。

鉴于阿兰是家长和教师们所担忧的幼儿的某种“替身”，我们会从多个视角以及大量的细节来探究他的故事。借助于负责照顾阿兰的团队从头到尾地努力帮助他的过程——即从开始的努力观察到对行动计划和干预的反思——第一部分为本书提供了对“在开始工作前明确细节”的详细描述。

>>

第一章

从反思到行动

——仔细观察，清晰思考，有效干预

这是11月上旬的一个星期一的下午。一群教师坐在自己的椅子上，准备迎接一位园长的到来，很多人的手中都拿着他们急需的咖啡。这些每月进行的小组讨论为大型幼儿园的主班教师提供了向其他人寻求建议、获得支持的机会，并能让他们在教室中的情况不尽如人意时思考新的工作方法。通常，这些教师会针对他们认为特别有挑战性的幼儿寻求帮助。

作为幼儿园的顾问，我也在这个房间里，喝着自己的那杯咖啡。所有人都在交换对彼此的问候，嘟囔着天气预报里说的过几天就要下今年的初雪了。然后，学前班的主班教师朱莉娅问我们是否能由她开始今天的讨论。整个小组的成员都欣然同意，因为她是这所幼儿园中德高望重的教师之一，比起寻求帮助，她更可能为大家提供帮助。她的同事们都知道，如果她要先开始讲话，那么一定是因为遇到了让她感觉不确定的事情。朱莉娅点头表示感谢，开始了讲话。

“我真的有必要谈谈加布丽埃勒。情况越来越差了。嗯，也不完全是吧。她不会像以前那样冲出教室了，这一点真是让人松了一大口气。但是在自由游戏时间，她总是抢走其他孩子正在玩的玩具；如果她想要什么东西，而其他孩子也想拿同一个东西，那么她就会把他们的胳膊推开。所以即便知道她有很多有意思的想法，其他孩子也不想和她一起玩了。当其他孩子留下她一个人的时候，她的情况还不错。她是个非常棒的艺术家。她也很喜欢在角色扮演区玩。如果她自己在那里，她会假装当妈妈，你还能听到她讲很长的故事，故事涉及她的玩偶宝宝的需求以及她帮助宝宝的方法。我们不能将其他孩子排除在角色扮演区之外，但是，如果他们在一起玩，所有的事情就会立刻变得糟糕。

“事情一点也没变好。在清理时间，加宝（即加布丽埃勒）在教室里走来走去，根本不可能帮忙。现在，她开始拒绝参加圆圈时间了。即便我们能让她过来，但大多数情况下她只会坐一两分钟，然后又开始在教室里走来走去，令其他孩子分心。

“在操场上时，简直就像个噩梦。有一天，我正好看到加宝在滑梯上。她非常专心地想要第一个滑下滑梯，以至于几乎把凌杰推下滑梯。你们知道我们多努力试图让凌杰在幼儿园里建立安全感。”

朱莉娅已经说了很多了。但在其他人有机会向她提供支持或提问之前，她继续说了下去。她的压力和担忧填满了我们的会议室，就像她所提到的小女孩的精力和冲动填满了她的教室一样。

“但是，加宝在吃点心和午饭时表现不错。当专心吃东西时，她看起来很安静，她也可以很可爱、很有趣。即便她做了这些出格的事，我也不认为她真的那么有攻击性。她当时只是为了得到自己想要的东西而做出浮现在她脑海里的事。在平静的时候，她真的可以很友善。昨天，有一个小女孩忘带午饭了，加宝提出要和她分享三明治，尽管她当时还饿着肚子。她也很聪明，很好奇……在不那么棘手的时候，你能看出来她真的是个好孩子。

“问题是，我知道她已经影响到我了。她根本不听我说的话，还占用了很多本该属于其他孩子的时间，因此我变得非常懊恼。我很确定她能够感受到我对她越来越气恼。这周我发现当我走近她的时候，她好像认为我会告诉她她做错了某些事，然后她就会躲开我，比以前还要严重。

“还有，我知道我昨天在和加宝妈妈谈话时做得不好。我感觉当告诉贝丝加宝当天的情况时，她在竭尽所能地不哭出来。她就站在那里，表现出一副不知所措的样子。她的小宝宝流着鼻涕，另一个2岁的孩子拖着她的袖子，而加宝已经准备好冲出门，冲向停车场，就像她上周一时那样。我觉得加宝的爸爸可能不在家。我真的不知道她们家是什么情况。”

许多教师点了点头。加布丽埃勒在几个月前来上幼儿园，之后没多久这一家人就引起了幼儿教师们的关注，而朱莉娅也不是唯一一个想要知道她们家的情况的教师。但是朱莉娅还没有准备好停下来并开始对加宝或她的家庭进行反思。她还有更多想要说的话。

“我确实为贝丝感到难过。但是我看到她刚一到幼儿园就让加宝乱跑，我是说，昨天加宝真的爬上了一张桌子，贝丝就在旁边。贝丝一句话也没有说！然后我听到加宝在放学时是怎么和她顶嘴的，我有点觉得她真的不应该让三个孩子这么紧密地待在一起。我开始对贝丝有了负面的评价，并且对加宝感到非常恼火，以至于发现我希望我们能开除她。你们都了解我，对不对？这根本就不像我，我根本不是这样的人。”

现在，朱莉娅看起来就快哭了。她的坦率并不令人惊讶。这所幼儿园的教师们努力创造一个无偏见的环境，每个人都互相信任。但是，他们并不只是要在会议上“发泄情绪”。他们的愿望是带着对干预的新观点、新想法回到自己的教室，而这也是朱莉娅的愿望。毋庸置疑，这是一项重大的议程。在这些会议中，我和其他教师不但学习了很多，也开怀大笑了很多。有时候，这些笑声让教师们能够振作精神、重新部署并继续前进，甚至比一些有趣的新想法更加有用。

但是，很明显地，在重拾对于加布丽埃勒的幽默感之前，朱莉娅还需要一些来自其他人的分享。尽管一些友善的笑声能够帮助她减轻负担，但她也需要我们的陪伴，需要我们与她一起仔细探究她的学生的经历。

从反思到行动：一次重要的前进

每个月都进行的小组会议包含了一系列的步骤。首先，我们会概述关于一名幼儿当下所做所想的已知信息，并加上关于其天性、过往经历以及家庭生活的信息。然后，我们会利用已经收集到的信息，考虑所出现的问题背后的原因，并识别出该幼儿需要帮助的特定领域。最后，基于对上述两个步骤的理解，我们会生成关于如何支持该幼儿成长的想法。说得简单一点，我们通过回答以下问题从反思进展到行动：我们看到了什么？我们思考了什么？我们应该做什么？

这个三部曲的过程不仅对我们的每月会议有用，还是为教师和家长们担忧的幼儿提供理解和帮助的重点。当一名幼儿发展得不太好，而关心她的成人不知道该做什么时，花些时间仔细理解这个过程能够起到很大的作用。这是因为改变的关键往往在于更仔细地观察，从而更好地发现幼儿挣扎的原因。只有这样，我们才能制订出合乎情理且对幼儿有针对性的行动计划，才能让事情向前发展。

在“观察—思考—行动”的过程中，需要一些“锚定”想法以确保我们在正确的轨道上前进。这些想法根植于与学科领域知识相关联的被普遍认同的观点：

- 难以被帮助的幼儿的令人担忧的行为充满了关于其难以掌握的发展性技能及所经历的令人烦恼的情绪的信息。帮助他们茁壮成长需要对上述两方面加以注意。
- 理解这些技能不足和情绪背后的原因意味着必须考虑幼儿的天性（我们有时候称之为“与生俱来的特质”）、所出生和生活的家庭情况以及童年期间的困难经历。

- 早期关系的性质对幼儿的学习和成长有着巨大的影响。如果一名幼儿早期建立且持续的与他人之间的联系不是充满了信任和舒适，那么我们应该重点关注建立积极的关系。
- 当一名幼儿在家庭或学校里陷入挣扎时，成人的反应通常会让事情变得更糟（尽管那并不是他们的本意）。改变成人的反应模式是成功干预的另一个要素。
- 养育子女是一项艰辛的工作——特别是在家长面对生活中的挑战时，或一名幼儿的医疗情况、身体脆弱性或性格使其比一般幼儿更难以被照顾时。找到方法与这些难以被帮助的幼儿的家长合作并提供支持，通常是让事情有所进展的重要部分。
- 所有幼儿的核心需求都是被爱和被欣赏。当事情进展得不顺利时，支持、喜爱和乐观的结合能够帮助你成功地为改变做好准备。

朱莉娅深深地相信上述观点，并经常运用它们想出深思熟虑且富有同理心的、适用于她所照看幼儿的方法。这就是她的同事们很尊敬她，以及那么多家长每天非常放心地把孩子交给她的原因。但是，即使是最好的教师也会对特别有挑战性的幼儿感到无所适从。这就是现在发生的情况。就像朱莉娅和她的团队一样，当一名幼儿的困难让教师们感到担忧时，并不意味着从反思到行动的过程失去了作用。但这确实表明我们在决定什么策略结合体（以及在某些情况下的外部支持）可能起作用前需要更仔细、深入地思考。这也告诉我们，在可能的情况下，找到与幼儿家长成功合作的方法是重要的。

更仔细地观察一名幼儿的经历并不总是像听起来这么容易。它需要将关于当下情况的一系列信息拼凑在一起，而当一名幼儿的情况比较复杂或观察者已经花费了大量的精力时，这样的观察会让人感到无所适从。幸运的是，我们通常已经有很多的所需信息。我们的工作就是把所知道的信息以有用的形式组合起来。

比如，让我们考虑一下朱莉娅的求助。朱莉娅带着更多的绝望，而不是有组织性地投入对教室生活的描述。即便如此，她的敏锐观察力还是触及了许多教师课堂教学小组需要梳理的地方，从而帮助我们搞清楚现在的情况。第一，加布丽埃勒的行为是非常有问题的。她的很多行为表明，她缺少了一些幼儿发展良好所必需的发展性技能——例如放慢身体速度、集中注意力和控制冲动的能力。第二，加宝可能被一些令人不安的情绪拖累。她逃避教师，而且和妈妈顶嘴，表明她可能既对其他人感到恼怒，又对自己感到没有信心。第三，她与成人之间的关系已经变得充满紧张感——她的教师越来越懊恼，她的妈妈眼中噙满了无助的泪水。此外，加宝开始拒绝参加活动，并且比以前还要严重。她的行为、其他人的反应和她接下来的行为之间的交互影响可能是造成她令人担忧的行为愈演愈烈（而不是慢慢减轻）的原因，我们将这种模式称为“互动模式”。第四，她在家里的情况看上去也并不会比在学校里的情况好。

肯定的是，有很多需要我们感到担忧的事。但是，我们也了解到，加布丽埃勒并不总是像第一眼看到的那样充满问题。她在吃点心和午饭时比其他时间表现得都好。没有人在旁边打扰她的时候，她有很多有趣的游戏想法，还能满足地对其详细说明。此外，在不受自身冲动支配时，她对其他人表现出了真诚的同情。她是一个聪明、好奇的孩子，并且有很好的幽默感。事实上，当加宝的优点闪闪发光时，就像朱莉娅所说的，她是一个“好孩子”。

行为、发展性技能、情绪健康、成人—幼儿关系、互动模式和家庭生活等方面都是我们需要了解的关于加宝的核心内容。情况的时好时坏，游戏、同情和帮助他人的能力，以及在困难时显露出的力量，对我们弄清当下情况也非常重要。现在，我们要如何将如此广泛的领域系统地整合起来？我们要如何在从反思到行动的过程中以全面且高效的方式利用它们？

“三段式翻转”：使用观察来制定目标并考虑策略

我们看到了什么？我们思考了什么？我们应该做什么？我们应该怎样整合在回答第一个问题时收集到的信息，从而有助于反思第二个问题？第二个问题的答案又能怎样帮助我们针对第三个问题生成新想法？我们需要注意很多事情，而“三段式翻转”框架能够帮助我们。它为我们提供了一个整理信息的方法，让我们分门别类地进行考虑。它还鼓励我们运用注意到和了解到的关于孩子和家庭的信息，思考我们想要去向何方，并运用我们对于改变的期望提出有关干预的问题。从这个意义上来说，它为“观察—思考—行动”过程的骨架增添了一些“血肉”。

下文中介绍了一些探索性的“三段式翻转”（它们要归功于我的同事洛蕾塔·维茨纳，她在研发的过程中担任了核心角色）。在每一个“三段式翻转”中，我们首先会问看到的哪些情况让我们感到担忧。然后，我们会把最初的疑问翻转过来，考虑一下我们没有看到但希望培养的能力。最后，我们会提出一些问题，这些问题要求我们集思广益，思考如何向着这种成长前进。这些翻转要求我们考虑如下问题。

行为和发展性技能

- 这名幼儿的哪些行为让我们感到担忧？
- 有哪些她没有表现出但我们想要看到的行为？
- 为了让她朝着积极的方向发展，我们应该如何教她必需的发展性技能？

情绪健康

- 当一名幼儿表现出问题行为时，他的情绪是怎样的？
- 我们希望他开始表现出哪些其他情绪？
- 为了培养这些积极情绪，我们可以做些什么？

成人—幼儿关系

- 我们对这名幼儿的感受如何？（就像加宝影响了朱莉娅的情绪，这名幼儿是否“影响”了我们的情绪？）她对我们的感受如何？
- 我们希望幼儿和成人能够发展出什么其他情绪？
- 为了培养给双方带来令人愉悦的关系的情绪，我们应该做些什么？

互动模式

- 在与这名幼儿互动时，我们做的哪些事好像引发了更多的问题行为（尽管并不是我们的本意）？
- 我们希望能够进行什么“他做—我们做—他做”的交流？
- 在“我们做”的部分中，我们能做什么来帮助幼儿产生不同的回应？

家庭生活

- 这名幼儿的家庭生活中有哪些事情可能导致了我们所见到的情况？
- 家长改变哪些方面可能帮助她感觉好些并有不同的表现？这些改变能够帮助她的家庭成员与她培养更积极的关系吗？
- 我们怎样培养与该家庭的合作关系，以便为他们提供关于家庭问题的支持和指导，同时他们能够帮助我们在幼儿园里更成功地教学？

上述五种翻转能够帮助我们利用观察到的信息制定合理目标，然后以此为跳板，思考有效的课堂支持和家园合作方法。但是，这些翻转并不能为我们提供一个完整的框架来组织所获得的信息。它们也没有要求我们注意到干预的所有方面。这就是我们需要查看额外类别的原因，每一个类别都涉及一系列问题（如同上文所述的类别一样）。下文中提出了关于我们看到了什么及希望看到什么的问题。它们帮助我们为工作制定目标。我们应考虑：

困难情况的诱因和针对成功的设置

- 什么时间段、什么情况、哪些人会触发令人担忧的行为？
- 什么时间段、什么情况、哪些人会让幼儿表现得更好？
- 我们如何运用上述问题的答案并将其应用到更多的情境中，从而帮助幼儿更好地发展？我们如何运用答案以不同的方式支持幼儿度过可能出现的困难时期？

开展游戏时的挑战

- 这名幼儿参加游戏（或不参加游戏）的方式如何反映其脆弱性？
- 如果她开始掌握这些挑战所需的技能，那么她的游戏会怎样？
- 我们能够提供什么课堂游戏支持以帮助她掌握所需的技能？

家庭文化与历史

- 该幼儿的家庭传统是什么？这些传统与她在幼儿园里的经历是否不

同？她的家庭是否近期或被迫来到这个国家？

- 我们可以怎样接触这名幼儿及其家庭？我们如何帮助幼儿在家庭文化与园所生活之间建立舒适的桥梁？
- 我们如何向该名幼儿及其家庭表达尊重？如何支持她在课堂上的成长？如何在课堂上创造具有全纳性的学习体验？

各种外部支持

- 这名幼儿是否有能够从评价或外部支持中获益的发展性挑战和（或）情绪问题？她的家庭是否有财务、住房、情绪健康或其他阻碍满足幼儿基本需求的问题？
- 什么类型的评价、支持服务和（或）宣传可能有效？
- 我们如何成功地接触这个家庭，特别是在他们很难积极参与的情况下？我们如何帮助他们和（或）他们的孩子以感到安全和支持的方式开始接受帮助？

在开始工作前明确细节

如果上述问题的答案很容易就能得出，那么本书就没有存在的必要了。每一个问题都需要探究，并且每一个问题都会在后续的章节中有详细的探讨。注意这些问题让我们开启了做出改变的道路，帮助我们“明确了”关于幼儿整体情况的细节，并以为其特殊需求量身定做的方式“开始工作”。这些就是关于加布丽埃勒的讨论会结束后发生的事。

在通常情况下，当从反思到行动的过程开始时，我们的讨论小组会记录很多与上述问题相关的信息。很常见的是，我们会通过小组会议优先探讨几个领域的内容。在这种情况下，我们会部分地聚焦于加布丽埃勒出现问题的关键发展领域，以及教师们如何高效地教授她所欠缺的技能。我们也会注意一些由她的能力缺失引发的令人担忧的互动模式。我们认为，这些互动模式使她的情绪健康处于高危险状态——她开始认为自己是无法受控的“坏女孩”，而不是一个有多种重要技能要学习的可爱的孩子。小组成员也提出了很多关于幼儿家庭生活的问题，朱莉娅承诺要更深入地与加宝的妈妈交流。

在这次会议结束两周后，我有机会进入朱莉娅的教室。朱莉娅告诉我，她愈发注意到加布丽埃勒无法控制自己的精力在整个情况中有多大的影响。因此，她的团队想出了一些将发展性技能逐步分解并教学的新想法。例如，她们开展了一些帮助幼儿利用大脑指挥身体慢下来的小组游戏。加宝和她的同伴跟着音乐，先做出大幅度、快速的动作，然后做出小幅度的动作。在做游戏时，她们会先跳舞，然后定住，或者先快跑，然后慢慢地走。她们还会先假装自己是移动迅速的鳗鱼，然后假装自己是悠闲的海龟。

教师团队并非只针对控制精力这项技能开展了工作。她们也意识到加布丽埃勒的反抗行为部分地源于这样的事实——她觉得别人一直在责怪她，而不是赞赏她。为了改变这种状态，教师们“用关系孕育每一天”——在加宝在教室里的时间中找出一个个短小的令人愉悦的时刻（关于该方面的策略，详见第九章）。

现在是圆圈时间，朱莉娅正在帮助全班幼儿安顿下来。

加宝不吵不闹地在圆圈时间中出现了——这是一个美妙的转变——她挨着同学苏珊娜，正在自己的垫子上扭来扭去。朱莉娅先是对苏珊娜笑了笑，又对加宝笑了笑，说道：“我喜欢苏珊娜坐着的样子！”看起来，她希望加宝能够利用这个鼓励性暗示模仿朋友的坐姿。加宝扭头看了看盘腿坐着的苏珊娜。她几乎连坐都坐不下，充满疑惑地瞥了一眼朱莉娅，问道：“她是怎么做到的？”

这是一个令人愉悦的时刻，并且能说明一些问题。教师们在小组讨论会上注意到的（问题）互动模式已经开始发生转变。加布丽埃勒在努力尝试，而不是妨碍别人。她看向朱莉娅并寻求帮助，而不是拒绝她的帮助。另外，她还开始进行自我观察，这是发展自控能力的前兆。当她这么做时，她发现自己并不能成功地完成想做的动作。加宝不知道如何完成朱莉娅想要她做的事情，她对控制精力和感官技能的掌握仍处于较低水平。但是，朱莉娅在陪着她的学生。随着教师团队对关系和发展性技能逐渐增加重视，她很好地利用了这个时刻。

朱莉娅再次对加宝笑了笑，大声说道：“这是个非常棒的问题！”然后她告诉加宝，旁边的另一名教师玛丽安娜可以帮助她。玛丽安娜听懂了暗示，坐到了加宝的身后。她把手轻轻地放到了加宝的胳膊上，这为加宝提供了她需要的感官“营养”。玛丽安娜向加宝悄悄地说了些指令，帮助她更好地坐着。虽然加宝还不能像苏珊娜一样坐着，但她已经达到了自己的最好程度。朱莉娅朝着加宝的方向比了一个“大拇指”，然后短暂地停止了她正在给全班幼儿讲述的故事。她朝着扭来扭去的学生笑了笑，说道：“我喜欢加布丽埃勒坐着的样子！”加宝也朝她笑了。

尽管教师们的所作所为看起来很简单，但是在上述的情境中有很多事情值得关注。朱莉娅和她的团队已经对加布丽埃勒的弱点有了清晰的描绘。以这一描绘为指南，他们一致地确立了一系列目标。他们正在对建立人与人之间的关系，促进加布丽埃勒的技能发展、健康和自信进行努力。他们也在试图改变导致加布丽埃勒越来越逆反的互动模式。同时，他们仍保证了其他幼儿的圆圈时间能够正常进行。这种教学方式令人印象深刻，反映了朱莉娅和同事“从大处着眼，小处着手”的教学方法。

朱莉娅的团队支持加宝的工作方法可以为我们帮助“扭来扭去的幼儿”提供参考。她们在其他方面的工作在第十三章中有详细的探讨，但仍有几个要点需要我们注意。第一，了解幼儿的经历意味着不仅要了解他们在幼儿园里的经历，还要考虑他们的家庭生活。第二，我们不能低估对新信息保持开放性态度的重要性。有些时候，正是这些信息帮助我们找到帮助幼儿及其家庭的最佳路径。

对幼儿及其家庭保持开放和好奇的重要性

作为主班教师，朱莉娅见证了贝丝快要哭出来的担忧之情，以及她对加宝的冲动行为的反应缺失。但是，大多时候真实的情况是，我们仍有很多内容需要探究。我在多次和朱莉娅的见面中接触了贝丝。我们很快了解到，她很清楚加宝不能很好地控制自己，也很乐意接受一些支持和指导。贝丝的问题是加宝在调皮捣蛋时只对她的大喊大叫有反应，但她是一个非常讨厌大喊大叫的母亲（她有自己的原因）。在成长的过程中，贝丝的父亲只要喝多了就会脾气非常暴躁，而且他经常喝多。

当贝丝成了母亲后，她向自己保证不会吓到孩子。但是，竭尽一切地保持冷静却造成了另一种问题。加宝的精力过于旺盛、无法无天，面对母亲的轻言细语，她根本不听，贝丝最后只好把她锁在屋子里。加宝很讨厌这样，而这也让贝丝感到糟糕。但是，有时候这好像是唯一有用的方法（至少在当时是这样的）。从长期来看，贝丝知道她的行为并不能起到帮助作用。在超市里加宝根本不可能安静地待着，而放学时她总会无法控制，令人难堪。此外，贝丝想知道：加宝总是跑出教室，是不是因为她经常被锁在屋子里，现在不能忍受被关住的感觉了？她感觉试图温柔地教导孩子好像变成了弄巧成拙。

我们继续和贝丝聊了下去，这个说话温和的女人含着泪透露，她的丈夫是和她父亲脾气一样差的人。她说，她的丈夫总是在工作。鉴于他在家里表现出来的样子，这在某种程度上还是件好事。事实上，贝丝对她的婚姻感到非常不快乐，她已经想过要离婚了。她告诉我们，她觉得自己无法摆脱当下的困境。因为她和丈夫要养育三个年幼的孩子，也没有足够的钱支撑两个家庭。

在我们与贝丝逐渐深入的对话中，第一层观察发展到了第二层（甚至第三层）观察。朱莉娅和我了解到的潜在问题直接引发了我们对改变的希望。三段式翻转的类别也派上了用场。我们和贝丝一起思考她的目标——寻求支持、重获对加宝的控制，以及改变导致加宝越来越不服从的互动模式。随着从观察到的内容谈到思考的内容，再到贝丝要如何做，我们还进行了一些角色扮演。贝丝试了试坚定但合理的“权威的声音”（详见第十六章）。我们也讨论了她在家里如何建立有效的限制。另外，我们考虑了她和教师团队如何合作以帮助加宝学习“出现并专注”（一种与注意力相关的技能，详见第七章）。有了我们的帮助，贝丝在面对加宝时变得更有方法，这也大大地提升了她的自信。看着这位母亲开始重拾对局面有所掌控的感觉，我们感到非常愉悦。

脚踏实地地朝着理想状态努力

加宝迎来了她在幼儿园里的最后一年，这很值得庆祝。但是，加宝及其家庭的故事并没有一个完美的结局。就像其他有挑战性的幼儿一样，这个小女孩有了长足的进步。但当她离开幼儿园到学前班时，所有人都为她捏了一把汗。不出意料地，朱莉娅在9月底之前接到了加宝的新老师的电话。他需要一些建议——怎样才能帮助这名最有挑战性的学生集中注意力并保持平静，因为他在课堂上要独自面对20个孩子。朱莉娅提出了很多可供使用的策略，这都要归功于她的幼儿教师团队。在他们结束对话时，加宝的学前班教师毫不吝惜地对朱莉娅表示感激之情。他说朱莉娅理解加宝的方式对他非常有帮助。朱莉娅所传达的内容能否帮助学前班的新团队支持这个可爱却充满挑战性的女孩并减轻他们的负担？朱莉娅希望答案是肯定的。加宝还有很长的路要走。

第二章

产生“可能性”

——深刻、广泛地进行观察并洞察惊喜

“克劳迪娅和南希想知道你能不能来她们的班上看看——她们很担心今年班级幼儿的组成。有一个孩子频繁地伤害他的同班同学，这些同学的家长很不高兴。还有很多孩子也有各种各样的问题。教师团队很难控制这群孩子，这说明了很多问题……在通常情况下，她们班级的情况还不错，甚至在有很多充满挑战性的孩子时也是这样。你能不能明天早晨和她们一起看一看、聊一聊，然后在午餐后召开一个随访会议？”

现在是10月中旬，我刚刚结束了和罗宾的通话。她是一所大型幼儿园的园长，我经常为这所幼儿园做咨询。每年的这个时候，教师们都会开始对未来的工作有一个准确的评估。哪个孩子积极地参与学习和社交？谁在适应环境或畏畏缩缩？有没有一些孩子让人无法理解？谁充满了挑战性？

通常，有几个孩子会被敲响“警钟”。这往往会促使教师更加仔细地观察那几个令人担忧的学生。正如上文所述，有时候教师会要求“另一双眼睛”一起观察。但是教师和专家要观察什么？他们如何使用观察到的信息？这些问题是本章对观察过程进行探究的核心。通过观察教室中最具有挑战性的幼儿（罗宾所担忧的那名幼儿），我产生了很多想法，这些想法帮助我展开了对观察过程的研究。我来到幼儿园的第一件事就是在早上安排了与克劳迪娅和南希的简短会议。没过多久，她们就明显地表现出了疯狂的状态：这是她们印象中最为艰难的学年开端。主班教师克劳迪娅在开始说话前长长地叹了一口气。

“你在这儿就好了。我们必须得找到应对阿兰的方法——他太难管了。他总是打别的孩子，而当我们叫他过来谈一谈发生的事时，他又会到处乱跑，把东西都踢倒。如果我们试图阻止他，他连我们都踢。只要他想要一件东西，他就会抢过来，好像不管他在哪里，总会惹别的孩子生气。我们感觉随时都要跟着他。尽管如此，他昨天在扔马克笔的时候差点打到另一名男孩的眼睛。这么说让我很难过，但是我们现在甚至不坚持让他参加圆圈时间了，因为他几乎每次都会为了坐到自己想坐的位置上而撞开别的孩子。我们要安慰被他伤害到的孩子，还要处理他的行为。等我们处理完，其余的孩子都已经不耐烦了，我们很难重新控制住他们。”

克劳迪娅的嗓音开始颤抖，仿佛她有太多的话要说，以至于不知道接下来说些什么。她看向南希，南希接着说了下去，脸上流露出忧虑。

南希说：“我们真的想知道阿兰能否继续留在这里，这是底线。我想罗宾也开始考虑同样的事情了。但是这是一个难以启齿的问题。我们爱他——我们很难不爱他。即使在我们刚刚严厉地对待他之后，他也会向我们露出大大的微笑。仿佛他在问我们‘现在都没事了吧？我们还能不能当朋友？’。如果他一定要离开这里，那么这会对他造成什么影响呢？在进入学前班之前，他只有最后一年了，我们也不知道他可以去哪里。另外，他的妈妈很年轻，她自己在这里生活，她的家人都在海地。阿兰需要我们，他的妈妈也需要我们。更糟糕的是，阿兰并不是班里唯一一个充满挑战性的孩子。但是他太难以管控了，以至于有时我们感觉自己无法关注其他孩子。我们的班级里还有很多其他需要额外帮助的孩子。”

现在，我开始听到一些关于班上其他孩子的事了。根据南希的描述，埃米利奥像一只“奇怪的小蝴蝶”，一整天都在无目的地“飞来飞去”。伊莎贝尔的家庭最近遭受了一些意外打击，她本来是一个性情温和的小女孩，现在却看起来忧伤且迷失，与学年开始时判若两人。还有乔纳森，他只喜欢在火车区玩，但他的语言理解和使用困难使他无法在火车区与其他男孩一起游戏。

还有其他的孩子和实例要讨论，但是已经到了开启新一天的时候了。我看到阿兰横冲直撞地走进教室，拽着他妈妈的手，南希和克劳迪娅硬着头皮看着这个场景。阿兰的妈妈看起来也不怎么高兴。但是当克劳迪娅说“早上好，阿兰！”时，阿兰的脸一下就亮了起来，还带着南希刚刚描述过的让人无法抗拒的微笑。然后，他去了积木区。

“深度观察”：观察、思考、进一步观察

我很庆幸自己担当的角色是顾问，这一角色允许我自由地站在一边并远距离地观察幼儿。当一名内向的男孩带着忧虑的眼神进入教室并耸着肩膀时，我能够聚焦到他的身上。当他的妈妈温柔地试图让他和教师打招呼时，我能够看到他如何蜷缩回自己的“保护壳”。然后，我可以等着看他能否放松地开始他的一天，或是随时保持小心翼翼。我可以观察另一名幼儿怎样与其他幼儿友善地玩耍，直到

事情不如愿后，她突然沮丧地大声尖叫。我可以待在原地，关注她能否接受教师试图给予的帮助。我可以观察她能否在帮助下找到解决问题的方法，或是横冲直撞地走开。然后，我可以观察她需要多久才能再次与其他幼儿结成小组并一起玩耍，以及多久她会再次被同样的情况困住。

教师也随时在观察这样的事情。如果那是你的角色，注意到细节的挑战应该并不会很大，因为这个挑战就是要找到时间和精神上的空间来将你所看到的内容组装成一幅完整的画面。总之，要想做好工作，你必须随时保持“启动”状态。你要为幼儿提供不同等级、充满学习内容的活动。你要为幼儿擦鼻子、擦桌子，还要提供拥抱和创可贴。你要冲到积木区去调解一场争斗，否则这场争斗可能会演变成彻底的打斗。你要做的还有很多。但是，不管是顾问在几小时内进行集中观察，还是教师在教室里周复一周地收集更多的信息，我们所做的工作都是一样的。我们会用到三段式翻转中提到的问题，持续地、近距离地观察一名幼儿。最终，我们会用尽可能详细的信息来填充答案。

由于本章关注的是观察过程，我需要对关于如何填充这些答案的描述进行进一步阐述。总的来说，观察（我们看到了什么？）确实能够引导我们理解一名幼儿所面临的困难（我们思考了什么？）。我们理解这些困难的方式也确实驱使着我们找到有效的干预方式（我们应该做什么？）。但事实是，即便在刚开始进行观察时，我们也会利用关于幼儿发展的知识对观察到的内容进行过滤。这种做法允许我们产生一系列关于所见内容的含义的初步预感。然后，我们在继续观察的过程中对这些预感进行检验（有些时候我们会排除一些）。因此，我们的观察是一条“双向路”。我们在考虑发生了什么时转向问题，从而能够进行更加有深度的观察。这种“深度观察”最终能够帮助我们以最接近的方式理解所发生的事。

寻找模式和目的

克劳迪娅和南希班上的孩子跟着阿兰走进教室，我意识到深度观察这一任务有多么大的挑战性。在他们都安定下来之前，阿兰已经从教室的一角游荡到了另一角。在他的所到之处，其他孩子都畏畏缩缩、哭个不停。我想知道，在这样不间断的不良行为中我要如何收集所需要的信息？如果我都感到如此不知所措，那么克劳迪娅和南希所要面对的情况是什么样呢？

我迅速地做出了一个决定：在这次探访的过程中，我会重点关注阿兰。如果我的观察能够帮助我们更好地理解他为什么有行为问题，那么我们就有机会找到帮助他成功地管理自己的有效方法。哪怕他只是开始实践这个方法，当下次探访时我也能更轻松地注意到教室中其他令人担忧的幼儿。更重要的是，克劳迪娅和南希能够有机会给予其他孩子应有的关注。

克劳迪娅在跟我讲她的忧虑之前深吸了一口气。现在轮到我了。就像我在关于幼儿的挑战性行为的研讨会上对教师们说的一样，我也给自己打了打气。我对那些经常感到疲惫的教师们说，幼儿都想做好，当他们不想做好时，一定是有原因的。如果我们仔细地观察、思考，这些原因是可以被发现的。我们也能够发现其中存在的模式——发生了什么、什么时候发生、发生了多久、接下来怎么做。每一次的混乱中都藏有成功的瞬间……杂草中也会长出花朵。我们可以尽自己最大的努力去发现那些花朵。我们可以想出清除杂草的办法，为更多的花朵留下生长的空间。我认为，幼儿想要我们的帮助和爱（即便有时候看上去不是这样的）。我们的工作就是找出合适的帮助方法，以及通过幼儿可接受的方式提供这份爱。

有时候，当一些教师和我在研讨会上建立了足够的联系后，当我以上述话语结束研讨会时，我会看到教师们频频点头和他们沉思的脸庞。但是，此时我无心关注其他事情。因为我只顾得上看阿兰对他经过的所有地方做出各种各样的破坏。但真的是所有地方吗？他的真实目的是做出破坏吗？我继续观察，很好奇接下来会发生什么。

乔纳森在火车区，教师们告诉我这是他感到最舒适的区域。阿兰来到他的身旁。乔纳森可能感到有些担忧。阿兰并没有要离开火车区的意思。乔纳森坚定地继续摆弄他的铁路线，很快就在自己和阿兰之间隔开了一些空间。阿兰拿起一辆火车，在轨道上玩了起来，充满能量地发出“呜呜”的声音。随着火车速度变快，他和乔纳森对视了一下，发出了一声友善的“啊哦”。然后，他的火车撞到了乔纳森的火车。两个男孩面对面地笑了起来。

“这可真有意思”，我发现自己正在这么想。教师们告诉我乔纳森在语言处理方面有困难。阿兰自从来到幼儿园后所讲的话都没超过一两个单词——他的沟通技能是否也有些问题？如果是这样的话，乔纳森对阿兰来说是不是一个比较好相处的玩伴？值得令人注意的是，阿兰和乔纳森在火车相撞前就有眼神接触，火车相撞后当他们看向对方时，阿兰还发出了积极的“啊哦”声。这个声音是他表达“想要一起玩”的方式吗？

我继续一边观察，一边思考。阿兰会做出让火车游戏彻底结束的事吗？他和乔纳森会重复地撞向彼此的火车吗？这两个男孩能够让他们的游戏“有一些发展”——发展出一条有深度和进展的故事线吗？他们之间会有比“呜呜”和“啊哦”更复杂的语言吗？

我发现阿兰在火车区停留的时间远不止几秒。不仅如此，虽然他确实撞向了乔纳森的火车，但他并没有试图去抢它。这是另一个有趣的时刻，而且出乎我的意料，毕竟今天早上的情形并非如此。

正当我思考这些意味着什么时，埃米利奥也加入了进来。阿兰给了他一辆火车——这是我第一次看到他自愿分享自己珍视的玩具。埃米利奥是南希口中的“奇怪的小蝴蝶”，他看起来是一个可爱又有点古怪的小孩。可能他还没有意识到阿兰会有多大的攻击性？他显然没有退缩，甚至没有像乔纳森那样，在自己和阿兰之间隔开一些空间。这是阿兰今天上午第一次表现出友善的原因吗？作为一个让其他幼儿和成人都感到无所适从和害怕的孩子是什么感觉？

我感到了解脱，也许精神上的“啦啦队长”（即自我鼓励与安慰，对应上文中的自我打气）最终发挥了一些作用。我开始带着脑海中的问题进行观察，在深度观察的“双向路”上继续前行。

将观察与重要性类别相联系

幼儿并不是为了让我们以系统的方式理解他们所面临的挑战而组织自己的行为和感觉。他们每天都是一边表现，一边感觉，并将自己的每一面展现在所生活的世界中。我们是要仔细观察他们的人。同时，我们要保持一部分思想的自由，以便将逐步展开的观察与第一章中提到的三段式翻转相联系。这样做并不总是简单的，在阿兰的案例中，我发现自己总是不断地对他疯狂的行为感到不知所措。但我仍然试图进行深度观察和反思，并思考我所注意到的内容如何与我经常依赖的类别相关联。

上述意图指导着我在教室中的观察，这样将观察与特定类别相关联的心理过程就开始了。阿兰正在拉着他的母亲进门，她看起来有一点恼怒。阿兰处于支配地位，他的母亲既无助又恼怒，这样的情境对他们来说很常见吗？（家庭生活）克劳迪娅和阿兰打招呼，他用一个可爱的笑容回应。（成人—幼儿关系）但他并没有说“你好”或“嗨”。他和乔纳森说话时只使用几个单字或短语。阿兰的语言发展是不是有困难？（发展性技能）迄今为止，他和乔纳森一起进行的游戏对4岁幼儿来说比较简单。当他对火车碰撞没有兴趣时，并不会给乔纳森很多说“不”的空间。他知道如何和伙伴开始游戏、坚持游戏、协作游戏吗？（游戏技巧）阿兰开心地给了埃米利奥一个玩具火车，埃米利奥是少数几个不会被他搞得狼狈的幼儿之一。作为一个经常给其他人带来烦恼的幼儿会是什么感觉？（情绪健康）如果幼儿或成人的回应方式是邀请式的（而不是勉强的），那么阿兰的表现会不会不同？（互动模式、困难诱因及成功准备）

做出猜测（不是决定）及共同行动（不是单打独斗）

将观察与问题和类别相联系让我有了开始着手的地方。现在，如同往常一样，我需要谨记保持开放和好奇的重要性。也就是说，我应该对阿兰的情况做出猜测，而不是决定。我需要将我的观察与教师们的观察相结合——他们对他的了解比我多。以这种方式共同行动是很重要的。对特殊需要儿童的理解角度越多，我们就越有好的机会理解他为什么正在经历困难。

这样的视角来自经常与特殊需要儿童一起工作的教师，也可以来自管理者、园长或专家。最后，在可能的情况下，它们也可以来自家庭成员。例如，来自卡萝尔（阿兰的母亲）的信息对帮助他至关重要。但是，教师团队在进行初步的头脑风暴前并不会咨询卡萝尔。事态已经变得很极端，我们不能再等了。我们需要在晨间观察后立刻碰面。这意味着我需要充分利用我在教室里的时间，并挖掘出尽可能多的数据。

追踪行为变化的细节

我想：阿兰和乔纳森的游戏在过去几次的撞车中是不是并没有得到进展？埃

米利奥在拿到一个玩具火车后不久就走了。然后，阿兰满足地自己玩了大约5分钟，组装了一列火车，伴随着的是他发出的各式各样、充满热情的声音。我注意到，这对于阿兰来说是一段很专注的时间。除了阿兰，此时这个区域里只剩下乔纳森了，他的同伴互动性也不太强，这对于阿兰来说是件好事吗？如果和阿兰共享某一空间的幼儿比较少，那么他会不会表现得更好？我还有另一个问题：火车区的桌子是使整个空间成为一个区域的具体存在，这是否也会让事情变得更容易？

观察幼儿对所处空间的反应非常有用。注意幼儿的行为随着周围幼儿数量增减的变化也非常重要。关注这些细节能够帮助我们将所观察到的内容与“困难诱因和成功准备”这一类别相联系。例如，有些幼儿需要周围幼儿数量较少和更清晰的边界界定才能成功（至少在游戏刚开始时是这样）。阿兰可能就是这样的幼儿。还有一些幼儿对周围幼儿的活动水平反应很强烈。阿兰可能也是容易被过度刺激的幼儿。我提醒自己要注意对比阿兰平静和冲动时的样子。我也需要观察他如何成功地完成过渡时间的忙碌，以及他的行为是否会在他走到已有一两名幼儿的区域时变得更差。

注意发展“基本项”：关系、关爱和交流的能力

阿兰离开了火车区，开始在教室里走来走去。当走过角色扮演区后，他停在了积木区，踢翻了另一名男孩小心翼翼地搭好的积木塔。然后他漫步到克劳迪娅的身边，看她把创可贴贴到伊莎贝尔的手指上。他站在教师的身旁——这是我整个早上第一次看到他一动不动。“受伤！”他担忧地说道。克劳迪娅和他眼神交汇。她回答道：“是的，伊莎贝尔的手指上有个小伤口。”阿兰点点头。伊莎贝尔正在哇哇地哭，她充满忧伤的面孔让我想起了之前教师们提到的——她家里的情况有些困难，她的状态也远没有以往那样乐观。阿兰沉重地盯着伊莎贝尔。他温柔地拍了一下她，脸上的表情和他的同学一样忧伤。

我发现自己感到宽慰和鼓舞。阿兰仿佛感受到了伊莎贝尔内心深处的难过，并且对她的健康状态表现出了真正的兴趣。更进一步讲，他对她的不幸给出了关心的回应——这对于一名经常造成破坏的幼儿来说有巨大的意义。另外，他与克劳迪娅进行了令人舒适的眼神交流。很清楚的是，至少在某些时间段，他感觉自

己和教师之间是有关系的，并把她们当作朋友。他也在用语言表达自己。实际上，对于一个4岁幼儿来说，他并没有使用很多词汇，而只用了一个词语。但是，他使用了正确的词语。而且，他能够点头回应克劳迪娅……看起来他至少听懂了她所说的部分话语。这很好。如果他在语言发展方面正经历一些挑战，那么看起来我们至少有能够开展工作的基础。

幼儿与他人建立关系、与他人共情及交流的能力伴随着他们的健康成长越来越凸显（关于这一领域的深入探究，详见第七章）。在观察幼儿时，观察能够展示上述能力的情境十分重要。令人欣慰的是，阿兰对伊莎贝尔表现出的担忧展示出了上述三种能力。但是关于交流，我们还有其他需要考虑的内容，因为阿兰在家里说克里奥尔语（海地人使用的语言）。我在心里记下要问问教师们，他们是否与卡萝尔确认过阿兰在说克里奥尔语时是否轻松容易。由于他是第二语言学习者，我们需要小心，对于发展过程中的挑战不能一下子就得出结论。很重要的一件事是，弄清楚他是否在说两种语言时都遭遇挑战，还是只在说英语时有困难。也许他只是一个在学习第二语言时比其他人需要多一点时间的幼儿。

产生“可能性”：建立观察之间的关系

阿兰走向拼图桌，他的同学凯文正在专心致志地玩游戏。他重重地靠在凯文的肩膀上，看了一会儿。然后，他从凯文的手中抢走了一块拼图。呃，他的表情看起来饶有兴致，而不是生气。我在想：这是一种侵犯吗？还是说这源于一种善意的不知所措，因为他不知道如何加入凯文的拼图游戏？这个“靠”的动作是不是与他之前把肚子靠在摆放火车的桌子上有关？他的身体是什么感觉？看起来，他确实有很多精力，也总在动来动去。他有没有可能是渴望感官输入的幼儿，喜欢撞、跑、踢、靠在任何可以接触到的事物上？

凯文几乎摔下椅子，大叫了一声“不”。现在，阿兰的脸看起来生气了。他重重地拍了一下凯文的胳膊。凯文开始哭喊了。阿兰拿着拼图块离开了，瞥了一眼南希。他是不是在看她是否注意到了发生的事？她当然注意到了。阿兰的脸上流露出了几种情绪的混合，有一点狡黠的笑和一点“抓得到我，你就来呀”，也许还有一点沮丧，因为他看到教师严肃地朝他走来了。

这不是阿兰第一次在想要加入其他幼儿的游戏时表现出冲动了。这也不是他第一次做出“靠”的动作。当注意到这些表明幼儿正在解决问题（而不是制造问题）的固定模式、重复行为和不恰当动作时，我们就可以开始推测“可能性”了。这样做可以与深度观察的意图联系起来，这是在观察和观察表明的信息之间应做的重要工作。也许这个行为和那个行为是有联系的。也许他这么做，是因为他需要那个东西。我们要保持直觉（而非结论）。我们仍然要对其密切关注。我们的目标是观察它们能否在进一步的观察中得到证实。因此，将这些“可能性”记在脑中，我继续观察阿兰。

现在是圆圈时间。正如我们所料，阿兰冲向了他想要的座位，推开了几名幼儿。然后，在克劳迪娅试图耐心地控制住他时，他打了她。克劳迪娅坚定地告诉他，打别人是不对的，并把他引导到指定位置，然后开始组织集体教育活动。阿兰在活动时扭来扭去。在活动结束后，其他幼儿都在讨论天气、听故事，而他离开了圆圈，在教室里走来走去。当听到同学们要开始唱《巴士的车轮》（*The Wheels on the Bus*）时，他急迫地回到了自己的位置。他会唱所有的歌词，知道所有的旋律，而且处于注意力最集中的状态——当同学们继续唱其他他知道的歌曲和旋律时，他仍然很专注。

阿兰露出满脸笑容，很显然，他喜爱唱歌。熟悉的旋律、牢记的歌词和有节奏的动作的组合似乎能够帮助他感到放松和专注。我很好奇：为什么会这样？我发现自己在仔细思考我迄今为止所观察到的一切。如果阿兰确实在词语使用方面有困难，那么当在一首经常重复的歌里知道接下来要出现哪些词语时，他可以有所解脱。如果一名幼儿经常通过打、踢等动作满足自己的感官需求，那么在唱歌时做动作也许能够帮助他更成功地控制自己的身体状态和冲动。

当我开始思考这些直觉可以如何帮助我们制定新的干预方法时，情况再一次变得糟糕。在如厕时间，阿兰重重地打了另一名幼儿的胳膊，插到了队伍的最前面。这次，克劳迪娅坚定地拉起他的手。她对阿兰进行了严厉的训斥，并把他带离了队首。作为回应，克劳迪娅也得到了属于她的重重击打。然后，阿兰扭动着脱离了她的控制，边走边踢翻了很多东西。

每当阿兰结实地踢了一脚后，他都要看看教师是不是在看他。他的脸上仍然带着相同的狡黠微笑、“抓得到我，你就来呀”和我之前观察到的可能的沮丧。我在想：为什么？在这种情况下，他在找什么？他的感受如何？我告诉自己要关注他未来出现的不良行为，看看是否有某种模式变得清晰。我提醒自己也要关注他成功的时候。一个惊喜时刻就快发生了。

现在是午餐时间。阿兰坐到了指定座位，并没有把任何人推到一旁。然后，在南希的小小提示下，他等待着轮到给他倒牛奶。他在恰当的时候说了“请”和“谢谢”，并且小心翼翼地将公共餐盘递给了坐在旁边的幼儿。他还仔细观察能够去盛第二轮饭的指示。最令人印象深刻的是，他成功地在整段时间内都安稳地坐着。南希在早上看起来很紧张，但现在也放松地吃饭，并享受阿兰的良好表现。其他幼儿也是如此。

我在想：阿兰为什么会在用餐时间更容易平静且变得更有组织性呢？当然，他在做一件自己喜欢的事——大快朵颐。另外，他能够很清楚地预见将要发生的事情。他的坐垫指示了他要坐到哪里，这样他就没有必要推开别人了。长方形的桌子为他明确了整个空间，他和旁边的幼儿之间也有一些空间。此外，阿兰知道在他坐到规定的位置并等待轮到自己前教师不会给他盛饭。简单来说，克劳迪娅和南希很明显地制定了清晰、固定的午餐常规。我想，也许我们可以借鉴其中的智慧。

我的观察时间几乎要结束了，现在是离园时间。阿兰的母亲卡萝尔来到幼儿园，并得到了儿子的大大的笑容。她也灿烂地朝他笑着，拍了拍他的头，然后胆怯地看了一眼克劳迪娅。很明显，她想表达的是：“他今天表现得怎么样？”克劳迪娅同情地看了回去，耸了耸肩。“跟以前一样”，她以无声的方式做出回应。阿兰猛冲到自己的小柜子旁取外衣，还推开了另一名幼儿。“阿兰，不可以！”卡萝尔的声音很严厉。阿兰打了卡萝尔的手臂（但是很轻），然后开始在教室里跑来跑去。她走向阿兰，拉起他的手，他短暂地抗议了一下。然后，他安定下来，安静地站在妈妈的身边。

我为之一振。这是我第一次看到阿兰在被纠正不良行为后表现得如此顺从和平静。发生了什么？我脑中的雷达启动了，继续观察接下来发生的事。不到半分钟，我就有所发现了。他的妈妈开始和克劳迪娅聊天，注意力被分散了，阿兰挣脱了她的手。他来到图书角，其他幼儿正在一边阅读，一边等待他们的家长。然后，阿兰开始扔书。他一抬头，卡萝尔又喊出另一声："阿兰，不可以！"这次，她听起来没有那么肯定了。她转向克劳迪娅，眼中充满了尴尬。在跑开时，他朝着妈妈所在的方向看了一眼，就像他早些时候对教师做的那样。犹豫了一会儿后，卡萝尔走向了他。阿兰再一次允许她拉着自己的手。同样，他再一次稍做抵抗就平静了下来。

我快速地瞥了一眼卡萝尔的脸，她感到十分尴尬，甚至是窘迫。我知道她向克劳迪娅和南希寻求过建议，南希在早上用了几分钟告诉了我这位母亲和她年幼儿子的情况。显然，卡萝尔很心烦，她说阿兰在家里的行为经常和在幼儿园里一样令人感到棘手。她表明自己非常努力地试图教育阿兰和他的哥哥要成为有礼貌、尊重他人的孩子。她告诉他们，她非常看重这一点，因为她在海地就是这样被教育的。

随着卡萝尔的注意力分散，阿兰又一次跑开了，开始重复固定的模式：不良行为—训斥—在跑开时看一眼谁在看自己—拉手—安定。这很值得我们仔细思考。阿兰做出不良行为，然后立刻看向他知道正盯着他的成人，这时他在寻找什么？他是希望得到一些关注吗？他是对自己能做什么感兴趣吗？就像往水里扔一颗小石子，在石头接触水面后看着涟漪一圈圈地扩散开？他是在渴望有人来阻止他吗？还是以上这些都在同时发生？

考虑互动模式、文化规范和家庭生活

观察的重点关注在于追踪幼儿的行为是如何嵌入互动模式的。当一名幼儿的表现不尽如人意时，成人应该做什么？然后会发生什么？成人的回应会在短期或长期内导致更多令人担忧的行为吗？如果失败了，会发生什么情况？上述问题都和阿兰的情况紧密相关。看起来，卡萝尔在完全专注于发生的事时，有能力迅速阻止她的儿子并紧紧拉住他的手。而且，他允许她这么做。只有当她的关注点转移时，他才会逃走。此外，她所说出的"阿兰，不可以"，有时候听起来是一种令人舒适的坚定，这对于很多海地家长来说具有典型性。但是，有时她的语气更多的是不确定。对于卡萝尔来说，当一个人时，她是否很难相信自己对阿兰的直觉？

她很年轻。她是否有时会对阿兰给出回应的“停止信息”，而有时不知道如何做或没有精力做？

对于卡萝尔来说，生活在美国但没有家人的陪伴是否是件非常困难的事？在海地，幼儿通常由关系紧密的大家庭抚养，同时会在很大程度上获得来自社区的帮助。因此，她对单独抚养孩子感到陌生和惶恐并不令人惊讶。情况出现了更多的“可能性”。但是，有一个想法可能并不是“可能性”，看起来是事实：卡萝尔在成长过程中被教育要有礼貌且尊重他人，这深深地根植于她的原有文化。阿兰在安静地吃午餐时就是这样表现的。很明显，她将自己珍视的价值观传达给了他。但他是个棘手的孩子。也许我们的团队能够给予卡萝尔一些支持（她在其他地方无法得到），帮助她找到一种爱与坚定的最佳组合并将其给予她优秀却冲动的儿子。

基于观察画面的思考：发生了什么？为什么？

孩子们都回家了，我从早晨开始持续产生的直觉融合成一幅更大的画面。对于阿兰的强项和弱项对现在的情况产生什么作用，我有了一些初步的想法。我也感受到什么时候对他来说更容易成功，什么时候对他来说比较困难。对于可能在他的家里出现的模式，我也有了一些猜测，这些模式可能会跟教师在园所里观察到的内容有关系。此外，我还有一些疑问。由于这所幼儿园不允许暂停幼儿的活动（我完全支持这种理念），克劳迪娅和南希是否缺乏阿兰需要且渴望的严格控制法？这种方法与卡萝尔的文化相契合，使她能够在某些时刻成功地控制阿兰的行为。我多次看到阿兰有不安全的行为（例如乱扔玩具或踢人），但他只会被口头训斥，而不会有其他的惩罚。这样的情况该怎么处理？

面对阿兰有限的语言和无法在行动前思考这些问题，以及他的不能被接受的行为，他是否需要更清晰、更具一致性的回应？他的行为和接下来发生的事情的互动模式是否导致了更多的卡萝尔和教师所担心的行为？如果是这样的话，那么有没有一种方法能够让这些模式向更好的方向转变？我们怎么才能在不运用惩罚或严厉方式的前提下做到这些？最后，如果需要用不同的方法来设定限制，我们该如何将支持和发展技能作为最核心的目标？我很高兴现在可以和克劳迪娅、南希一起坐下来。我的观察会为我们提供很多可以思考的内容。

第三章

聚焦发展

——理解幼儿技能的基本构成要素

孩子们离开后，一种令人愉快的安定感弥漫在克劳迪娅和南希的教室中。我们围着矮桌坐在三个幼儿座椅上，等待着罗宾的到来。作为园长，她想要参与我们的讨论，因为很多家长打电话来抱怨阿兰的攻击性行为。她听说，他们的孩子经常受伤。对于他们来说，让自己的孩子待在一个不安全的教室中是一件很吓人的事。如果幼儿园不能找到让事情变好的方法，那么阿兰为什么还没有被开除？

克劳迪娅和南希需要一个计划，而且急需这个计划。在现在这个时间点上，教师团队不禁想要仓促地开始进行关于策略的头脑风暴。实际上，当一名幼儿带来很大的挑战时，这种情况经常发生，因为每个参与者都绝望地想要改变。但是，我们必须先仔细研究现在的情况以及背后的原因。正是“观察—思考—行动”过程中的“思考”环节让教师能够做出成功概率较高的行动计划。

如果我们能够在相关领域知识的基础上生成想法，那么上述步骤才能达到最佳的效果。这种知识的基础深刻且广泛。它包括关于大脑、幼儿发展、家庭和社区的知识。相关的研究涉及失败、坚韧性、学习模式和创伤带来的影响。这些内容只是一个开始。实际上，正如具有开创性的《从神经元到社区——幼儿发展中的科学》（*From Neurons to Neighborhoods: The Science of Early Childhood Development*，Shonkoff & Phillips，2000）一书的书名所反映出的，我们的教育视角必须非常宽广，因为我们的工作就是理解幼儿在复杂世界中的经历。

既然有这么多需要考虑的事，我们要从何着手呢？通常，最佳的着手点是根据核心的发展性技能明晰幼儿当前的发展状况——也就是说，要做出一份幼儿“发展档案”。本章探讨了在制作这样的档案时教师需要了解的发展性知识。这次会议的第一个环节是克劳迪娅和南希讲述从本学年的第一天开始时她们观察到的内容。

共享关于行为的观察

罗宾到了。我们的会议从南希和克劳迪娅列出她们最为担忧的幼儿行为开始。阿兰打人、踢人、推人、抓人。他在自由活动时经常跑来跑去，在集体教学活动时间扭来扭去、无法安定，在过渡环节也过于好动。他说不了几个单词，好像能听懂的单词也很少，他总是想要排在第一位。他很少单独游戏，而他和其他幼儿的合作游戏也总以打架结束。他的倾听能力很差，也无法保持专注。在被要求停止不当行为时，他并不会停止，而是会跑开。罗宾的面色凝重，充满担忧。听起来，事情比她所担忧的更加严重。

我们的团队深知在描述幼儿时只关注他的弱势所带来的危害，所以我们迅速地开始描述他有能力以及健康发展的领域。阿兰和他的母亲相亲相爱，他和教师之间的关系也十分温暖。当不伤害其他幼儿时，他会对别人的不幸表现出真诚的关切。他想要和朋友们一起玩，尽管他并不知道该如何做。他有喜欢的活动——玩火车、唱歌、吃饭和烹饪。在这些活动中，他表现出了有组织性、平静和体贴等品质。最后，当身体处于放松状态，但头脑处于积极状态时，他是一个懂礼貌、体贴的孩子——一个带着阳光般微笑的孩子。他的微笑让所有的幼儿和成人都无法抗拒，就连他曾经打或踢过的幼儿也会用同样阳光般的微笑予以回应。

现在我们已经分享了自己的观察，开始将它们与阿兰的发展问题相关联。我们所注意到的行为表明他的哪些发展性技能存在不足？在哪些发展领域，他表现出了对技能的擅长？

将发展性技能的提升置于中心

带着这些问题，我们的团队聚焦于发展性技能，开始集中探讨阿兰的发展性技能情况。在本书中，我也将发展性技能置于中心。这样做的决定是实际的。当家庭成员和教师对一名幼儿的健康越发担忧时，他们希望有所改变的事情通常并不多。这些事情通常直接与发展性技能相关。他们希望幼儿少打人、多和其他人互动、注意力集中的时间更长，或者毫不费力地做出成人许可的事。他们希望幼儿能够更清晰地表达自己的想法和需求、少哭点、动作慢点，或者能够充满自信地与外界沟通。他们希望幼儿对自己的感觉更好，也对他人更加友善。他们还希望幼儿能够分享、轮流游戏并等待。有时，他们希望幼儿能够同时发生多种改变。

简单来说，家长或教师希望他们的孩子或学生掌握基本的发展性技能。如果我们的学术领域内对于基本的发展性技能有一个公认的清单就太有用了。虽然发展医学和幼儿心理领域的学者、研究人员和专科医生都对发展性技能进行了多年研究，但是由于发展的复杂性，他们并不能形成一个所有人都认同的清单。不过，这一情况给予我们一些灵活性。我们可以将专家研究多年的问题与家长和教师最希望看到的情境相结合，形成一个涵盖两方视角的可实践清单。多年前，我就做了一个清单，列出了发展的七大基本要素。

下文中描述的发展的七大基本要素，并不能涵盖理解每一名幼儿所需的所有发展方面。但是，更经常出现的情况是，它们描述了我们所见、所忧的中心问题，并且在理解幼儿所经历的困难时是一份有用的指南。它们也很容易被记住。

发展的七大基本要素

1. 感到安全和温暖的关系：这一基本要素支持了其他要素——幼儿在与他人的关系中感受到信任、兴趣和愉悦。
2. 专注：能够开始并保持专注，将注意力集中于人、想法、要求和预期。
3. 有效地进行沟通：理解他人，并让他人理解自己（不管是否使用语言）。
4. 管控精力：能够从一个精力等级转换到另一个，能够慢下来并保持安定状态。
5. 管控情绪：在不产生强烈反应的情况下解决小困难，在生气后重新冷静下来，在沮丧时保持自我控制。
6. 转换轨道并保持灵活：能够适应改变及他人的需求；知道如何与他人共享空间、材料和想法；在下一项活动即将开始时，能够结束前一项活动。
7. 感到有能力和自信：这一基本要素基于其他要素——感觉自己是聪明的、有能力的和乐观的。

从某种角度来讲，将发展的七大基本要素分开是不合理的：发展是一个非常错综复杂的过程，任何清单都无法准确地描述它。此外，上述清单并没有强调同情心、对冲动的控制和问题解决能力，这几种能力对幼儿（作为朋友和学习者）的成功来说都极为重要。问题在于，越全面的发展框架就会越长——在现在的急迫时刻，教师需要的是能够轻松上手的简洁清单。虽然同情心、对冲动的控制和问题解决能力是我在清单上包含的基本要素（例如，与他人的关系和情绪管控），但我没有重点考虑它们。你可以列出不同的、更全面的发展的基本要素，也可以参照我的结论。你所选择的清单并没有那么重要。重要的是，要有一个有条理的框架来帮助你从发展的角度看清幼儿的优势和劣势。

攀爬“发展的阶梯”

不管你适合哪种框架，都要牢记：任何领域中的发展性技能的发展都是缓慢的。幼儿是否具备保持专注或控制情绪的能力并没有一条具体的分界线。实际上，每一个基本要素都可以被认为与一条发展性道路（也称作“发展轨迹”）相关（Aber et al.，2003，p. 3）。幼儿在人际关系中会逐渐产生安全感，逐渐学习如何保持专注和与他人交流，逐渐获得忍受沮丧、保持灵活的能力。在年龄尚小时，幼儿在这些领域的发展性技能就开始发展。在一位爸爸不让学步儿买她喜欢的含糖麦片后，她在超市里走来走去，并不代表她的情绪控制能力不合格。实际上，她的小脾气（很可能只是她在过去一个月内多次发脾气中的一次）可能只是她学习如何面对外界的“不”并保持内心平静的方式。

关于发展轨迹的思想贯穿了这一领域的各种文章。两名相关专家斯坦利·格林斯潘和塞雷娜·维德尔所提出的一个比喻将每一种轨迹都勾画成一个阶梯（Stanley Greenspan & Serena Wieder，1998，p. 71）。将这一比喻与我们所了解的关于幼儿成长和学习的知识相结合，我们会得出支持成长的一种有用的比喻。我们都知道，幼儿的发展速率并不相同。我们也知道，不论快慢，很多速率都是正常的。但是，有时幼儿在一个阶梯上所处的位置却令人担忧。这时，我们要确定她在阶梯上究竟处于哪个位置，以便帮助她一步一步地向上攀爬（Greenspan & Wieder，1998，p. 121）。

带着阶梯的比喻，克劳迪娅、南希和我需要仔细思考一些问题。哪一个阶梯是阿兰攀爬起来有困难的？哪一个阶梯他爬起来更容易？他更容易攀爬的阶梯所代表的能力如何帮助他攀爬其他阶梯？用更经典的语言来表达，我们的团队该如何利用阿兰的优势来提高他的劣势？

制作优势和劣势档案

克劳迪娅、南希和罗宾通过经验得知，构建幼儿的发展档案通常能够为支持幼儿“一步一步”的发展提供启示。她们也知道，她们所在的幼儿园在过去已经帮助很多充满挑战性的幼儿实现了进步。但是，此时此刻，她们感到担忧，而不是充满希望。我也很担忧。不过，早上我所尝试的深度观察让我感到好奇且乐观。我们在会议开始时通过描述阿兰的各种行为来构建他的发展档案，也许它能够在后续的反思中帮助我们。

阿兰的档案包含了他的优势和劣势，具体情况如下。

- 感到安全和温暖的关系：每个人都清楚地看到阿兰充满爱意地跑向他的妈妈。此外，当他和乔纳森的火车相撞时，他朝对方笑了，并且在伊莎贝尔受伤时拍了拍她的胳膊。早上，他看到克劳迪娅和南希时总是很开心，也很享受在表现好时得到称赞。一旦遇到困难，他的同理心和愉悦他人的感情就不再出现了，这确实是真的。但我们所有人都同意，这名男孩构建温暖、令人愉悦的人际关系的能力是真实存在的。
- 专注：思考这一点对于我们来说有点难。如果阿兰正在做的事情能够让他的身体感到放松、让他的头脑有组织性，那么他就能专注于周围所发生的事。但是，在其他时间，我们连和他进行眼神接触都有困难。在这些时间，他很难对“停下”“看这儿”“你听”等指示做出回应。最终，教师团队得出结论，这一基本要素的发展迟缓与他在其他领域的困难息息相关。当难以理解和使用语言、无法控制自己的精力和感官需求、无法控制沮丧情绪时，他保持专注的能力就会受到影响。由于其他困难经常出现，保持专注成了一个独立的问题。
- 有效地进行沟通：我们都清楚地知道，阿兰在理解和使用语言时有困难。我们还不知道的是，这些困难与第二语言的学习密切相关，还是与语言发展水平密切相关。我们一致同意要做一些测试。但是不管主要的影响因素是什么，阿兰在这一领域中遭遇的困难都与有限的游戏技能、无法忍受沮丧及无法和他人相处密切相关。当其他同学能够成段地说话时，他只能用单个词语表达自己的想法，这是一种什么感觉？当他想要某种东西却找不到合适的词语来表达时，这又是一种什么感觉？

- 管控精力：这仿佛是他的另一个弱项。阿兰天生精力充沛，而且他的身体渴望感官刺激。找出帮助他感到更加平静和有组织的方法很重要。我们提出了一个问题：我们能否帮助阿兰学习如何在不撞到其他幼儿、不踢开玩具或不撞翻家具的前提下获取他所需的感官刺激？
- 管控情绪：作为一个非常具有攻击性的幼儿，阿兰看上去并没有充满深层次的愤怒。教师团队最终认为他是一个快乐的孩子，但很容易对事情感到沮丧，尤其是当他在交流上有困难时。当遇到困难时，他保持冷静的能力有限，沮丧情绪会占据内心，使他无法很好地自我安抚。我们相信，如果阿兰能够更好地控制自己的情绪，那么他与其他人相处会变得更加容易。这也能够让他更好地接受针对其他有困难领域的帮助。现在，他经常感到沮丧，教师很难给予他学习和成长方面的帮助。实际上，克劳迪娅和南希说，她们总是从一个危机到下一个危机，努力让他完整度过每一天。这让她们很苦恼。她们在想：有没有一种方法能够更多地聚焦于幼儿的技能发展，而不是管理？她们该如何减少这种沮丧的时刻，以便开始教他所缺乏的技能？
- 转换轨道并保持灵活：克劳迪娅和南希对这一方面有简单的回答——阿兰并不具备这一发展的基本要素。也许在他能够更好地使用语言并保持冷静后，这一技能也会随之发展。
- 感到有能力和自信：阿兰也许是个开心的男孩，但是我们都不认为他是自信的。当所做的事都以混乱告终时，他如何才能感到自信？但是我们都同意，这一发展要素建立在其他要素的基础上。如果我们能够帮助阿兰表达出自己的想法、保持注意力并管控精力和情绪，那么他可能就会对自己感觉更好。

很明显，虽然我们的团队还在讨论基于发展的图景，但我们已经在考虑有关干预的问题了。我们要如何帮助阿兰在某一领域变得更强，从而另一领域也随之发展？我们要如何运用对他所缺乏技能的理解建构出一份以学习技能为基础的干预计划？也就是说，我们要如何将重点从现存的问题转移到未来的可能性？

我们都同意，上述最后一个问题的答案会是我们制订关于阿兰的行动计划的核心。但是，在创建这个计划前，我们还有很多因素需要考虑。尽管构建发展档案非常重要，但它只是教师理解难以被帮助的幼儿的一个方面。教师还需要了解这些幼儿为什么会经历这些困难。下一章会讲述这些问题行为背后的原因。

第四章

聚焦原因

——考虑问题行为背后的“为什么”

在第一次到达克劳迪娅和南希的教室时，我就决定将阿兰作为优先考虑的幼儿，这是有原因的。尽管如此，我发现自己也很关注他的同班同学，因为我知道班级里还有其他幼儿需要帮助。他们是一群活泼有趣的孩子。有些孩子精力充沛，充满好奇心，想要和外界建立关系并不断探索。有些孩子会活跃地用英语和教师交谈，但在和朋友交谈时使用西班牙语、克里奥尔语或葡萄牙语。很多幼儿都有令人印象深刻的游戏想法，并能将这些想法融入讲故事、搭积木或在角色扮演区假装做饭的游戏中。但是，有些幼儿在游戏时使用的技能很少，阿兰和乔纳森都属于这类幼儿。他们会一遍遍地、满足地在火车轨道上来回操纵玩具火车，与4—6岁幼儿相比，他们的游戏方式更像学步儿。

在观察的过程中，我也注意到其他问题，有些问题指向了可能令人担忧的领域。例如，班级里的几名幼儿极度沉默寡言。但是，沉默寡言所带来的“感觉”也有不同。对于玛丽娅而言，她的沉默寡言令人感觉舒适——就像一件合身的衣服一样。而4岁的珍妮沉默且僵硬，就像待在一所监狱中。沉默寡言的程度并不是幼儿之间唯一的差异。幼儿的专注方式也各不相同。埃米利奥是一个开心、自由的孩子，总是到处走来走去，非常容易分心，这让克劳迪娅和南希都很担忧。而他的同学亚当表现出的无法保持专注则十分符合他的年龄（仅3岁）和精力水平（很高）。

最后，有几个孩子的状态让我感到担忧和伤心。一个是汉娜，她总是透露着伤心，孤立于其他幼儿之外，十分需要关注又充满挑衅。另一个是伊莎贝尔，她的不快乐情绪安静地在教室里蔓延。还有一个是凯文，他是一个可爱、让人想要拥抱的孩子，看上去很容易被照顾。但是，他在一日生活中非常难管理，因为他听不懂自己该站在队伍中的什么位置，也不明白接下来要发生什么。

即使只是刚开始观察克劳迪娅和南希的充满活力的教室，我也能够清楚地认识到上述幼儿在行为方面都没有阿兰那样令人担忧。他们每个人都不一样，这并不令人惊讶。每个人都有不同的个性和家庭，过往经历和每日活动也大不相同，这些因素都使他们的感受和行为有所区别。我们最初的焦点是阿兰，克劳迪娅、南希和我要如何确定影响情况的其他因素？当这一焦点转换到教室中其他令人担忧的幼儿时，教师要如何确定影响情况的因素？这两个问题引出了第三个问题：

教师要如何利用这些潜在的问题来理解他们所担忧的幼儿？本章将继续讲述阿兰的故事，因为通过探究可能加剧幼儿具有挑战性的一系列“常规因素”，它对上述问题给出了一些答案。由于没有任何一个故事、一名幼儿能够涵盖挑战背后的所有因素，本章也会介绍阿兰的同学。对于他们的情况，后面的章节中会有更加详尽的介绍。

回望过去，着眼当下

考虑问题行为背后的“为什么”的方式是将它们分成两个类别。第一类与过去发生的、从幼儿很小时一直持续到现在的事情或因素相关。它与“先天和后天”都有重大的关系，并可以被分成三个主要方面：先天性格、艰难起步和困难时期。第二类包含了两个因素，与幼儿在家庭和园所中“此地此刻”所经历的困难相关。互动模式是其中的一个因素。另一个因素涉及更广大的关于行为起源和发展的图景——即什么触发了这些行为及后续会发生什么。

每一类、每一个因素都会对幼儿感受自身、世界及其行为产生深远的影响。我们的探索开始于第一类中的第一个因素——先天性格。我在成为家长后深深地认识到这一点的重要性。

考虑先天和后天因素

先天性格

在我的长女出生时，我深信我和丈夫对她的爱，以及她与我们和其他人的各种经历都会将她塑造成她应该成为的那种人。然后她的妹妹出生了，她从一开始就是一个非常不同的孩子。在养育她时，我仿佛要重新学习一遍如何做一个家长。她们现在都已成年，而且是很好的朋友。尽管她们的兴趣有很多相同之处，但性格大相径庭。我首先理解到的是，幼儿会以不同的性格来到这个世界——我们所说的“气质”对她们会成为什么样的人具有很大的影响。此外，我现在了解到，她们在出生时，大脑吸收和理解每天遇到的信息具有不同的形式（和不同的能力）。

她们看到、听到、品尝到、接触到的信息，是每个人的想法产生的基础，这通常被称为“信息处理”。

在一个被计算机和科技渗透的世界中，我们将与幼儿的基因相关的特质称为他的“与生俱来的特质”。这一词语包括了幼儿的气质及其处理信息的方法。由于每个人对幼儿理解自身、世界及其行为都有深远的影响，任何从事与幼儿相关工作的人都应该理解上述内容。现在，我们先了解一下气质。

气质

在幼儿教育领域中，我们对气质的多个方面都非常熟悉。这些天生的品质最早在20世纪60年代通过一项研究被广为人知（Thomas，Chess，& Birch，1968）。然后，它们由斯坦利·格林斯潘和斯坦利·图雷茨基继续发扬。他们是很多书籍的作者，格林斯潘的著作有《有特殊需求的幼儿》（*The Child with Special Needs*，1998）（与塞雷娜·维德尔共同撰写），图雷茨基则撰写了《困难的幼儿》（*The Difficult Child*，2000）。每种基于气质的品质都可以被看作从一个连续体的一端到另一端的分布点。我们会观察幼儿的冒险水平及其内在的谨慎水平，考虑他们天生的灵活性和对可预测性的需求，注意他们或高或低的精力水平、是悠闲自在还是情绪紧张，以及是容易集中注意力还是容易分心。

我们熟悉气质的这些方面，并不仅因为它们经常在教室中出现。大多数人在每天与朋友交往时会有相关的经历。有些出现在我们的伴侣和兄弟姐妹身上的气质，可能逼得我们发疯。如果发生这种情况，那么可能是因为这些人的某类品质和我们不同。另一种可能的原因是，他们实际上（有时简直令人恼怒）非常像我们。

信息处理

尽管大部分教师对气质的概念十分熟悉，但并不是所有的教师都了解不同种类的信息处理方式，而这些方式正是每个人每天所依赖的。另外，很少有人了解幼儿的大脑如何配备一系列的相关能力（或弱点）。下文列举了四种重要的信息处理方式，也有一些关于它们如何影响幼儿发展的评论。（如需更详尽的解释和研究，附录C中列举了很多优秀的资源。）简短地说，信息处理包括以下几个方面。

- 处理声音、图像和感觉：用更加学术的表达来解释，这一类包括听觉处理、视觉—空间处理和最重要的感官处理。每一种方式都与幼儿的发展紧密相关。在我们考虑那些最冲动、最活跃的幼儿时，感官处理总是重复出现。
- 储存和提取信息：这一能力在幼儿理解和使用语言时会起作用。它也能够帮助幼儿顺利地与同龄人一起游戏，接纳并牢记新的知识和想法。
- 保持专注，进行筛选：这些相互交织的能力与包含专注力和注意力分散的气质有密切的关系。
- 组织、排序和概念化：不管是对语言、想法、身体动作进行组织和排序，还是从较小的语义建构较大的语义，组织、排序和概念化对幼儿的语言、行动、游戏和学习都有很大的影响。

认识“气质的影响”

我喜欢将幼儿发展中的天性称为“气质的影响”。将它的深远影响牢记于心能够帮助我们理解幼儿为什么会遭受困难。在阿兰的身上确实体现了这一点。当我们的团队从构建他的发展档案转换到思考他所遭受的困难背后的原因时，我们发现自己开始猜测他的天性是影响因素之一。我们以前在幼儿园中也见过这样的情况，天生的高精力水平、高感官需求和语言发展上的滞后相结合，对于幼儿来说很难处理。我们在想，对于阿兰来说，他的身体需要快速的动作，但他的头脑无法跟上，这是一种什么感觉？这些因素在某种程度上是否对他经常冲动或沮丧有所影响？如果是这样的话，那么这对我们为他给予课堂支持提供了重要的启示。

气质的影响在珍妮（阿兰的同学）的身上也非常突出。这个女孩的高度沉默在很小时就出现了，并且可能与其极度谨慎的气质相关。克劳迪娅和南希对珍妮无计可施，她们迄今为止所尝试的所有方法都无法让她敞开心扉。她们需要集思广益，既考虑珍妮“让我远离聚光灯”的回应，也不能忽略她需要保持单独状态的需求。她们想出的办法直接源于对珍妮的天性的理解，我们会在第十章中展开详细的探究。

还有乔纳森，他是阿兰在玩火车时的同伴。不像珍妮，乔纳森天生就是一个喜欢社交的孩子。珍妮在家里感到安全时能够轻松地进行交流，而乔纳森与她不同。他的语言发展十分滞后。因此，他需要伴随着简单语言进行直接、友好的互动。关于教师如何提供这种帮助，我会在第十二章中进行阐述。

有很多原因促使幼儿教育工作者牢记幼儿的天性。在阿兰的案例中，我们更倾向于关注被不当行为掩盖的信息处理问题。在珍妮的案例中，对由气质驱使的行为的理解可以将我们引向对问题行为的不同（且更有效的）回应。也许最重要的是，意识到天性的重要性能够允许我们对那些很难被帮助、很难被喜爱的幼儿产生更多的同情。

气质对家园共育也有影响。当我们与家长讨论幼儿的气质或信息处理时，他们的情绪和行为可能会发生重大的转变。他们可能会更加理解幼儿充满挑战的原因——这对于阿兰的母亲卡萝尔来说最终变成了事实。他们可能更愿意在家里尝试一些新的干预方法（这在卡萝尔的身上也实现了）。实际上，我已经见证过很多的变化，现在我相信对家长进行关于"气质的影响"的教育可以是变革性的。

艰难起步

大多数人都会同意，幼儿从出生那一刻起携带的品质对他接下来逐步展开的生活经历会有重大影响。但是幼儿从出生后所接触的人扮演的是中心角色。我们知道，通过对依恋的研究，幼儿与他人之间的关系对他的健康成长有重大影响。我们也知道，幼儿与最早期照顾他的人的关系可能会变得不太理想。也许照顾婴儿的母亲在经历产后抑郁，或者家长因亲戚离世而变得麻木；比幼儿年长的哥哥在表达需求时十分聒噪，幼儿的小声哭闹会淹没在争论中；幼儿的一名家长得了很严重的病，另一名家长需要在家庭和沉闷的病房之间不断辗转。

上述情况和其他关于艰难起步的情况都不仅仅是对过去的总结。研究证实了我们的直觉：幼儿面对困境时的心理韧性大不相同，家庭间也存在着较大差异。如果上述情境为重大困难做好了准备，那么它们也能帮助我们了解过去发生了什么。对于班上的幼儿，克劳迪娅和南希并没有相关信息说明阿兰的生活有特别艰难的起步。但是她们知道汉娜和凯文在非常年幼时就被带离了自己的家庭。教师团队最终直接通过关于幼儿早期生活的信息向他们提供支持（详见第九章和第十一章）。

还有很重要的一点需要我们注意，亲属“缺失”会在其他艰难起步的情况下发生。有些婴儿更难和其他人建立关系，可能更容易感到痛苦、难以被安抚，或者更关注自己而不是他人。有时，我们所说的幼儿和主要照顾者之间的“好的搭配”（Landy，2002，pp. 49–53）不存在，就会阻碍健康的依恋关系。（试想一下动作缓慢的父亲和富有活力的儿子，或者粗暴的母亲和胆怯的女儿。）有时，领养或婴儿经历严重病痛后发生的情况阻碍了健康关系的建立。在另一些情况下，家长正在经历药物滥用或慢性疾病的困扰。还有很多其他的可能性，多到无法在此完全罗列。不管情况如何，了解幼儿和家庭的艰难起步能够帮助我们更加顺利地进行工作。

困难时期

很多家庭中都有婚姻矛盾，还经常爆发激烈的争吵。我们行业内的大多数人应该都接触过这样的家庭。还有些家庭可能面对重大的经济问题、严重的车祸或出人意料的疾病。很多幼儿教育工作者也经历过这样的困难时期——毕竟我们都是人，在生活中总会遇到各种障碍。不管自身是否经历过困难时期，我们都知道幼儿会在很大程度上被周遭发生的痛苦事件影响。

阿兰的家庭就经历过困难时期。有段时间，他的家庭的财政状况十分紧张，卡萝尔绝望地想念亲人，家中弥漫着紧张的气氛。火上浇油的是阿兰的高精力水平。这种困难时期对于卡萝尔来说甚至很恐怖。

南希和克劳迪娅告诉我，伊莎贝尔在整个夏天都充满笑容，但她也是经历着困难时期的幼儿。两个月前，她的爸爸失业了。她的家庭之前就勉强地量入为出，此时便陷入了经济危机的状态。大约一周后，伊莎贝尔的奶奶中风了。现在，伊莎贝尔的爸爸同时打三份工，而她的妈妈要在照顾两个孩子和母亲之间保持平衡。这确实是一段非常困难的时期，伊莎贝尔表现得更加忧伤和孤独。克劳迪娅和南希很担忧，为了向伊莎贝尔提供额外的支持，她们已经尝试了很多不同的办法，但是她还没有做出回应。她仿佛被痛苦冻结，而她们不知道接下来要怎么做。

天性和困难时期组合在一起会导致意想不到的困难，伊莎贝尔的情况提供了一个很好的例子。她原来是一个随和、友善的孩子。她的家庭很重视这些品质，但是她从来没有学过如何在面对困境时寻求帮助。现在她受到了困难的打击，但是不知道如何获得自己所需要的东西。第十一章中描述了教师团队如何成功地支持伊莎贝尔的故事。值得注意的是，她的情况只是如何在幼儿遭遇困难（先天和后天）时起到作用的一个例子。

对“此地此刻”进行评估

探究问题行为背后的原因可能涉及对加剧现有问题的情况进行评估。对于阿兰的情况来说，教师和我（和阿兰的母亲一起）想要确定问题究竟出在何处，还有很多的工作要做。针对阿兰的情况（当然对其他幼儿也是如此），第一个值得讨论的问题就是，幼儿的问题行为是怎样存在于每日互动模式中的。

问题和模式

当仔细观察与幼儿问题相关的模式时，我们通常能够看到这样的情况：幼儿会以令人讨厌的方式行动；而成人会用自己的行为做出回应，往往会在无意识的情况下强化问题行为。时间一长，幼儿的问题便会加重。

上述情况是大多数教师最为熟知的。你是否经常听到同事这样说“他好像迷上了对他的消极关注，情况越来越差了”？（这确实是克劳迪娅和南希在阿兰的案例中思考的因素。）你是否经常对向一天“发作”多次的幼儿提供帮助感到担忧？你知道他是真的痛苦，而你也真的想要帮助他，但你仍然会想：“我是否正在强化那些令我担忧的行为？”（这让我们再一次想到了阿兰的情况。）

你是否经常发现家长（例如一名父亲）在离园时对孩子的不合理要求无动于衷？你理解对于这个男人来说在公共场合保持底线是一件尴尬的事。你知道他的孩子在一天的幼儿园生活结束时感到疲惫，而且他的行为很激烈。尽管如此，很清楚的是，父亲的反应导致幼儿的问题行为日益加剧。此外，你感觉到这样的互动并不只在离园时发生。你是否发现自己正在思考（同时你在控制着不表现出自己的不悦）：“这个父亲要怎样才能变得坚定？”

这样的观察和问题都很重要，尽管有时注意到问题的模式比改变它们更容易。退后一步并尝试反思是一个好的起点。为了这样做，我们可以将自己的思考基于对强化的基本原则的理解。这几条原则如下：

- 当成人喜欢、赞美或奖励幼儿的行为时，这些行为倾向于增加。
- 当成人做出讨厌的表现，或忽视一些不受欢迎的行为时，这些行为倾向于减少。
- 期望的变量——有时特定行为会被认为是不可接受的，而另一些会被认为是可以接受的，这些能够被接受的行为倾向于增加。
- 成人回应的不一致性——有时幼儿的照看者在面对问题行为时会温和处理，而有时不会，这会让问题行为倾向于增加。

总之，正如幼儿教育工作者都了解的，关于期望的清晰性和一致性都很重要。当幼儿了解了成人具体希望他们做什么、他们完成或没有完成后有什么后果、每次的后果都一样后，他们就能够更好地满足成人的期望。如果这些期望与他们的年龄和气质相符，那么这就非常正确。

表面的行动，内在的感觉

理解幼儿行为的第一步通常是确定有问题的互动模式。但是，行为并不只是一种关于行动的表面现象。它也是一种与感觉相关的交流。换一种方式说，幼儿的行为不仅反映了他们被要求做或不做的事，而且源自他们关于自己和世界的最深层经历。例如，像阿兰这样的幼儿，如果不能用语言表达自己的需求，那么他可能变得非常沮丧。然后，他会击打其他没有这一问题的幼儿。另一名幼儿表现出问题行为的原因可能是每天与他相处很长时间的保姆并没有爱心，所以他才会习惯性地感到愤怒。还有一名幼儿听到了父母之间的争吵，这让他感到很不安，他的问题行为可能是唯一能让身边人知道他已无法承受的途径。

互动模式中的成人也会被感情渗透。一名幼儿找到他的老师。教师感觉自己被这名幼儿的固执行为逼得走投无路，就如同几年前她被一名家长支配。最终，她受够了，生气了。她的行为也变得固执，失去了以往的温暖。这名幼儿感受到了正在发生的事，但他并不理解为什么会这样。然后，他的行为可能变得更加固执。

教师可能会陷入困难情绪。有时，这些感情更多的是关于过去，而不是当下。这也就是为什么当你发现自己陷入了熟悉但有问题的模式时，构建一幅关于表面的反复行为和内在不断翻涌的情绪的画面可能会有所帮助。了解这些情绪产生的原因，并寻求他人的支持对你大有裨益。

这一图景也适用于很多家长。你可能会在一次家园活动中看到下面的场景。一位母亲在人群中让自己的孩子“别闹了”，而孩子却开始推母亲。你看着这位母亲变得越来越焦躁不安。同时，你看到这名幼儿变得越来越无法控制。在这次不成功的交流中，这位母亲内心的情感是怎样的？最有可能的是，她的感情是被其他人看到的羞愧，而她作为一名好家长的身份也岌岌可危。

上述场景发生后会怎样？很可能成人和幼儿之间的关系会受到损害。每个人原本都想要互相表达爱意，但这时会被“你根本不在乎我，不然你才不会这么做”的恼怒情绪或沮丧、负罪、难过的情绪占据。因此，幼儿的行为通常会恶化，而成人的行为有时也会走下坡路。这类情况会以很多形式发生，最终不可避免地需要我们产生关注。当负面情绪影响有困难的幼儿和照顾他的成人之间的关系时，我们的首要工作是找到缓和这一关系的方法。

诱因和问题：行为分析的ABC

在阿兰的班级中度过的清晨让我清楚地认识到：尽管他的行为在大多数时间都充满问题，但并非永远都是这样的。实际上，他在唱歌、分享食物时表现得很好，如果没有很多孩子围着，他在玩火车时表现得也很好。我发现，尽管他做出了一些很不安全的事，但除了口头训斥，他并没有承担其他后果。至少从我的角度来看，这样的训斥并没有给教师带来所希望的效果。

这些观察为探究有困难的幼儿提供了一个值得研究的因素——问题行为发生前后的情境。我们提出以下问题：幼儿是否在某个特定的时间段或情况中表现得不好？当遇到困难时他会怎么做？一旦他做出让我们担忧的行为，会发生什么？我们也可以换一种方式提问：幼儿在什么时候表现得特别好？幼儿是否在某个特定的时间段、情况或活动中表现得很优秀？他当时的行为是怎样的？结果是什么？

全面观察问题行为发生前后的情境为我们指出了几个值得考虑的问题。当幼儿尽自己的最大努力时，成人是否愉快地与他互动？幼儿更加积极的行为是否会被忽视？（如果对后一个问题的回答是肯定的，那么可能的原因是这些成人因幼儿积极的行为而感到宽慰，从而能够做其他事情、照顾其他幼儿。这很好理解，但也是一个问题。）

使用行为分析领域的语言，上述问题可以被构建成行为分析的 ABC 原理。首先，我们要考虑行为的前因（antecedent），即在行为发生前发生的事。然后，我们要考虑行为（behavior）本身。最后，我们要考虑行为的后果（consequence），即从幼儿角度看行为导致的结果（Minahan & Rappaport，2013，p. 32）。行为分析的 ABC 原理通常能够帮助我们确定一些困难的起因和所需的调整。我们经常发现，幼儿会因问题行为得到“奖赏”，他们可能会得到自己想要的东西或回避不想做的事情。令人沮丧的是，有时我们会发现，当幼儿在自己的能力范围内做得很好时，他们并不会收到足够的正强化。

下　一　步

本章的内容涵盖甚广——从幼儿与生俱来的气质到家庭生活中的困难时期，从互动模式到困难的可预测诱因。理解这些因素如何影响幼儿的生活能够使我们更好地把握幼儿所遭遇的困难。在我们开始对如何支持幼儿的成长进行头脑风暴前，还有一个步骤需要完成。我们必须将观察与知识基础相结合，尽我们的最大可能构建出对幼儿情况的最全面理解。完成这个步骤后，我们就可以开始制定目标、规划行动并实施干预。

我们看到了什么？我们思考了什么？我们应该做什么？对于阿兰的情况，克劳迪娅和南希都很渴望和我一起回答第二个问题，因为这样做能够帮助我们回答第三个问题。这将我们的探索带回了关于阿兰的团队会议的实质性内容，下一章将对此进行详细的阐述。

第五章

描绘幼儿的专属画像

——取得进步的基础

对于阿兰，我们能做些什么？随着会议的继续，教师们全部进入了警戒模式。我们都知道这个男孩可能无法在幼儿园里过完本学年了。对于他、我们、他不知所措的母亲来说，是否可能有一个新的起点？

在现在这样的危急时刻，我们可能很难停下来拼凑一幅关于幼儿情况的细节画面。构建这样的画面需要时间，而我们总感觉时间不够用。我们所需要的恰恰是退后一步。否则，家庭成员和教师会继续使用没有用的策略，或者每天、每时每刻都使用新方法，剥夺幼儿学习应对新方法的一致性。克劳迪娅和南希已经使用了上述两种做法。

通过构建阿兰的发展档案（见第三章），我们的团队已经进行了类似的反思，并考虑了一些加剧困难的因素（见第四章）。现在我们需要整合已有的信息，形成一幅幼儿的专属画像。这一步非常重要，正是这种画像中蕴含的细节为我们指明了使用新方法进行干预的方向。

从复杂性中创造叙事：标签的局限性

我所说的“幼儿的专属画像”是什么意思？“画像”不是我们在教育行业中常用的词语。但是我刻意地使用了这一词语，它表明了创造能够覆盖幼儿的全部经历的叙事。这样的叙事能让我们看到特定的幼儿背后所发生的所有事，这是医疗/心理健康诊断和教育评估标准都无法做到的。

例如，一个人可以明确地说阿兰是一个有感官问题的幼儿，甚至可以说他有感觉统合功能紊乱症。但是这样的描述并不能回答一个重要的问题——他寻求感官刺激的行为是如何嵌入家庭和教室生活的？如果有人说阿兰天生的语言输入和输出能力薄弱，那么这并不稀奇。但是这样的描述能够表明这些弱点是他产生自我感觉的方式吗？这样的描述能够告诉我们他的弱点如何体现在与幼儿的互动及游戏过程中吗？此外，可能有人会说阿兰是一个寻求消极关注的幼儿，这表明他可能有“对立违抗性障碍”。但是这样的诊断对他未成熟的年龄、发展档案和复杂的家庭生活来说公平吗？

我将创造幼儿的专属叙事的过程称为“讲故事”，这一过程能够帮助我们回答上述问题，让教师和家长了解到诊断评估无法提供的信息。很重要的一点是，诊断评估本身并不危险，它们通常能够为我们提供很有价值的信息。但是伴随着诊断结果的标签是固定的。因此，它们有时会让家庭成员和教师相信幼儿不能也不会发生变化。另外，诊断会将幼儿置于一个宽泛的类别中，有时会导致我们高估自己对幼儿困难的相关信息的了解。

创造幼儿的专属画像（涵盖过去和现在）能够做到评估通常无法做到的两件事。第一，这样的画像能够让我们全面地看到幼儿的很多天赋和优势。第二，它们让我们能够将已知的关于幼儿天性、困难时期和艰难起步以及家庭和教室中已经出现的模式的信息用于其持续进行的生活情境中。这样讲故事鼓励我们在更深的层次进行思考，并以更有爱心的方式进行理解，这是我们有技巧地开展后续工作的先导工作。

"讲故事"的力量

10多年前的一个早晨，我正在推动一个每月举办的幼儿学习小组的发展，这时我对故事的力量的理解变得清晰。这个学习小组由城市各个角落的幼儿教育工作者组成，学习小组的焦点是探索幼儿发展的不同方面。另外，经常有人分享他们所担忧的幼儿的情况。

有一天，我们在讨论索菲娅，她是一个非常让人担忧的4岁女孩。索菲娅的家庭总是经历各种危机（甚至在她出生前就已经开始）。现在，她的父母关系不好。此外，她的一个哥哥也在经历一些特殊的困难。虽然她的家庭生活充满了爱，但缺乏结构性和稳定性。索菲娅的行为越来越充满挑战性。鉴于她从出生起就面对复杂的情境，教师很难厘清她产生问题行为的原因。他们感觉索菲娅在家里经历的混乱仿佛侵蚀和扰乱着他们的思考，因此感觉真的无法确定具体的工作方向。索菲娅的教师痛苦地问学习小组中的其他成员：当无法理解发生在索菲娅身上的事时，她应该如何帮助索菲娅呢？

不知道是什么原因，我突然想到了一种练习，它可能有助于我们厘清到底是哪些不同的事情造成了索菲娅的困难。我突发奇想，建议道："我们试试这个方法怎么样？有没有人觉得我们可以开始写一个故事，就像这样'我叫索菲娅，我4岁了。在我还小的时候，我的奶奶去世了。没有人预料到这件事会发生。她本来好好的，突然就离世了。在我还是小宝宝的时候，她一直在照顾我……'，或者你也可以说'我叫索菲娅。有时候，我的爸爸在下班回家后会和妈妈大吵大闹。我不知道今天会不会也这样……'。"

我补充道："还可以这么说，'我叫索菲娅。我的哥哥很吓人。有时我要躲进洗手间，直到我知道他冷静下来了……'，就这么一直说，直到你没有灵感了。"我继续说了下去，不知道这个想法会给我们带来新的视角，还是将我们引向死胡同："然后另一个人可以接着前一个人的故事继续说下去，或者开始一个新故事。"

这个突发奇想的练习有出人意料的结果。每个人都参与了进来，我们建构出了不同的故事线。每一条故事线都涉及了索菲娅的一个方面的经历。一个故事捕捉到了她内心的困惑。另一个故事表明了她对关注的持续性需求。而第三个故事则告诉我们，在过渡时间，任何无组织或额外的声音都能够导致她对接下来的事情产生焦虑情绪。这个故事帮助我们理解为什么索菲娅在过渡时间非常焦虑（要知道教室并不像她的家庭，教室里没有任何让她感到恐惧的人和事）。还有其他的故事线。当练习结束时，我们感觉得到了一个全面的、有助于更加清晰地理解索菲娅的情况的叙述。这时，进行关于干预的头脑风暴就容易多了。

我们的学习小组开始经常使用这种练习，我自此以后也多次使用它。克劳迪娅、南希、罗宾和我并没有正式地在会议上使用这种方法来理解阿兰的情况。但是，以这种方式讲述阿兰的经历是开始描绘他的专属画像的有用方式。如果我们试图从他的角度讲述故事，那么下文中的内容便是团队中的教师可能讲出的故事。

建构意义的练习：从幼儿的视角讲故事

我叫阿兰，我4岁了。在家里，我和妈妈、哥哥斯蒂芬一起住。妈妈来自海地，她很想念她的妈妈、爸爸和姐妹。有时候她很孤独。

我知道妈妈很爱我。我喜欢抱她，她会拍拍我的头，这种感觉很好。但是如果我表现得不好，她会生气，有时她会因我而哭。她真的很希望我成为一个好孩子。她告诉我，尽管姥姥和姥爷在很远的地方，但是他们也很爱我。她还说，他们也希望我成为一个好孩子。我尝试了，真的努力地尝试了。

我总是有很多精力，当我还是一个小宝宝时就是这样。斯蒂芬比我安静得多——他是一个好孩子，而我不是。我觉得妈妈更爱他。但是当我淘气时，她确实会注意到我。

有时，我就是要跑、跳、打人、踢东西——这种感觉很好。由于我太野蛮了，妈妈会感到很沮丧。她经常让我停下来。但是她很安静，而我这么躁动。我很容易战胜她！尽管如此，我的感觉并不好。在我淘气后，妈妈看我的眼神透露着难过。所以，在表现不好后，我会拥抱她，她也会朝我微笑。

人们总是跟我说很多话，但是我通常只能听懂一两个单词。我有很多话要说，但是说出口后就不是原本的意思了，所以没有人知道我真正想表达什么。因此，我经常不说话。有时候别的小朋友讲话很快，我就会踢他们——因为他们那样说话让我很生气！他们为什么不等一等，听一听我想要说的话？

我真的很喜欢幼儿园。老师们都那么好。我喜欢唱歌、跳舞、玩游戏和吃东西。但是有时其他小朋友会抢走我的玩具。他们还会坐在我想坐的位置上。所以我必须要阻止他们。这会让我的老师对我生气，但是我应该怎么做呢？我想要我的玩具，我也想要我的位置。

不做错事真的很难，我总是做错事和惹麻烦。但是，当淘气时，我真的感到很有趣。老师们会在身后追我，她们的脸还会变红！没有人能阻止我。我是坏小孩！（有没有人能阻止我？我并不真是坏小孩。）

我觉得有些家长不喜欢我。当我在他们的旁边时，他们会拉住孩子的手，还会盯着我看。这是为什么呢？为什么那天我打了凯文后，南希看起来那么疲惫？我想要抱抱她，但是她并不想要抱我。她还爱我吗？

完成画像：勾画幼儿的专属画像

阿兰“讲”的故事含有大量的信息。事实上，当我们把它与克劳迪娅和南希的观察及我在早上的深度观察相结合时，它便为我们勾画目标幼儿的专属画像做好了准备。接下来就是勾画这幅画像——一种克劳迪娅、南希和我理解阿兰的经历的生动版本。注意，它要遵循前面提到的“三段式翻转”，即教师可以对幼儿的行为和经历分门别类地进行考虑（见第一章）。

阿兰的画像

行为和发展性技能

阿兰是一个开心、坚韧的男孩——他喜欢唱歌和玩火车，是一名狂热的攀爬者和奔跑者，对各种食物充满热情。他经常出现的沮丧、冲动行为、无法倾听和专注，以及他在教室里走来走去的样子都表明他缺乏若干发展性技能。很多技能的缺失与他的先天发展有一定的关系。例如，他在交流方面有困难，这可能源于他的语言处理能力薄弱和他是第二语言学习者。他偏好运动且冲动的行为看上去与一些先天的感觉统合失调和高度活跃、易被分心的气质有关。

情绪健康和成人—幼儿关系

阿兰的妈妈和教师非常关心他。但是，他与这些成人之间的关系已经受损，她们经常因他感到沮丧、生气和疲倦。在闯祸后，他能够感觉到这些情绪，并充满担忧地希望能修复关系。阿兰并不只是担忧成人对他怎么想。对于问题行为，他也很矛盾。一方面，他享受自己“发作”时带来的权力感。在他淘气时，整个世界会以不同的方式运作，而他暂时不能通过语言达到这种效果。另一方面，他害怕自己不如哥哥和其他同学一样被爱、被赞赏。所以尽管阿兰渴望权力，他仍然希望有人——任何人——知道如何控制他。但是到目前为止，还没有一个人能够持续成功地控制他。

互动模式

若干互动模式仿佛都对阿兰的情况有重大影响：

- 当阿兰做了本不该做的事时，他通常会面对语言上的训斥，这种训斥通常包括很多句话。他可能并不理解话中的很多词语，但他能够判断事情不对了。在任何情况下，不管他能否理解，语言基本无法阻止阿兰继续做他正在做的事。实际上，语言上的训斥往往会导致他的行为恶化，或者坚定的训斥可能让事态继续发展。
- 当阿兰跑来跑去的时候，教师会试图让他停下来。但是，由于教师既不能暂停幼儿的活动，也不能从身体上限制他违背自己的意愿（这两个都是可以理解的政策），她们经常会放弃。当教师拉起他的手时，阿兰经常会踢人、打人。这样的行为会导致教师将他放开，而他将面对另一次无效的训斥。

- 当阿兰做了一些让妈妈感到不快的事时，她会拉起他的手，他会迅速地冷静下来。但是卡萝尔很容易分心。也许她不确定自己即将做出的行为在其他人的眼中是否合适。于是，她便会让阿兰脱离自己的控制，之后阿兰的问题行为通常会加重。
- 阿兰的教师和妈妈有时能够成功地让他改变行为。这对所有人来说都是一种解脱，大家都能够继续工作或生活。但是随着时间的推移，这种行为上的改变仿佛对阿兰学习自我控制没有作用。甚至，他发现自己的问题行为基本不会导致具体的后果。这样的发现可能会导致更多（而不是更少）的问题行为。
- 当阿兰表现不好时，他得到的关注比表现好时多得多（至少在幼儿园里是这样）。当他相对冷静时，克劳迪娅和南希都感到解脱，并且能够有时间关注其他幼儿，留下他自己玩耍。但是阿兰渴望得到关注，并会以任何方式得到它。如果他无法得到积极的关注，那么他便会寻求消极的关注。也许消极关注已经成了他首要的追求。

家庭生活

被充满爱、胆小、家人都生活在很远的地方的母亲抚养大，阿兰可能从一开始就是一个“难伺候”的孩子。由于长子很容易养育，卡萝尔曾经是一个有能力且自信的母亲。但是，对于阿兰持续性的活跃水平和使用语言的困难，她感到越来越无助。这种无助助长了阿兰某些明显的反抗性行为，家里的情况快失控了。尽管如此，阿兰和卡萝尔在家庭生活归于平静时仍然对彼此存有很多的爱。

困难情况的诱因和针对成功的设置

在幼儿园里，如果周围的幼儿较少，或者教师将空间和期望定义得清楚时，阿兰的表现更好。当游戏的主题符合他的水平，或者他参与唱歌、律动等活动，以及做饭、户外游戏等较少涉及语言表达的活动时，他的表现也很好。与其他时间相比，阿兰在过渡时间的表现差得多，因为这时会有很大的噪声和混乱。

阿兰的问题行为几乎总是被特定时间的某些事引发。他想要一个特定的玩具或者想坐在特定的位置，但是他并没有足够的语言能力来沟通，也没有能力承受等待带来的沮丧。因此，他会抢走玩具或推开别人。他有一个游戏想法却无法完全表达，其他同学不带他一起玩游戏，他便会攻击别人。在过渡时间或当和一群幼儿一起玩时，他的感官问题会凸显，他很快就会变得焦躁不安。如果事情不能解决（由于他越来越高的活跃水平，事情往往无法被妥善解决），他就会踢人、打人。如果他希望得到教师的关注，而教师正在关注其他幼儿，那么他就无法等待轮到自己，接下来他就会继续打人。

游戏

阿兰经历的所有困难都可以在游戏过程中得到体现——包括具有年龄适宜性但他不会做的事，以及他做的令人担忧的事。阿兰的游戏不完整、十分受限，很可能是由于有限的语言能力让他无法像其他幼儿一样讲出完整的故事。也许，他会离开积木区，只搭建一个很矮的积木塔。任务完成后，再没有后续的搭建，他也不会讲述关于这个积木塔的故事。同样，他会在轨道上玩火车，但是他的火车仿佛并没有要去某个特定的地方。他忽略了角色扮演区，虽然他在现实生活中非常喜爱做饭，但是他很难在想象中表现出做饭的行为。

阿兰的高精力水平、注意力不集中以及对沮丧的低承受力都可以在游戏过程中得到证实，我们也可以看到他的冲动。他从一个地方走到另一个地方，几乎不会在同一个区域待很长时间。他会直接把东西抢过来，而不是使用语言来协商，也无法等待轮到自己。他会打人，而不是试图解决问题。相反，阿兰在拼图区表现得很好。也许这是因为拼图并不需要语言，而他的视觉—空间能力很强，他不需要在完成拼图的过程中与其他幼儿进行协商。

家庭文化和历史

卡萝尔非常想念她的家人，但她仍然选择留在这个国家，这都是为了给她的孩子创造一个更好的生活。这并不容易。她是一个害羞的人，这使她更加孤独。另外，她在独自抚养孩子。这意味着当阿兰的行为出现问题时，她并没有家庭网络的支持（这在她的家乡是主要的支持方式）。

为了让自己的文化规范处于中央位置，卡萝尔已经做了她能做的所有事。礼貌对她来说很重要，适宜的行为也很重要。当阿兰像午餐时间一样平静、有序时，我们能够看到她在这些方面做出的努力。此外，卡萝尔将外祖父母对阿兰的爱和对他成为一个“好孩子”的期望告诉他，这符合她的文化中对幼儿的教育方式：在海地家庭中，强调家庭和社区以相同的标准照顾幼儿是一种常见的塑造幼儿行为的方式（Ballenger，1992）。

但是，父母并不在卡萝尔的身边支持她，她也没有与这个国家的海地人团体建立联系。因此，她的求助并不会像在家乡一样产生效果。当阿兰表现出问题行为时，她总会焦虑地看向教师，这可能表达了她的困惑（我应该怎么做？），也表达了她在向教师请求帮助。你能成为我的家庭支持和社区支持吗？这正是我需要的，也是我幼时记忆中的样子。实际上，在我年幼时，几乎任何人都能够从窗口探出头或在街上拦下我并告诉我，如果我没有做正确的事，那么他们会告诉我的家长。

卡萝尔很害羞，她在面对任何陌生人时都需要一段准备时间。但是——考虑到她的思维方式已经深深地根植于她所处的文化——她已经慢慢地将克劳迪娅和南希当作她在这个国家中最亲密的共同体中的一分子。在过去的一个月中，她不只是在阿兰失控时痛苦地望向她们，而是开始经常向她们寻求支持和建议。如果教师能够提供一份针对阿兰的园所工作的新计划，那么她可能会非常渴望在家里实施相似的计划。对她来说，这不仅会让她感到熟悉，也会让她感到欣慰。

继续向前：列出成长目标

我们用了很多篇幅才得出阿兰的完整画像。我以他为例，详细地列出了当我们对幼儿的发展有严重的担忧时要经历的完整过程。但是，我想在此指出一件事。虽然对阿兰的故事的探索占据了相当大的篇幅，但是这一案例中的反思过程相对较快。实际上，我们只使用了克劳迪娅和南希的观察、她们与卡萝尔在忙碌中进行的交谈，以及我在晨间的探访和下午的团队会议就确定了当下的情况，也确定了改进情况的方法。

这次团队会议只持续了一个多小时。当会议进行到一半时，这幅画像就完成了。然后，我们就准备开始制定目标了。我们的目标制定属于“观察—思考—行动”过程中的“思考”部分，但是它起到了连接“行动”部分的桥梁作用。我们以三段式翻转中的不同类别作为通用指南，写下制定的目标。我们并非按照这些类别的顺序来制定目标，也并不是所有的类别都有所涉及。我们的反思过程通常是这样的：不论考虑哪一名幼儿，我们都将各种类别牢记于心，并以最佳的方式使用。人际关系的改变首先将在阿兰的身上发生（通常是这样）——这也是我们所有努力的基础。以下是我们的清单，它由我们在会议上匆忙写下的内容拓展而成。

人际关系

我们希望阿兰能够……

- 对成人对他的关爱有越来越多的自信。
- 相信即使他遭受了困难，他与成人之间的关系也会保持牢固并充满爱。
- 享受与同学们的互动并获得技能。
- 感觉自己是班级中的一名有价值的、受到珍视的成员。

行为和发展性技能

我们希望阿兰能够学习……

- 使用语言和动作来交流他的想法、需要和需求。
- 以积极的方式满足他渴望的感官输入。
- 使他的身体平静下来，集中注意力，更长时间地保持专注。
- 控制自己的沮丧情绪和其他强烈的情绪。
- 耐心等待。
- 三思而行。
- 在过渡时间和其他忙碌时间保持冷静。

情绪健康

我们希望阿兰感觉到……

- 对他的能力更加自信和骄傲。
- 更确信他能够以积极的方式展现强壮有力。
- 内心有更强烈的“好孩子感”（而不是认为自己是“坏孩子”）。

互动模式

我们的目标是促使互动……

- 更少地寻求（及接收）对消极行为的消极关注。
- 更多地寻求（及接收）对积极行为的积极关注。
- 当阿兰做了不安全或让人不快的行为并受到训斥后，减少乱跑、踢人、打人或大喊大叫等情绪爆发时间。
- 成人对问题行为的回应更加一致、有效。

游戏

我们希望支持……

- 游戏过程中有更多的语言使用。
- 更快乐地分享游戏经历。
- 游戏过程中有更多成功的问题解决。
- 有不断发展的游戏想法和关于游戏内容的叙述。

家园共育

我们希望提供……

- 关于在家和幼儿园里的情况的沟通时间。
- 对于单亲妈妈卡萝尔的固定支持。
- 关于所有人能够帮助阿兰学习自我控制技能的方法。
- 对于语言发展困难的头脑风暴——如何帮助幼儿及是否需要寻求特殊机构的帮助。

从制定目标到行动计划及后续

上文所列出的内容都不让人惊讶。一旦教师们掌握了幼儿的优势和劣势的全面情况，制定目标通常会很顺利，特别是当我们依赖（以灵活的方式）三段式翻转等结构性框架时。这些翻转会促使我们问：我们在每一类别中观察到了什么？有哪些我们想要培养但没有看到的能力？为了达到目标，我们能够做什么？克劳迪娅、南希、罗宾和我已经回答了前两个问题。当我们的团队会议进入最后一个环节时，该开始考虑最后一个问题了。

第六章

成长的道路

——将大局化思考与实践策略相结合

我们处于困境。罗宾坚信幼儿园的规则，即不能暂停幼儿的活动或违背幼儿的意愿将他们带出教室。此外，克劳迪娅和南希对学习氛围浓厚的课堂十分骄傲，在她们的课堂上幼儿会得到支持和纠正，而不是被训斥或惩罚。同时，我们的交流让我们开始思考：阿兰是否需要一种我们未曾提供的稳定性？

“让我们想想这件事，”我说道，“我们已经制定了一个详细的成长目标清单。但事实是，阿兰的行为总是很危险，我们很难明确一个行为并帮助他。我们可能需要其他的方法来解决他关于安全、逃跑和寻求关注的问题。如果我们能解决这些问题，那么我们就能更好地给予他需要的支持。”

我转向罗宾说：“你是否愿意考虑对规则做出一点例外的调整（特别是当我们把主要的精力放在对阿兰的支持和技能培养上时）？”她看起来既怀疑，又感兴趣。克劳迪娅和南希也是一样的。她们都建议由我发言，勾勒出我的想法。

我就是这么做的，过程中有很多的意见交换。在这次兴致勃勃的讨论后，我们制订了一个所有人都同意的计划，尽管罗宾在签字同意前慎重地思考了很久。她想要确保——理所当然——我们始终保持积极，并且不会惩罚阿兰。

多方面的目标，多方面的策略

我们为阿兰设计的计划强调：我们对他提出的目标是多方面的，所以我们用来达到这些目标的策略也必须是多方面的。一些策略有助于我们促进阿兰形成令人愉悦的人际交往经历。其他策略能够将我们的工作锚定在他有困难的领域的技能发展上，并帮助他发展出自尊、归属感和胜任力。另一些策略能够让我们针对他的危险行为提供有效的“停止信息”，同时减少他对消极关注的需求。

我们的计划也关注与阿兰的母亲合作。基于对阿兰所面临困难的全面了解，我们的计划基于具体、易实施的观念，教师们能够立即实行。大局化思考与实践的结合是有效的行动计划的标志。它也是成功干预的基础。教师团队为阿兰制订的计划充满了对很多幼儿都适用的重要原则，本章会对每一条原则进行阐述（鉴于它们的重要性，我将这些原则——和其他原则一起——在附录B中进行了汇编。）我们要注意，这份计划的每个方面都针对一个特定的目标。第一个需要考虑的方面是安全。对安全的重视并不意味着我们不把强化阿兰的人际交往能力和发展性技能作为首要目标，但是教师需要空间和时间来对这些目标开展工作。而现在危险事件发生得如此频繁，教师感觉几乎不可能为阿兰提供他所需要的温暖以及有助于技能发展的帮助。使安全成为第一个需要考虑的方面的另一个原因是：对于其他幼儿来说，教室必须成为值得信赖的地方，而现在它并不是。以下是关于第一个方面的策略。

出发：安全第一

将极端行为和寻求关注的行为作为目标

- 教师团队会制定一个危险行为的“清单”：打人、踢人、推人和乱扔玩具。她们会用一个简单的可视化图向阿兰介绍这一“清单”。在图中，每一种行为都会由一张图片和一个大的停止标志来表示。在这个图的底端，会有一个微笑的孩子，他的手脚都以醒目的颜色标注。在这个图的下方写着“我有安全的手和安全的脚！”。
- 在不过分紧跟阿兰的前提下，克劳迪娅和南希会经常让某些人待在他的附近。当阿兰做了清单上的某件事时，在他附近的人会迅速地牵起他的手。教师会将她的语言控制到最少，并强调安全的重要性。教师会坚定但平静地让阿兰知道他的行为是不能被接受的（“阿兰！我们在教室里要有安全的脚！”）。
- 教师会一直拉着阿兰的手，并将他带到离他正在做的事情几米远的地方。她会保持一种放松的坚定，尽量不说话。她会将自己的关注点保持在其他幼儿的身上，而不是一直看着阿兰的方向。这样做的目的是让阿兰感觉教师的行为是中立的，而不是负面的。
- 阿兰需要保持几分钟和教师拉着手的状态——直到他冷静下来，并且接受了自己不被允许参加活动。然后，两人仍然拉着手，教师会温暖地转向他。她会看着他的眼睛问（每次都用相似的话）：“准备好加入你的朋友们了吗？”在实施计划的初期，教师不会和阿兰进行任何有关危险行为的讨论，而是会鼓励他重新加入小伙伴。为了支持他的成功，教师会在他重新回归教室活动的过程中给予他一些友好的帮助。

当我第一次提出对促进安全行为的想法时，克劳迪娅和南希互相看了一眼。她们指出，这样的计划只靠她们自己是不可能成功的。只要她们拉起阿兰的手，他就会开始伤害她们。很显然，我们需要一个对安全问题的二级响应。我们决定不使用经典的静思椅。我们都认为这种方式并不恰当。但是当手拉手并不能让他重新控制自己的情绪时，我们会为阿兰设置一个位置。我们决定把这个位置称为教室中的“安全空间”，并将其介绍给全班幼儿，告诉他们当认为自己需要冷静、控制强烈情绪或只想从混乱中获得一丝休息时可以去这个空间。

教师团队为阿兰使用教室中的安全空间设想了一种特定的方式。起初，它包含了短暂地转移成人的注意力。我们其实并不愿意做这件事，因为阿兰经常会因自身能力的缺失感到沮丧，并做出危险行为。但是现在我们对他寻求关注的情况已经有所了解，我们也了解他会在妈妈冷静、坚定地拉着他的手时迅速地冷静下来。基于这些了解，我们会进行一次尝试。但是，教师一定会在阿兰恢复镇定后向他提供足够多的温暖互动和技能支持。

为确保安全制订备用计划

- 如果阿兰在被移出活动后开始伤害教师，那么教师会一直拉着他的手。但是他们不会继续站在之前的位置上，教师会带领他来到安全空间。如果阿兰拒绝过去，那么教师将把另一只手放在他的后背上，轻轻地推动他向前走，这样他就不会以一种可能受伤的方式被推着或拉着前进。一旦他到达了安全空间，教师将会用自己的身体挡住他的逃跑路线（如果他继续暴躁地想要跑开，那么教师会用团队事先在附近摆放好的枕头保护自己）。克劳迪娅和南希也可以在此时选择互换位置，如果她们觉得这样做能够帮助阿兰更快地重新建立对自己的控制。
- 在阿兰被带到安全空间后，教师不会和他说话——除非是偶尔温和地提醒他要“放松并保持安全”。在他冷静下来后，教师会平淡地与其他幼儿聊天。在他冷静几分钟且没有提到他之前的行为后，教师会温暖地和阿兰重新开启互动，邀请他继续进行游戏，并友好地帮助他重新顺利地加入小伙伴的游戏（和手拉手环节后一样）。

几条基本原则

乍一看，针对阿兰的干预计划的第一个方面似乎只关注了安全层面的问题。但是这一方面有很多值得考虑的内容。它还关注了处于发展初期的沮丧情绪忍耐力、冲动控制能力和自我安抚能力，这些都是教师团队希望阿兰能够随着情绪爆发的减少和安定状态的增加开始学习的能力。此外，这一方面旨在减轻行为的恶化——即让情况变得很困难的“扔一颗石头到水里，然后看会发生什么”的互动行为。它要求教师在阿兰冲动时保持中立，而不是被激怒，并在他离开其他幼儿（安全空间）的时间结束后，引导其他幼儿伸出温暖和关怀之手。如果做到了上述要求，那么有望促进成人—幼儿之间的关系，让它变得更加稳定、积极。

我的顾问同事洛蕾塔曾经当了很多年的幼儿园教师，她经常提醒我，我们制定的方法应该“用最少的成本，发挥最大的效果”。换言之，只要有可能，我们的策略应该同时针对多个目标。例如，“大嘴狮子利奥”是一个可爱的布偶，它需要学习的是自己的声音太大可能会让它的动物朋友感到不舒服。它是洛蕾塔的众多伙伴之一。利奥教会幼儿要调节他们的声音大小——这是发展性技能的一个方面——同时它促进了幼儿读写技能的发展。它是怎么做到的呢？“利奥（Leo）喜欢（loves）的地方是图书馆（lending library），喜欢的活动是舔棒棒糖（licking lollipops）”，其中重要的单词都以字母 L 开头。

我们的团队计划的第一个方面满足了“最大效果”的原则（尽管读写能力并不是目标之一）。它不仅聚焦于保证安全和寻求关注的问题，也渗透了人际交往和基于技能的学习。此外，它要求教师为即将发生的事情做好准备（在这个例子中是指对其他孩子造成的危险行为），并为随后发生的事情做好准备（在这个例子中是指对教师造成的危险行为）。它要求教师准备好策略，不仅要管理当下发生的事情，而且要随着时间的推移，推动他们所希望的发展。也就是说，这一计划反映了工作的一个原则：它是具有前瞻性的，而不是事后才做出相应的反应（Greene，2008，p. xii）。

另一个原则在这一方面也有所体现：我们的计划要基于幼儿的强项来提升他的弱项。例如，我们来看看克劳迪娅和南希如何计划使用视觉提示来支持阿兰对预期行为的理解。这是因为他很擅长拼图和其他重视视觉的活动，而且并没有掌握语言技能。这条原则也可以见于教师在阿兰准备好重新加入同学们时陪伴着他。在这种情况下，她们会依赖他天生的乐观和积极，在他表现不好后能够迅速地重新加入。她们会借助于他的快乐性格（这是他最宝贵的强项之一），并利用他在捣蛋结束后想要重新与周围人建立联系的深层愿望（这是他的另一个强项），帮助他找到与朋友成功互动的方法（这是他的弱项）。

这些原则是优秀的教学实践的核心。“具有前瞻性，而不是事后反应”这一理念在与阿兰相似的幼儿身上尤其有用，因为他们的问题行为会导致我们的语调变得消极、精神变得沮丧，而我们并不想这样。最后一条原则提醒我们，即使是那些最容易感到沮丧（最难管理）的幼儿也有很多强项。认识这些强项通常能够为我们的成功干预指明道路。

干预原则（第一部分）

只要有可能，我们都会寻求一次性关注多个目标的策略，用最少的成本发挥最大的作用。

我们要用“具有前瞻性，而不是事后反应”的聚焦技能的回应对幼儿遭遇的困难做好准备。

基于幼儿的强项来帮助他们提升弱项，这对幼儿来说感觉更好，而且它的效果会更好。

这可行吗？我们已经精疲力尽……

克劳迪娅和南希很清楚，我们制定出了策略并不代表结束。事实上，如果这些策略能够按照我们的预想发挥作用，它们也只能帮助阿兰控制住最极端的行为。我们都同意，还有很多需要做的事情。我们要努力用温暖的人际关系代替他对消极关注的需求。我们也要为他提供成人支持的游戏和逐步学习一系列发展技能的固定机会。当我们开始思考如何将这些想法融入计划时，克劳迪娅和南希的脸上出现了不确定和精疲力尽的表情。她们强烈地想知道自己是否能在阿兰身上花费比现在更多的时间。

她们的担忧不无道理。她们才是最终实施计划的人。因此，我们制订的计划不能仅仅帮助阿兰——这个计划对她们来说也要是可行的。幸运的是，基于我与其他有困难的幼儿工作的经验，我相信我们可以设计出一种占用教师更少的精力（而不是更多的精力）的方法。就这一点而言，我尽可能地向她们保证。我还意识到，如果这个计划能够按预想实行，那么她们已经在阿兰的身上花费的时间也会变得更令人愉悦。值得赞扬的是，这些教师们互相看了看，然后点了点头：她们准备好进行头脑风暴了。然后，随着她们的参与，我们共同制定了一套支持阿兰开展人际交往、沟通、自我调节和游戏的策略——这套策略能够为他提供一些保持镇定和专注所需的感官输入。

从安全到技能发展

下文是我们所想到的包含行动计划第二个方面的策略。

促进令人愉快的人际关系

- 教师会在一天中的各个时段为阿兰提供很多互动机会。在进行游戏时，她们会跟他温暖地互动。她们会给予他额外的拥抱和微笑，也会邀请他帮助她们完成他可能喜欢的工作。她们还会在教室的另一端与他对视，然后友好地朝他招手。
- 克劳迪娅和南希还会努力将一两名幼儿拉入她们与阿兰之间的互动。我们希望通过这种方式，使他能够开始与同学建立更多的互动，（在教师的支持下）学习谦让的技能，并感受友谊带来的喜悦。

提供自我调节和感官输入的机会

- 克劳迪娅和南希会为阿兰提供充足的唱歌和律动活动，这些活动能够帮助他保持冷静和专注。她们还会在几周的时间内指定他为班级的领唱和领舞，希望这能够增强他对自身能力的认可，并感受到自己是班级中有价值的一员。
- 她们会找机会让他进行捏肩膀、推/拉、抬重物等游戏（关于针对感官的策略资源，详见附录C)。最重要的是，她们会在阿兰变得激动前就提供这些机会。否则，他可能不会接受这些活动。

支持语言和游戏

- 教师会在阿兰变得沮丧前寻找机会加入他与其他幼儿的游戏，然后会在他的身旁为他提供发展技能所需的支持，帮助他增加游戏的深度、广度和灵活度，并引导他成功。有时，这可能包含向其他幼儿提供想法以保持他们和阿兰一起游戏的兴趣。随着阿兰逐步掌握了语言和游戏技巧，她们会慢慢地将生成游戏想法的责任还给他。
- 教师会帮助阿兰用语言描述他的游戏过程。她们也会辅助他用语言解决问题，以及表达他的想法和情绪。此外，在游戏、点心和午餐时间，她们会鼓励其他幼儿放慢语速，倾听阿兰说的话。
- 如果阿兰说了一些不恰当的话（“乔纳森，你真笨！”）或从其他人的手中抢走了玩具，教师不会像出现安全问题一样将他带走。她们会通过教授他尚未掌握的词语专注于他的技能发展。然后，她们会温暖地鼓励他重复她们教给他的词语，并待在他的身边以帮助他进行协商。
- 在阿兰有需求（食物、玩具等）时，教师会构建一些友好的互动。她们还会鼓励他使用一些简单的语句来表达自己的需求。这种鼓励有时包括向他提供他需要的、事先已写好的词语。但是，她们要小心，这些互动一定要令人愉悦，而不能让阿兰感到有压力。

一些额外的原则

一些额外的原则为计划中的第二个方面的策略提供了指引。教师频繁地提供温暖互动的方式（“用关系孕育每一天”）反映了第一条原则。这提醒我们，关系是幼儿健康的关键，并且它应该作为我们帮助幼儿成功的所有努力的中心。第二条原则在致力于支持阿兰的语言发展，帮助他说出自己的需求、表达情感及解决冲突的策略中有所体现。基于幼儿“一个台阶、一个台阶地”学习和成长的方式，这一原则强调了我们要将工作聚焦于幼儿在技能方面所具备的真实水平，而不是我们想要他们达到的水平。与第二条原则紧密相关的是第三条原则：我们需要将关于幼儿成长的目标进行“分解”，这样幼儿才能一步一步地走向成功。

干预原则（第二部分）

温暖的关系要作为我们帮助遭遇困难的幼儿所做的全部努力的中心。

幼儿所需要的帮助应该始于他们当前的发展程度，而不是我们希望他们达到的水平。

“分解”成长目标，并一步一步地开展工作，能够帮助幼儿在情感和身体上走向成功。

游戏作为媒介，支架作为方法

对于阿兰的计划的第二个方面不仅包含了对语言的关注，也将游戏置于舞台的中央。对于其他幼儿的行动计划也通常将游戏放在核心位置。这引出了另一条原则：游戏可以作为干预的极佳媒介。但是，在将游戏作为幼儿成长的载体前，教师必须回答两个问题。第一个问题：一名特殊需要儿童的问题是如何在游戏中表现出来的？（关于阿兰的情况，这一问题的答案在第五章中有所阐述。）第二个问题：我们要如何用游戏帮助这名幼儿学习？

以游戏提供支持的细节对每名幼儿来说都有所不同（详见第七章）。总体来说，当成人确认了一名幼儿的弱项并将其与游戏相关联时，他们就可以为幼儿提供所需的帮助。提供帮助但不全权接管幼儿的游戏之间的平衡很微妙。在阿兰的例子中确实是这样，因为他在进行游戏时有很严重的困难，而且当事情不以希望的方式发展时，他很快就会感到沮丧。毋庸置疑，对于克劳迪娅和南希来说，在阿兰做能力之外的事情时陪伴着他，并支持他学习准备好发展的技能是很重要的。同时，她们要为他提供充分的空间，让他在自己具备能力的领域发光发热。通过这种具有艺术性的平衡——以及游戏的快乐带来的成长养分——她们能够为阿兰提供“技能的支架”。

支架是幼儿教师经常会听到的一个词语。它表明了我们确定幼儿在特定领域的发展水平并提供其所需帮助的过程。这一词语与著名的教育家维果茨基（1978）的理论相关，它已经成了代表对幼儿友好、充满学习内容的课堂支持方法的流行词。这种支持可以与理论学习技能相关，也可以与社交—情感技能相关。我有时会将聚焦社交—情感技能的支架称为“借一个伙伴”（借助于他人的力量）。

当借助于他人的力量时，我们就会将自己视为幼儿在学习过程中的乐观、积极的学习伙伴，在幼儿准备好时将顺利地自我管理的机会交还给他们。这正是阿兰在游戏、点心和午餐时间需要的帮助，他在需要解决和朋友之间的冲突却不知道如何做时也需要这样的帮助。

干预原则（第三部分）

游戏是干预的极佳媒介。

借助于他人的力量来支持学习——提供“技能的支架”是支持幼儿成长的主要工具，不管是在游戏，还是在其他情境中。

为能够预测到的困难做好准备

我们的会议快要结束了。在进行总结前，克劳迪娅和南希想要确定她们的手中有针对阿兰的策略，因为她们已经可以预见到一些困难情况。她们对过渡时间和圆圈时间感到尤为担忧。她们认为阿兰在这些时间里并不能完全达到她们的预期，罗宾和我很快就同意了她们的想法。我们的团队并不是不想鼓励阿兰获得成功。但是，在他掌握我们所关注的发展技能前，他能够保持平静和自信才是更重要的。

为了帮助阿兰成功地度过过渡时间和参与正常的课堂活动，克劳迪娅和南希将提供一种预演和聚焦成功的支持的结合体，并且将在阿兰需要喘口气时提供其他积极的选择。这样她们就能够培养他成功地参与计划内的困难活动的能力，并避免他在不知所措时做出消极的行为。

我们的计划的最后一个方面包括以下策略。

为休息时间提供积极的选项

- 克劳迪娅和南希会装配一个“一人快乐篮”（里面装满了阿兰喜欢的玩具），并在旁边放置一个特殊的枕头。阿兰可以在注意到（或教师建议）他需要休息时享有它们。他会在一个特殊的地点——教室中的“图书角”——使用它们。

为已知的困难提供前瞻性支持

- 教师会为全班同学制作一组清理时间专用的分工项链。她们会提前把阿兰的项链给他，这样他就会知道自己被分配的任务。他的任务通常会远离混乱，他可以一个人完成，也可以与另一名幼儿一起完成。这些任务会是他非常享受的活动，例如对感官友好的洗画笔任务或用海绵擦桌子。
- 教师会提前摆放幼儿在圆圈时间使用的坐垫，确保她们在集体教育活动开始前向阿兰指明他的位置。当他成功地坐到该位置后，她们会与他热情地击掌。
- 克劳迪娅和南希会在过渡时间开始前走向阿兰。她们会温暖地与他讨论他正在做的事情。然后，他们会一起计划接下来要做的事。
- 除了使用语言，教师还会制作一张供阿兰观看的可视化计划表——如同贴在教室墙上的计划表，但这张要小一点，并且增加一些额外的图片。她们会确保计划表上的图片的背面贴有魔术贴，这样她们就能够根据当天的具体活动对计划表进行灵活调整，从而确保每张图片都能够容易地根据实际情况贴上或拿下。

克劳迪娅和南希快速地重复了一下最后一条策略，确保她们很好地理解如何将计划表做得尽可能地关注人际关系和视觉输入，并且尽可能地对阿兰友好。以下是对可能出现的情况的简单描述。

克劳迪娅走到阿兰的身旁并蹲了下来（保持与阿兰在同一水平高度）：“阿兰，

看看你的火车们！它们在做什么呢？”她向阿兰微笑，等待他用能力范围内的词语分享他正在进行的游戏。当他说完后，克劳迪娅会用“真棒！”来回应。她又笑了笑，在重新开始说话前暂停了一下。她知道阿兰需要一些时间才能理解她说的话，她也想要给他在输入下一个语言片段前做好准备的机会。

“阿兰，我有些事要告诉你。我会用开关灯来表示清洁时间快要开始了……看！这幅图就是我在开关灯。”克劳迪娅指向那张可视化计划表，看到阿兰正在低头看着，便继续说道：“这幅图代表了清洁时间。”她再次指向计划表。然后，她将阿兰的注意力引导到她拿着的任务项链上，说：“阿兰，这是你的任务项链。”克劳迪娅向阿兰展示项链上的幼儿在水池旁的图片，然后帮他把项链戴在脖子上。她指向水池，等阿兰朝同一个方向看，然后说：“你今天可以洗画笔！”

克劳迪娅继续提醒阿兰（在更多的图片的帮助下），他在圆圈时间会有一个属于他的特殊坐垫。她也告诉他，他们要唱他最喜欢的歌曲《巴士的车轮》。阿兰活跃起来了——很明显，他知道这首歌，并且对接下来要唱这首歌感到十分激动。

“阿兰，现在你可以再玩一会儿。我很快就回来！”克劳迪娅热情地说道。她看到阿兰的微笑，也用一个微笑回应，然后才离开。

一条我们赖以为生的规则：“先建立关系，再进行纠正”

克劳迪娅的行为背后的理念——正是我们的行动计划的最后一个方面的理念——可能已经很清晰了。她的工作具有前瞻性，而不是事后才做出相应的反应，她在很大程度上关注了预见和提前计划。它基于幼儿的强项，充满了对人际关系和技能培养的关注。这种工作方式的核心是另一条原则，该原则已经成为克劳迪娅和南希在教学中的口头禅了——“先建立关系，再进行纠正”。这也就是说，当事情并不顺利时，我们以温暖和充满关爱的方式展开互动是很有帮助的。这样幼儿能够更加愿意和我们一起努力学习新行为、摈弃旧行为。

“先建立关系，再进行纠正”这一理念听上去很简单，但是事实上并非如此。当对幼儿接下来的行为感到担忧，或对他们已经做出的行为感到生气时，我们说出的话可能是友好的。但是，有时我们的身体语言和语音语调并不友好。这正是我经常鼓励教师在接近有困难的幼儿前先放慢语速的原因。教师还应该在与幼儿互动时尝试着蹲到与幼儿相同的高度。随着年纪的增长，我有一个方法来提醒自己遵从这条建议："如果我的膝盖不疼，那么我的工作可能没有做到位。"每当我说这句话时，年轻的同事通常会笑我，但是与我年龄相仿的同事都清楚地知道我想要表达什么。我想要表达的意思导向了最后一条原则：帮助一名幼儿，不仅要与他的发展水平齐平，也要与他的视线齐平。

干预原则（第四部分）

在任何可能的时候，我们都要先建立关系，再进行纠正。这既适用于让幼儿停止他们正在进行的行为，也适用于提示他们接下来的计划。

牢记要和幼儿的视线齐平，这能够增强师幼关系，也能够促进我们提供帮助或支持。

找到支持和预期的正确配比

计划就快要完成了。它的构建方法基于幼儿的强项，以人际关系和技能发展为目标，并提供能够帮助阿兰感受到安全感和掌控力的限制。这让所有人听起来都很好。但是克劳迪娅和南希才是一线工作者，她们想要更明确地知道什么时候该做什么事：她们应该在什么时候为阿兰提供学习新技能的一步接一步的帮助？她们应该在什么时候为他提供表达和理解自身情感的机会？什么时候是设定并持续追踪对行为的坚定预期的最好时机？我建议她们将行动计划看作一份地图，它能够帮助她们决定什么时候该"向前一步"，什么时候该"向后一步"。她们能够理解这种说法——我们以前一起使用过。

这个"向前一步，向后一步"的想法是我在多年前与一名特别暴躁的幼儿的家长一起工作时想到的。它不仅对家长有用，对教师也有用。当成人"向前一步"时，他们给予的是幼儿所需的温暖关系、对学习的支持和情感表达的机会。当成人"向后一步"时，他们为幼儿的行为设定了一道界限，并为未来的情况制订了一个合理的计划。克劳迪娅和南希提供的支持是向前一步，计划中的安全方面则是向后一步。

向前一步是充满温暖的，而不是充满刺激的；向后一步是清晰的，而不是充满沮丧的。这一部分的重要性在于，当幼儿激起争端时，成人通常会感到困惑，并不知道该向前一步还是向后一步，最终可能会草率地将二者混在一起。此外，不论成人选择了哪种方式（有时成人承认他们并不觉得自己在进行选择，而只是在做出反应），他们的语言通常会伴随着强烈且消极的情感。将这种草率、情绪化的混合体理顺能够在很大程度上帮助幼儿。

找到向前一步和向后一步的有效组合，意味着我们要清楚地知道它们分别是什么。这也正是教师团队必须很清楚地知道克劳迪娅和南希在执行安全计划时会做些什么的原因。用这种方式思考还有一个好处：它能够帮助成人快速地确定幼儿在遇到困难时如何合理回应。例如，它能够帮助克劳迪娅和南希记得在决定向前一步或向后一步前稍做停顿。当成人学会以这种方式面对幼儿的问题行为时，他们能够将自己的情绪控制妥当，然后平静、清晰地做出回应。通过这种方式，幼儿能够从成人向前一步的努力中获得支持情感的经历，也能够从成人向后一步的过程中获得坚定但不会让自己感到不悦的经历。这样的变化总是在事情的发展过程中有很大的影响。克劳迪娅和南希确实希望它们能够在阿兰的案例中起到作用。

干预原则（第五部分）

知道什么时候该“向前一步”（提供温暖的关系、对技能发展的协助和情感支持），什么时候该“向后一步”（对行为制定坚定的预期，并根据需求进行追踪），这在支持幼儿成长的过程中会产生很大的影响。

当幼儿遇到困难时，控制情绪化反应会有很大的帮助。

大道理很重要，但细节也很要紧

本章中提到的每一条原则对教师和家长都适用。这些原则和帮助我们实施原则的策略都是我们在定期举办的家长会上讨论的内容（当幼儿经历了困难的几周后，我们也会针对具体的情况与家长在头脑风暴会议上讨论这些内容）。例如，克劳迪娅和南希将本书中的若干方法与卡萝尔进行了分享。虽然这些理念对阿兰的进步很重要，但细节也很要紧。我们分享的理念以及卡萝尔使用这些理念的方法都要与她的身份和文化相匹配。换言之，任何计划的细节都要为每名幼儿、每名教师和每个家庭量身定做。没有任何一条路是一成不变的。我们采纳的整体方法必须与我们对幼儿及其发展的了解相匹配，而我们实施方法所用的具体策略需要适合情境中的幼儿和成人。

行动计划的最后一步：理顺细节

我们的教师团队准备结束会议了，但还要讨论最后两个细节。第一个细节与安全空间有关。我们要把安全空间设置在哪儿？安全空间内应该放什么东西？克劳迪娅和南希决定转移图书角，图书角原先被设置在教室中最安静的角落。但是，现在这个角落看上去是安全空间的最佳选址。她们打算摘除装饰墙面的海报，因为阿兰在生气时很可能会把它们撕下来。图书角中舒适的靠垫会保持原样，她们还会添加一些软玩具，这样即使阿兰扔玩具也不会伤害到别人。克劳迪娅和南希会撰写一篇小故事（见第十四章），以提醒阿兰在沮丧时可以做哪些事。她们还会在安全空间的附近摆放描绘这些策略的图画，而不是将其摆在空间内。（这种对幼儿友好的自我舒缓策略——以及我们有时会用到的伴随策略的小故事——也将在第十四章中展开讨论。）

第二个细节与计划中的其他部分同样重要：要完全将阿兰的母亲作为我们的工作中的一部分。克劳迪娅决定第二天和卡萝尔聊聊。在这次对话中，克劳迪娅会简要叙述我们的计划，并会在不久的将来安排一次正式的会面。在这方面，她和南希会向卡萝尔提供一些支持。她们会和她一起思考如何将课堂上的方法落实到家庭教育中。克劳迪娅和南希很有信心，卡萝尔会是一个积极的伙伴，因为之前她已经多次接近过她们，与她们聊天并寻求建议。

干预原则（第六部分）

没有任何一条路是一成不变的：我们用于支持幼儿成长的策略要适合当下的情况，也要适合涉及的幼儿和成人。

在推动幼儿发展的过程中，与家庭合作是一个必备的要素。

开始针对阿兰的工作：开启一段新的旅程

在会议的初期，克劳迪娅和南希表达过，她们很害怕为阿兰制订计划是浪费时间。但结果并不是这样的。让我们感到惊讶和愉快的是，针对安全的策略虽然没有立刻起作用，但也较快地起了作用。实际上，在会议结束前我与两位教师确认过，因为我很担心她们是否为将要发生的事做好了准备。“如果这个计划真的能够实施，”我说，“在阿兰的行为真正有进步之前可能会有一两周的测试时间。你们觉得这样可以吗？你们觉得自己能够保持沉着，以便确定计划是否真的有用吗？”

两位教师表明，她们愿意贯彻我们的讨论结果。虽然她们在阿兰挣脱时可能会被碰出几块淤青，但是如果这份计划有成功的机会，她们就甘愿尝试。她们真的在乎阿兰，而且她们同意我们的共同决定。她们害怕如果不做出一些改变，那么阿兰在月底前就会被开除。那就这么定了。

第二天，我在稍晚的时候来看了看情况。如果和预想不同的话，那就是我们的计划开展起来比想象的更难。阿兰每小时都要被带到安全空间好几次，到了上午十点左右，他不仅很生气，还仿佛失去了希望。克劳迪娅和南希有些烦恼，但仍然坚定。她们表明，自己已经尽可能地保持积极，并在一天内稳定地和阿兰进行互动了。

第三天也以相似的方式开始。但是，在大约1.5小时后，克劳迪娅和南希开始注意到，有时阿兰会在即将打人或踢人前控制住自己。在做了一些不安全的事后，他不再那么抗拒拉手。相反，他开始拉着教师一起去安全空间，然后，他会心甘情愿地坐下。到了午餐时间，阿兰微笑着，没有推别人，也没有打别人。

第四天情况更好了，阿兰只是轻轻地踢了两次人、推了一次人。每次阿兰都会一个人来到安全空间。当他看到其他同学不小心推了另一名幼儿时，他很严肃地对推人的同学说：“不，埃米利奥，不能推。去安全空间。”

前路仍旧漫漫，但克劳迪娅和南希已经陷入了狂喜。卡萝尔也一样。我们的直觉是对的，而阿兰看上去也感到放心，因为每次他做出不安全的行为时都有人阻止他。现在他所表现出的自控能力比我们之前设想的强多了。他非常喜欢当安定、冷静时得到积极的关注，并沉浸在他所急需的游戏支持中。即便如此，随着每天阿兰的冲动控制能力的加强，他的沟通技能比我们想象的还要局限，他的社交技能也不理想。此外，他很难让自己的身体慢下来、保持专注，也无法在试图与朋友互动时解决冲突。

随着学年的展开，教师团队继续保持了和卡萝尔的伙伴关系。她需要关于坚定地设定限制的支持，以及关于如何清晰地向前一步、向后一步的指导。克劳迪娅和南希立刻从这种伙伴关系中看到了效益。卡萝尔在家庭中感到越自信、越自如，阿兰就能越快地进步。克劳迪娅、南希和卡萝尔现在会有规律地进行对话，讨论如何帮助阿兰舒适地使用词语、慢下来、保持专注以及成功地解决问题。这些想法都是双向的，因为卡萝尔很了解她的儿子。此外，在卡萝尔的全力支持下，阿兰进行了语言问题的评估。他有资格获得额外的服务，每个人对此都感到满意——我们都认为他现在需要额外的帮助，而在进入学前班时他也会持续获得来自额外帮助的益处。

对于阿兰来说，今年是美好的一年。这并不意味着他的情绪和行为不再有起伏——毕竟，真正的进步并不意味着始终如一的进步。他还是经历了几次困难，我们的教师团队针对这些困难再次坐到一起，搞清楚阿兰为什么再次犯错，以及我们要对现有计划做出什么改变、增加什么内容。但是抛开这些小“颠簸”，卡萝尔对儿子的进步感到非常骄傲。看到阿兰开始茁壮成长，教师们也很开心。现在，他的良好状态让教室中充满了阳光，他再也不是一个穿着小男孩衣服的恐惧之源了。

6月份，教师团队在阿兰离开幼儿园时很开心。教师们的开心并不是因为他离开了——所有人都非常想念他。教师们感到开心是因为知道他在进入学前班时准备得比我们曾经预想的更好。看到他有一群好朋友能够陪他一起进入小学，我们也很高兴。当阿兰靠近时，这些幼儿再也不会躲开，相反，他们会积极地叫出他的名字，问他是否愿意一起玩火车，或者一起在教室中的临时舞台上跳舞，在那里，他是表演明星。

第二部分

关系是关键

>>

本部分涉及的幼儿在与他人建立愉悦、专注和稳定的关系时有困难。对于一些幼儿来说，先天条件是问题的核心。对于另一些幼儿来说，艰难起步、困难时期或在忙碌的课堂中学习第二语言时面临的挑战导致了基本的发展性技能受阻。有时，上述因素共同导致了问题的产生，同时伴随着让事情变得更糟的互动模式。每一个幼儿的薄弱部分不仅是人际关系，也有其他重要的发展方面。

关于这些幼儿的故事可以提醒我们两个要点。一是人际关系是关键——它是其他领域的发展性技能的基础（这就是为什么本部分的很多策略在本书的第三、四部分中的幼儿身上仍有体现和帮助）。二是一名幼儿成功地掌握与某一发展轨迹相关的技能可以对该幼儿的其他方面产生深远影响。

对于所有这些幼儿，促进人际关系的“用关系孕育每一天”理念（详见第九章）是干预的核心。但是问题是：我们要如何学习提供一种幼儿能够接受的温暖关系的方式？为了回答这一问题，每个故事都包含了如何将“孕育”想法调整到幼儿的特有方式中。

注意：本部分出现的所有幼儿都来自阿兰所在的班级。你即将阅读到的故事基本上都是真实的（身份信息除外），只包含了少数的虚构成分。在现实中，我不会分情境对这些幼儿进行观察，也不会和教师在不同的会议上进行讨论。幼儿教育领域内的所有人都知道我们必须尽力同时兼顾多个孩子的需求。因此，作为一

>>

名幼儿教育从业者，我非常乐于展示我们的教师团队为了理解和帮助整间教室内的幼儿以一种混合方式所做的工作。但是，这种同时兼顾多个需求的工作方式写到纸面上会变得非常复杂。因此，为了保持行文清晰，我在文中分别对每名幼儿进行了阐述。

第七章

聚焦 3C

——关系、交流和提示回应

克劳迪娅和南希的班上有六名迥然不同的幼儿——汉娜、珍妮、凯文、伊莎贝尔、乔纳森和埃米利奥。他们都在挣扎着努力跟上忙碌的班级节奏。上文中提到的每一名幼儿在后续的章节中都会出现。本章探索了教师针对所有幼儿开展工作所需要的理念，为讲述他们的故事奠定了基础。这些幼儿都在人际关系方面有困难。有些幼儿经历的困难与关系、交流和提示回应有关系。这三方面的挑战很常见——我将它们称为“3C[1]”。从发展的角度来说，它们紧密相关。

首先，我们会分别了解一下“3C”中的每一个“C”。然后，我们会探索它们如何从婴儿时期开始协同展开，以及在游戏中如何表现。在探索后，我们会对所有类型的幼儿进行游戏支持测验。最后，本章会提供一些关于教师将前文呈现的所有理念进行整合以理解并帮助教室中最让人担忧的幼儿的想法。

关系是关键：简单了解依恋

对于3C的任何探索都必须从有影响力的依恋理论开始，这一概念源于理论领域，但现在已经成为幼儿教育实践的核心。简单来说，依恋是指幼儿在最早期和后续生活中的人际关系的质量。它是双向的，涵盖幼儿—照顾者和照顾者—幼儿的关系。理论家强调（在我们的领域中也没有几个人会反对）幼儿的依恋经历非常重要：它会塑造幼儿对他人产生情感和感受世界的方式，最重要的是幼儿感受自己的方式。

依恋的质量对不同的幼儿来说大相径庭，对一些幼儿来说是幸运的，而对另一些幼儿来说是不幸的。一名幼儿对特定照顾者的依恋可以是愉悦且稳定的。这种依恋也可能是非常没有安全感的，或者可能让幼儿感到与自己无关。有时，幼儿对主要照顾者的依恋有些飘忽不定。在这种情况下，依恋程度时高时低，这让幼儿无法保持内心的放松，也无法舒适地生活在他的世界中——因为幼儿总是忙于仔细观察周围的环境，试图确定在某个特定的时间点能否获得安全感［有关这些理念的介绍，请见丹尼尔·西格尔在2012年所著的《心智成长之谜》（*The Developing Mind*）］。

---

[1] 即关系（connection）、交流（communication）和提示回应（cue responsiveness）。

了解理论家和研究者提出的依恋理论能够帮助我们从理性的角度理解直觉感受：当一名幼儿有幸在与照顾者的最早关系中经历温暖和稳定时，他会为以后成功所需的多种技能打好基础。如果这种情况没有发生，那么干预的重点需要放在建立安全、可信的治愈性关系上。

理解“沟通圆环”

斯坦利·格林斯潘是一位优秀的理论家、实践家，为幼儿教育领域提供了关于幼儿如何通过人际关系形成沟通能力的一幅有力的画面——沟通圆环（Stanley Greenspan，1992，p. 7）。这一有用的概念指的是人们在关系和意义之舞中彼此传递信号和能量的方式。格林斯潘指出，当两个人一起参与到沟通圆环中时，一个人“开启”圆环，另一个人做出回应，然后发起者“关闭”圆环（1992，pp. 334-335）。我们可以将婴儿和母亲之间的令人愉悦的轻哼看作这种交流的一个例子。另一个例子是一名幼儿和挚爱的爷爷讨论最近去动物园的经历。还有一个例子是两名幼儿充满热情地争论他们是该建一座城堡，还是一间杂货店。沟通圆环的发生可以伴随着语言，也可以不伴随语言。它们有时充满了柔情，有时充满了恼怒。

开启和关闭圆环的画面非常有用。帮助幼儿成功地参与到这样的“圆环”中能够强化他们经历的温暖关系、沟通技能及保持专注的水平。对于每天都在克劳迪娅和南希的课堂上嘟嘟囔囔地、不停地玩火车相撞的阿兰和乔纳森来说，这样的干预方式非常重要。这两个男孩在沟通技能阶梯上都处于较低水平。尽管我们希望看到处于该年龄段的幼儿能够连续参与到很多的沟通圆环中，但他俩连开启和关闭一个沟通圆环都有困难。在这样的案例中，我们的第一个目标是让单一的沟通圆环更加顺利地进行，第二个目标是在一段时间内让更多的圆环产生。我们的最终目标是什么呢？最终目标是帮助这样的幼儿在沟通技能阶梯上向上爬，一次爬一个阶梯。

提示回应：一项基本技能

“提示回应”这一术语在幼儿的相关讨论中并不常用，但它代表了幼儿教育工作者很了解的内容。作为教师和专家，我们在幼儿学习“停止、观察并倾听”的过程中支持他们，并随着时间的推移在他们无法达到预期时感到担忧。我们也会探讨注意力和保持专注的重要性。提示回应能力是其他技能的基础。我之所以为它单独命名，是因为这样可以让我们更加全面地理解很多幼儿在这一领域有困难。

有提示回应困难的幼儿很容易被发现。有些幼儿是“脱离实际”的白日梦想家，有些幼儿是“无法听话”的漫游者。有些幼儿也许能够重复我们刚刚说过的话，但是不能理解和运用这些话。“纳塔莉，去洗手”，我们会这样告诉一名幼儿。她点点头，然后就走到科学区了。为什么这样的幼儿需要发展提示回应能力呢？回答这个问题的最佳方式是观察提示回应在工作和日常生活中是如何表现的。

当课堂上的幼儿能够对提示做出回应时，他会在听到自己的名字后抬头看，并且为后续发生的事做好准备。可能是朋友的一句“咱们一起建个动物园吧”，也可能是教师在自由游戏时间结束时让他准备好打扫卫生，或在午餐时间让他递一下面包篮。但是，一条提示并不一定以叫出幼儿的名字开始，也不一定必须包含词语。它可能是课堂上的“清洁时间”歌曲，也可能是教师经常使用的“手放在空中”的信号，这告诉了幼儿暂时停止他们正在进行的活动，并等待教师的指令。提示还可能是幼儿的朋友说的“停下！疼！”，甚至是教师与幼儿在圆圈时间的眼神交汇，然后教师会微笑并将手指放到嘴唇上。最后这种提示表达了什么？“乔纳，你这样别人就听不到了。你可能也没法好好地听。你能不能安定下来，注意听这个故事？你可能会喜欢呢！”

不管是口头信号，还是非口头信号，一个对提示有反应的孩子可以从他的内心世界中跳出来，与周围的世界和谐相处。他可以把自己的身体、精力和思想包装起来。通常（虽然在某些文化中比在其他文化中更多），他也会把目光投向请求他注意的人。他准备好接收任何涌向他的信息，并理解它们。最后，他会根据这些信息采取行动。这一切通常发生得很快，因此“出现并专注”的步骤不容易被分开观察。尽管如此，它们还是有步骤的。对于那些在提示回应行为上有困难的孩子来说，“分解”这些步骤并一个一个地教它们有很大的帮助（看第十一、十二、十三章的内容以了解更多的帮助）。

提示回应能够帮助幼儿成为课堂上的合作成员，并成为成功的学习者。它也是成为一名好朋友的重要因素。“汤米，我想要那个红色的卡车。”一名男孩对他的朋友说。“我玩完后给你，”汤米回答道，“现在你想要这个推土机吗？”在这次互动中，提示回应并不是唯一体现出的技能。汤米也表现出了灵活性、对冲动的控制以及问题解决技能，还有沟通能力和共情能力。但是，如果他不具备“出现并专注”的互动能力，那么上述的所有技能都不会有机会显示出来。

3C：相互独立又密切联系

毋庸置疑，分开考虑关系、交流和提示回应能够帮助我们清楚地了解其中的具体内容。但是从发展的角度讲，这三个“C”之间有密切的联系。幼儿必须理解发生的情况才能感受到关系。如果他感到自己处于关系之中，那么他能更加专注。关系和提示回应对幼儿发展缓慢的沟通技能十分重要，但是幼儿不断发展的沟通能力并不只依赖关系和提示回应，沟通也能让关系和提示回应更加全面地发展。这种互相关联的关系在婴儿和学步儿的成长和学习过程中最容易被发现。这并不意味着它对本书所关注的3—6岁幼儿不重要。但是，简单地走进婴儿的世界能够让我们更好地理解针对较大幼儿的工作，下面的故事会对此进行说明。

婴儿时期的3C及其后续

大约10年前，我在一场会议上看了一部引人入胜的关于婴儿研究的电影。在电影中，一名2.5个月的婴儿舒服地坐在婴儿椅中，一名研究员在旁边指导和协助婴儿的母亲以惯用的方式和她的儿子互动。母亲按照研究员的指令行动后，婴儿流着口水，挥舞着手臂并踢着腿。他的眼神游离，看上去漫不经心。

接受完指示后，母亲走到婴儿的面前，距他所坐的位置大约25厘米。她开始冲他微笑，并轻轻地发出声音，表情丰富，声音既温柔又激动。婴儿不再流口水，也不再挥舞手臂。他的眼神锁定在母亲的脸上。过了一会儿，他的脸上露出了灿烂的笑容。观众们享受地观看这对母子之间充满愉悦的互动。这些互动揭露了一种完美编排的专注关系和非语言交流之舞。但是，在观看电影时，我发现自己将它与我的脑海中开始播放的另一个非常不同的（且并不那么令人振奋的）“电影”相比较。这一想象中的电影与我在前一天观察的一名令人担忧的5岁幼儿相关。

我一进入幼儿园教室，就发现妮科尔是一个非常容易分心且充满活力的女孩。她几乎不会直视任何人，即使被要求如此，她也很难做到。她在听从指令上也有困难。她的同学都离她远远的，因为几乎每次和她一起玩，他们都会感到失望。她的家庭生活也很困难。妮科尔的单亲妈妈曾经告诉教师，她的长子从一出生就很难被养育。当妮科尔出生时，她的哥哥还是个学步儿，不幸的是，她也像他一样是个烦躁的婴儿。这位母亲曾经希望随着孩子们长大，家庭生活能够变得容易些，但是并没有——妮科尔的哥哥不听话，妮科尔也不听话。很明显，事情已经到了妮科尔的母亲每天都会大喊大叫很多次的地步。

我坐在会场里，想象着妮科尔的“电影”和母子互动的电影并排播放，并且开始想：通过二者的对比，我能够了解什么呢？妮科尔仍旧无法掌握影片中的婴儿已经显露出迹象的能力。对于2.5个月的婴儿来说，他已经比5岁的妮科尔更好地保持专注、控制身体并聚焦眼神。这一瞬间的认识让我更深入地思考如何帮助妮科尔掌握很多幼儿在出生不久后就开始显露的能力。它也让我对那些无法自然、轻松地倾听并产生理解的孩子的家长产生更多的同情。此外，它鞭策我进行反思，这些充满挑战性的幼儿的家长长期感到不知所措，既没有精力，也不具备有规律地进行我在母子电影中见证的“舞蹈”所需的内心资源。

我的“分屏”反思一直伴随着我，加深了我对一些基本理念的理解。当遇到在3C方面有困难的幼儿时，我们应该将这些理解牢记于心：

- 有时关系、交流和提示回应三者的问题组合源于婴儿的天性，有时问题源于家长要处理的事太多，有时家长—幼儿关系的不匹配也会导致问题。
- 不管是什么原因，当3C发展不顺利时，它们就有必要成为幼儿成长目标中的一部分。找到一种方式让年龄较大的幼儿体会到“充足剂量”的、如同我在电影中看到的互动会是干预的一个要素。
- 以这种方式向幼儿“提供剂量”可能要求我们在发展性技能的阶梯上向下走，并在他们攀爬有困难的那一层阶梯与其相遇。如果一名年龄较大的幼儿从未拥有专注的关系和沟通的基本技能，那么让他像其他同龄幼儿一样做出回应就是不公平的（也不会成功）。

3C 和游戏

我所讲的关于电影的故事证明，婴儿与照看者之间的互动方式能够为我们提供大量关于3C是如何发展的信息。在幼儿长大时观察他们进行游戏可以起到相同的效果，特别是当3C并没有像我们希望的样子发生时。就像第一部分中提到的阿兰一样，幼儿经历的困难几乎总会在游戏的过程中体现出来。例如：一名幼儿可能无法使用语言创造故事或对故事进行排序；另一名幼儿可能无法与其他幼儿分享自己的故事；第三名幼儿可能在提示回应方面非常困难，甚至很少参与其他同学的活动。这只是个开始。

正如游戏能够让我们清楚地了解幼儿在3C方面的成功，游戏也能够表明幼儿在其他发展领域中的进展。此外，鉴于幼儿的生活以游戏为中心，游戏不仅能让我们了解幼儿，更能让我们帮助幼儿——它是一个支持幼儿成长的优秀媒介。以这种方式使用游戏——一种被我称为“基于游戏的支持”的干预方法——既需要技能，也需要创造力。这种支持对于3C方面有困难的幼儿来说非常重要，对其他幼儿来说同样重要。下文将会对它进行详细的阐述。

基于游戏的支持：一个有力的工具

用游戏支持幼儿的成长是合理的，因为它能够让我们通过幼儿每天花费最多时间的活动加入他们。但是，这并不是“游戏是优秀的干预方式”的唯一原因。毕竟，游戏是幼儿的最爱。还有一个原因是游戏能够将幼儿与其他同学联系到一起。它为幼儿提供了一个机会——用故事的形式表达自己的负面情绪，而不是在生活中爆发出这些情绪。此外，游戏能够帮助幼儿学习如何等待、计划和思考。对于幼儿来说，游戏是他们获得问题解决能力的载体。简而言之，游戏与幼儿的学习、友谊和全面健康息息相关（Heidemann & Hewitt，2010）。

当提供基于游戏的支持时，我们的工作也基于经常用到的“观察—思考—行动”的过程。我们使用幼儿的专属画像来确定一名有特殊需要的儿童在发展性技能方面处于什么位置，以及他在情感上面临什么困难。我们会用“三段式翻转”提出并回答问题：问题是什么？我们想要看到什么？我们如何支持幼儿进步？我们提供游戏支持的目标，它们所涉及的范围从更深入的人际关系到成功的沟通，从更佳的提示回应和专注到对沮丧情绪有更好的忍耐力和灵活度。它们也可能包括注意力和自信心。另外，对于某些幼儿来说，一些目标可能与情感表达和情感治愈相关。游戏支持能够有助于这些方面的发展。由于游戏的本质是令人愉悦的，这样的干预方式也可以是令人愉悦的。这不仅适用于我们聚焦的幼儿，也适用于成人。

为有效的游戏支持选择一个角色

基于游戏的支持看上去是什么样的？当想要使用它时，我们应该怎么开始？对于这些问题，我所了解的答案大多数来自我的同事洛蕾塔，她是相关领域的干预专家。洛蕾塔曾经是一名幼儿教师，然后成了一名园长，现在她针对游戏的力量和可能性进行教学。她强调，在提供基于游戏的支持前，要先做出一些关键的选择。她概述了教师在提供基于游戏的支持时的三种可能角色。下文中的很多理念和措辞都是属于她的。

- 第一个角色是观察者。在这种角色中，我们站或坐在幼儿附近，对所发生的情况表现出真正的兴趣。我们的存在所表达的含义是，幼儿正在进行的活动是有价值的。这也能够提醒他们控制自己。对于某些幼儿，他们的进步只需要有一双成人的旁观的眼睛。此外，当进行观察时，我们能够了解到很多特殊需要儿童在游戏和发展中究竟在何处受阻。
- 第二个角色要求我们在游戏外进行干预。我们仍然要将自己置于游戏活动的周围。但是在这种角色中，我们会在幼儿进行游戏的过程中做出评论和建议。用洛蕾塔的话说：“我们为幼儿的游戏注入了活力和深度，并帮助拓展他们的经历。”在这种角色中，我们可以注意观察那些容易感到沮丧的幼儿快要失控的时机，并在它发生之前提供情感管理和问题解决方面的支持。

- 最后一个角色要求我们在游戏中进行干预。这个角色是最有趣的，也可以是最有力的。洛蕾塔将其形容为在游戏中扮演“聪明的幼儿”的角色。这也就是说，成人像幼儿一样进行游戏，但是成人是一名有近乎完美的社交技能的幼儿。教师扮演的“聪明的幼儿”有很多很棒的想法，并会快乐地和其他幼儿分享。她也会倾听其他人的想法。如果一名有挑战性的幼儿陷入困难，游戏即将变成一场战争，那么这名“聪明的幼儿”经常会有个很棒的想法让事情重新变好。她可能会激动地插话道：“我知道！让埃米莉做汤，乔做比萨饼，我们一起开一家餐厅，这样莉齐在饿的时候就能来吃饭了。你们想要这么做吗？”

从“聪明的幼儿”到成人教练，再回到“聪明的幼儿”

作为游戏伙伴，这名聪明的幼儿有很多优秀的技能，但是她的手中还有其他“弹药”。最重要的是，她有点“人格分裂”。因为在她的内心深处有一个成人教练，随时都做好准备以加入一个特定的游戏情境。做出这一转变需要一些演技。因此，当作为聪明的幼儿时，教师的声音往往是热切的、大声的，而作为成人教练时，教师的声音可能听起来更像夸张的耳语。此外，成人教练通常会以“我们”的形式来表达她的想法，这样目标幼儿就不会认为他做了错事。下文可能是这种协助的现实表现。

洛蕾塔正在一次基于课堂的辅导会议上示范这种游戏支持。她低声道：“比利，我注意到了欧文的表情。我不确定他是否喜欢我们的想法！也许我们应该问问他，他是否想一起建城堡……你也觉得我们该这么做？好……你想让我去问他，还是你去问他？你去？太棒了！你可以说‘欧文，我们可以一起建城堡吗？’。”在比利向他的伙伴重复了这个问题后，洛蕾塔低声地提供了更多的帮助，直到两人之间协商结束。然后，她的声音变大，语调变得更加欢快、灵动，因为此时她变回了幼儿的角色。随着游戏支持的继续，她不断地在聪明的幼儿和成人教练中舒适地进行无缝切换（可能有一二十次）。

预想可能性

为基于游戏的支持选择一个角色只是成功地运用这种干预方式的“精神层面的准备工作”的要素之一。另一个要素是预想你要将游戏引导至何处。你的目标是帮助一名语言能力有限、不断转换方向且重复游戏的幼儿拓展他的故事线吗？如果是这样，那么你要如何（作为游戏伙伴）加入他的游戏，基于他的游戏想法并在他受阻时提供你的想法？阻碍一名特殊需要儿童的是提示回应能力和保持专注的能力吗？然后呢？在他的注意力分散时，你要如何使用面部表情和想法将他拉回来？什么游戏想法对他来说是有吸引力的，能够让他比往常保持更久的注意力？上述问题都指向一个理念，即我们要在开始工作之前明确自己的想法。

保持低数量和高参与度

基于游戏的支持还需要进行一些准备工作——考虑并让团队中的其他成员参与进来。想象一下，你在脑海中有一个可以应用这类干预形式的幼儿。你知道要把工作时的注意力压缩到5分钟、10分钟，甚至20分钟，这就需要房间里的其他成人的协助。因此，如果要开展一些有目的的游戏支持，那么你必须要提示合作教师做两件事。第一，她需要观察其他区域的情况，并且准备好帮助任何有需要的幼儿。第二，她需要关注幼儿的数量。你只想要几名幼儿获得你的游戏支持——如果你刚开始这一过程，可能只需要一名幼儿加入你。这很有挑战性：当坐下来开始游戏时，你很可能对很多幼儿来说就像一块磁铁。

你需要决定对几名幼儿开展工作，而你的合作教师的工作则是引导其他幼儿进行不同的活动。否则，你希望进行的工作会被撇在一边。你聚焦的幼儿可能会因周围持续不断的大量语言感到不知所措，也可能会被遇到的活动的水平分散注意。他还可能会对多个游戏伙伴的要求感到沮丧，这样他并不能学到什么，而可能会情绪爆炸。最后这种情况引出了在提供游戏支持前需要考虑的另一个问题：一般来说，你不会想要太多的幼儿参与你的游戏支持活动，但是哪些幼儿能够作为“游戏伙伴”对你希望帮助的幼儿产生最大的作用呢？

选择并利用幼儿帮手

现在可能已经很清楚，在提供基于游戏的支持的过程中，你的一部分工作是作为“人形胶水”黏合起令人担忧的幼儿和她的同学。当你作为这样的“胶水”时，其他幼儿便会成为你的帮手。通常，其他幼儿并不知道他们所扮演的角色。他们所知道的就是他们正在获得来自教师的一些令人愉悦的关注，并在与一名同学快乐地游戏。当然，并不是所有的幼儿都能成为合适的教学伙伴。这也正是为什么思考哪些幼儿可能适合这一角色很重要。在下一章中你会找到一个很好的例子，4岁的安妮慢慢地帮助她的同学汉娜脱离保护壳。

深入地了解，有效地进行

本章的基础性探索为后续的故事奠定了基础。随着克劳迪娅和南希与汉娜、珍妮、凯文、伊莎贝尔、乔纳森以及埃米利奥一起工作，她们愈发了解关系的力量、交流的重要性、提示回应的中心性以及游戏作为干预媒介的有效性。我们会用两章的内容讲述汉娜的故事，其他幼儿的故事则稍短。我进行简短的叙述是有原因的。当处于一个有多名困难幼儿的教室中时，你可能希望尽可能快地完成针对每名幼儿的反思过程——完成反思的速度不能快到自己无法清晰地观察和有效地行动，但仍要尽可能快。幸运的是，一旦生成幼儿的专属画像成为你的习惯，总会有一些对发生的情况进行速记的方法——什么进展顺利，什么不顺利，以及为什么。通常有一些简单的方法来描述你需要回答的问题。例如：

珍妮有一些基于气质的谨慎。已有的模式使她的情况变得更糟，她现在看上去被锁在自己的缄默中。我们需要改变哪些模式？什么样的“孕育每一天”的形式能够让她感到更加安全地与别人联系，并能让她更加稳定地在课堂上与他人沟通？我们要如何让她的家长参与进来，这样他们就能够和我们一起努力让事情变好？

或者……

埃米利奥是一个第二语言学习者，也是一个容易分心的孩子。他在教室中不停地走动的行为源于上述两点。他可能也有一些轻微的语言处理问题。我们要如何与他一起走下发展的阶梯，同时强化他的关系、交流和提示回应能力？我们关于语言习得——和第二语言学习——的知识如何帮助我们一点一点地达到上述目的？

这些片段太短了，而且不一定完全有用，但是你应该能够明白其中的含义。我希望上文所展现的材料能够让你理解相对简短的描述是如何起作用的。事实上，在接下来的几章中我所做的是模仿当我们考虑令人担忧的幼儿时的做法。当保持理性并清楚当下的情况时，我们会迅速前进。我们在需要时会抽时间进行进一步的观察和反思。当以往坚信的理念不够时，我们会寻求新的理念。我们也会为针对某一特殊需要儿童制定的策略发展出个人速记法。我们可能会在团队会议中决定，“咱们多进行一些圆圈时间吧”。我们可能会说“我们要孕育每一天”，或者“在注意力方面，我们要在阶梯上再向下爬一些。我们现在所处的位置对于他来说太高了”。在与克劳迪娅和南希进行的对话中，我们总在考虑如何帮助课堂上最令人担忧的幼儿，上文所述的速记法在我们的对话中占据了很大的部分。

第八章

开始进行针对汉娜的工作

——帮助一名有黑暗情绪和黑暗过去的幼儿

当克劳迪娅在走廊里碰到我时，我刚到她和南希所在的幼儿园进行每周一次的访问。她问我能不能尽快到她们的教室中进行观察，她和南希都非常担心汉娜。

几周后，我坐在克劳迪娅和南希的教室中，准备在幼儿来园前简单地了解一下情况。南希对汉娜进行描述，虽然她只有4岁，但需要很多来自成人的关注。在寻求关注的过程中，她十分好斗，而在得到了成人的关注后，她几乎不愿意与任何幼儿分享。汉娜也可能是充满挑衅的，甚至是彻头彻尾的粗暴野蛮。克劳迪娅注意到，汉娜的粗暴野蛮是个谜。这种粗暴野蛮经常没有征兆地发生，而不是用于回应其他人说的话、做的事。此外，对于她的年龄来说，这种粗暴野蛮令人感觉很奇怪——轻蔑的语气让她听起来像个被疏远的、叛逆的青少年，而不是一个年幼的幼儿。

克劳迪娅和南希很担忧汉娜作为一个有智力天分的孩子，看上去对课堂活动并没有什么兴趣。她几乎不会参与周围幼儿的忙碌活动。取而代之的是，她会用大部分的时间独自待在美工桌前画出有精美细节的图画，或者拼那些年龄稍大的幼儿都觉得难的拼图。她们在想：是对课堂活动的无聊感受使汉娜表现得粗暴野蛮吗？南希指出，到今年9月，汉娜还有一年才会上学前班。她们在想：也许对她来说，一个更加关注学术的计划将是她在幼儿园的最后一年中的更好选择。她们想让我通过观察、从我的角度来判断这种想法是否合理。

在对话过程中我了解到，汉娜的人生起点很艰难。由于亲生父母对她疏于照看，她在9个月大时就被带离了原生家庭。教师们告诉我，她的寄养家庭决定收养她，收养手续在几个月前才最终确定。她的养父母都非常喜爱这个家庭中的最新成员。但是，他们也越来越担忧——汉娜的固执和粗暴野蛮已经对家庭中的其他孩子和他们自己都产生了负面影响。

很显然，对于汉娜，我们还有很多需要了解的，但是幼儿和家长已经在幼儿园门口聚集了。克劳迪娅看了看表，还有一分钟就要开园了。她站了起来，同时她的仪态从放松的变成了投入的。她仿佛在想，"是时候开始了"。随着幼儿走进教室，教室里的声音每秒都在变大，我知道这些幼儿非常幸运，因为教师如此在乎他们。我能够通过深度观察帮助克劳迪娅和南希减轻负担吗？现在轮到我了。我坐好，准备开启观察时间，对我可能在观察过程中发现的信息感到强烈的兴趣。

走开！（靠近？）：注意幼儿的叙述风格

今天的第一个自由游戏时间已经开始10分钟了。汉娜坐在美工桌前，正在画一幅画，画中有一栋被树包围的房子，房门前还有一只猫。她的表情看上去很严肃，眼神只专注于自己的作品。其他幼儿也在那里画画，他们都是一边画画，一边互相聊天。但汉娜和他们不一样，她只会在换一支不同颜色的彩笔时抬头。汉娜在美工桌前待了足足20分钟，她的绘画所体现的准确度和技巧，对她这个年龄的幼儿来说很不寻常。尽管我很努力地不去打扰她，但当我站在她附近时，我感觉她知道她是我所观察的对象之一。这是我的想象吗？还是有一种无声的咆哮正在朝我的方向涌动？

我在想：教室中来了新人会让汉娜感到不舒服吗？鉴于她的成长史，这并不令人感到意外。也许向桌前的幼儿介绍一下我自己是更好的主意。我走过去，蹲下来，并朝着其他幼儿微笑。然后，我友好地看了一下汉娜所在的方向。大多数幼儿都充满兴趣地做出回应。但汉娜面无表情地看着我，她的眼神空洞无物，仿佛表达出的是完全没有兴趣或有巨大的不信任感。"我不知道你们还记不记得我，我几周之前来过。"我说道。我又笑了笑，与抬头看我的幼儿进行眼神交汇："有时候，我会来观察你们玩游戏，也会帮助教师们学习！我的名字是德博拉。"

我已经习惯用这种方式向幼儿介绍自己了，并且总是试图传达一种温和、开放的存在。我的愿望是让班级中最沉默、最多疑的成员知道，我不会强迫他们与我互动。我想让他们知道我会成为教室中的良性探访者，我对教室中发生的事感兴趣，如果他们和我进行互动，那么我会对他们表现出兴趣。后面这一点很重要，因为有时我发现从观察者的姿态转化为更加积极的参与者很有用。这一更加积极的角色能够让我更好地了解一名特殊需要儿童是如何进行叙述、交流和游戏的。这也能给我机会尝试一些我认为可能对教师有用的策略，并观察这些策略的效果。

随着其他幼儿对我的出现感到放松，我知道了他们每个人的名字，并讨论起他们的画作。但是汉娜笔直地站在那里，就像一堵沉默的墙。她不如在我一定会看到的位置钉一个大大的“走开”标语。但是……有没有可能她其实对我感兴趣，只是对我的身份和即将发生的事感到谨慎呢？她会不会希望我能够敲敲她这堵墙，然后问我能否进入墙内？这很难说。

过去的生活到底是怎样的？考虑幼儿的早期历史

现在这个时刻的中心任务是“产生可能性”。汉娜对我的出现的强烈反应明显地说明了更多的问题，而教师必须了解这些问题所蕴含的细节。现在她们只是感到困惑和沮丧。也许我能够帮助她们。我开始思考，这名女孩的行为可能与她被忽视的早期经历有关。

作为一个婴儿，被满足的需求很少，或者需求一会儿被满足，一会儿没有被满足，是一种怎样的感受？在出生后的几个月中，她是否曾遭受过身体上的伤害？是否被大喊大叫过？是否被单独丢下，只能哭泣和感到无助？不管发生过什么，这些与依恋相关的问题如何影响她现在的感受和行为？这些问题如何影响她对我的反应？这些问题是否与她对关注的需求、侵略行为和（我在几分钟前刚刚见证的）明显的无趣感相关？

克劳迪娅和南希强调，汉娜的语言和认知强项令人印象深刻，而她已经显露的艺术天赋和专注力仍在萌芽。在很多方面，她的发展都很顺利。但是，在“可能性”的维度上，我认为也许她的强项掩盖了一种基础的脆弱性（即关系中的信任和愉悦）。她开心过吗？当她寻求成人的关注时，我能否在她的脸上看到微笑？如果是这样，那么她会毫不费力地融入关系中，还是尽管试图更加积极地参与活动，她仍会带着僵硬的表现？

我也在思考其他的问题。确实一眼看过去，汉娜感到无聊。她并不会因对其他幼儿进行的活动感兴趣而呈现出高兴的情绪。对于放在科学区和角色扮演区的物品，她只是点了点头。她的脚步缺乏轻快的活力，而冷漠地在教室中走来走去的方式体现了她的脱离感。但是，其他迹象指向了参与感。她喜欢用难度较高的拼图挑战自己。她会花费很多时间来画画，也喜爱图书（特别是涉及猫的图书）。但是，即使看上去有很高的参与度，她的脸上也会保持着平淡无趣的表情。目睹这样的表情让人感到非常不安。

汉娜获取教师关注的方法也令人震惊。当班级幼儿集合准备开始圆圈时间时，她会在克劳迪娅的身旁坐下。当看到凯文想要爬到克劳迪娅的大腿上时，她会先一步做出这一行为。很明显，汉娜想要且需要某些东西。但是当克劳迪娅以温暖的态度回应她时，她的脸上并没有任何愉悦的迹象。她仍然面无表情。

傻宝宝和蠢老师：寻找了解幼儿内心感受的窗口

在圆圈活动前，全班同学都坐好了，汉娜推了一下凯文，仿佛把克劳迪娅的大腿标记为自己一个人的领地。他“扑通”一下坐到了教师的身旁，靠在她的肩膀上，把大拇指放到了嘴里。“傻宝宝！”汉娜说道。她就像一名训练有素的女演员，语气中表现出明显的轻蔑。几分钟后，克劳迪娅准备开展圆圈活动。她温柔地告诉汉娜现在要坐到她的身边而不是腿上。汉娜马上大声地回应了一句：“你真蠢！”

接下来，汉娜来到了圆圈的中间，平躺在地板上。南希试图将她引导到一个不那么容易引起其他幼儿注意的位置。但汉娜的状态像是“一摊烂泥”。她凶狠、轻蔑地瞪了南希一眼，表明如果想要挪动她，一定会有一番扭打。从某种角度来说，这是我看过她做出的最夸张的表情，尽管它表达出的情绪是愤怒。

圆圈时间结束后，孩子们该如厕和刷牙了。在这段过渡时间中，汉娜充满了反抗性，而且有很多的要求。她想要拉着南希的手去如厕，还要用肩膀顶开旁边的伊莎贝尔。她的行动非常缓慢，这让班上的其他幼儿无法快速地完成任务。在走廊上行走时，她一直嘟嘟囔囔地说厕所“闻起来总是很恶心”。然后，在刷牙时，她开始用一种冷漠的兴趣盯着镜子中的自己。

“冷漠的兴趣”，我在笔记本上快速地记下这个短语。我在想，这真是个奇怪的词语组合。她既感兴趣又冷漠？一名幼儿可能同时有这两种情感吗？我们有很多需要解答的问题，其中的一个问题与汉娜的表情有关，另一个值得关注的问题是：究竟是什么原因让她对盯着镜子中的自己如此感兴趣？

如果……会发生什么？产生关于干预的“可能性”

我的深度观察正在“观察—思考—进一步观察”的过程中全力进行。即便在进一步观察时，我的头脑中也总想着汉娜对镜中的自己感到着迷的样子。我想到了婴儿在被喂食时与照看者对视的样子，还想到了他们一起享受的充满笑容的咿咿呀呀式互动。理论家和研究者不断重复说明这样充满爱意的互动对幼儿基本的安全感和自我感知的发展有多么重要。鉴于汉娜可能并没有在早年间得到足够的充满爱意的互动，她是否在真实的自我和镜中的自我之间寻找着一种关系？

如果我们在她盯着镜子的时候偶尔加入她，看着她盯着自己，然后当她意识到我们在看她时对她微笑，会发生什么呢？这能否成为我们弥补她在幼年所缺失的关爱的第一步？这样的互动支持会让她感到自己与他人之间有更强的关系吗？上述考虑也许有助于我们看到情况背后的原因，还与我们能够提供的帮助有关。随着全班幼儿开始往操场上走，我收起这些念头，重新将注意力集中到观察上。

当班级幼儿在户外玩耍时，汉娜蹲在了沙池里。她拿了一个桶，看上去完全不想与他人分享（尽管沙池里并没有足够的桶供所有人使用）。只要有人走近她，她就会用令人生畏的眼神看向对方。她通过这种方式让其他幼儿知道，她并不欢迎他们的加入。我走向克劳迪娅和南希，与她们交流我对汉娜的猜想——关于她如何以及为什么会既退缩又充满攻击性。我能否在孩子们进入教室后对汉娜做出一些尝试性行为？这也许能让我更加了解真实的她。这也可能给我一个机会，让我琢磨一些帮助她的想法。我告诉她们，问题是我不确定汉娜会如何接收我所做的事。我试图与她进行互动可能会让她们的工作更加困难。在协商后，两位教师给了我许可，我可以尝试自己想到的任何方法。她们告诉我，如果我遇到了阻碍，我可以让她们中的一人加入。她们知道汉娜的情况可能会变得相当棘手。

克劳迪娅和南希一如既往地友好，给予了我（作为顾问）希望自己能够拥有的许可——像她们一样有时会感到困惑。这种许可让我能够尝试一些“可能有用”的想法，而不是必须作为一个知道所有答案的专家。也许这会帮助我放松，让我保持好奇心和有趣的探索。面对汉娜，我需要这种轻松的情绪，因为我感受到她充满了高度戒备。如果我的预感正确，那就会是这样。

保护墙后的需求之地：讲述汉娜的经历

我对汉娜的预感可能最应该被归于最初在第五章中描述到的“讲故事”。在她的案例中，故事是这样的：她是一个在刚来到这个世界上时无法得到所有婴儿需要的温暖、关爱、回应和稳定性的孩子。她面对某种无法言明的严重忽视，经历着被理论家称为“毒性压力”的情况（National Scientific Council on the Developing Child，2005，p. 1）。这种压力会对幼儿与他人的关系产生影响，也会对他们的大脑发展产生影响，这种理念已经被广泛接受。

有没有可能汉娜大脑中的特定位置本应被安全的依恋激活，但从未获得所需刺激的输入？也许她有点像多年前我们在勒内·斯皮茨（Rene Spitz）的令人心痛的电影画面中看到的海外孤儿？电影中的幼儿获得的照顾只是身体上的，而不是情感上的。最终，其中的一部分幼儿表现出的平淡情绪比汉娜还要极端。也许在早期阶段，对剥夺愈发麻木的反应——现在成了一种仿佛带刺的防御——是汉娜唯一可能做出的回应。

故事继续。但是，处于困难环境并需要做出反应的是婴儿时期的汉娜。最终，她加入了一个充满爱的大家庭。在那里，她找到了一个充满了她自始至终都需要的温暖的家庭。她的语言得到了发展，也对绘画和猫产生了强烈的兴趣。她拥有一张安全的床、一个安全的家，也有足够的食物。她开始适应了。

现在产生了一组有趣的矛盾。汉娜知道她能够获得关注和温暖，也想拥有它们，甚至可能对它们极度渴望。但是，由于在早年间她并没有得到充足的照顾，她没有学习过如何接收温暖并做出回应。大脑中的神经通路也由于她并没有经历过双向的互动而尚未完全发展。她不断地向外界寻求自己渴求的东西。但是，她无法填补内心深处的在保护墙后的需求之地。攻击性行为和寻求关注的不顺从行为随之而来，同样出现的是脱离群体的状态，这种状态看起来非常像无聊，但它并不是无聊。

我们不能回到过去——现在能做什么？

这只是一个故事—— 一个包含了一系列可能性的故事。尽管如此，它仍然让我思考该如何敲击那堵墙，在墙后我看到了一个有需求的小女孩，我还想象出了一个有需求的婴儿，她独自躺在婴儿床中哭泣，但没有人听到。我们有没有可能在忙碌的教室中“找到”这个小女孩（以及曾经是婴儿的她）？我们无法改变已经发生的事。我不可能拿着一瓶温热的配方奶快速地进入她的灵魂，轻轻地摇晃她几个小时。我能做什么？汉娜的教师又能做什么？研究者、理论家及有经验的临床医生都强调，幼儿能够从早期创伤中恢复，只是他们需要一定的时间（Osofsky，2004）。很多专家表明，随着幼儿的情感创伤开始修复，大脑中的神经通路也开始“重新连接”，之后便能以更顺利的方式运行。所以我们仍然能够找到很多希望。现在是时候开始我们的实验了，看看该如何基于这一希望展开行动。也就是说，现在是时候琢磨聚焦人际关系的干预了。

小猫咪和做饭：利用日常时刻建立安全的关系

幼儿们回到了室内，汉娜又一次坐到美工桌旁。在午餐前有45分钟的自由游戏时间——这段时间足够让我尝试一些新想法。我走向汉娜的位置，然后蹲了下来。“汉娜，你好！我一直在看你画画。你的画里有一只小猫咪，就像你画的另一张画一样。这只小猫咪是棕黑相间的，另一只是橘黄色的。我猜你真的很喜欢猫！”汉娜没有回应，我也并没有期待她能够做出回应。

我的计划中的一部分是向汉娜传递一些温暖的关系，而不期待来自她的任何回应。我不能动作太快，这样可能会吓到她，也不能因她不做出回应而退缩。“其实，我真的很喜欢猫，”我说道，“它们软乎乎、毛茸茸的。拍拍它们的感觉可太棒了！”

我一直围绕着汉娜感兴趣的猫展开话题。之前在操场上，克劳迪娅告诉我，汉娜的家里有好几只猫，她喜欢依偎着它们。她的父母曾经提到，她有时会对这些动物过于热情，但是她的动作已经越来越温柔了。我在想：当轻轻地抚摩猫咪时，她的表情是什么？她的表情会表露出一种我从没见过的愉悦吗？

这些情况让我思考：我们能否通过在课程中加入与猫相关的内容来激发汉娜的兴趣和参与度？我突然想到了几年前我接触过的一个小女孩，她比汉娜更极端。起初，只有当我假装成一个小家电时她才会和我说话。她自己也会假装成另一个小家电。有一天她决定我们都应该装作小猫，并“喵呜喵呜”地朝对方叫，这真的太棒了。最终她开始叫我的名字“德博拉”，我几乎要哭出来了。人类的世界开始对她敞开了。

我看了看四周。在教室中，谁能够成为我帮助汉娜开始更全面地加入人类世界的伙伴呢？安妮是班上最灵活、最友善的幼儿之一，她正在角色扮演区假装为坐在高椅上的玩偶宝宝做饭。思考着能否让这两个女孩之间产生一些“化学反应”，我又一次开始和汉娜说话。

“汉娜，我看到安妮正在炉子旁。我想知道她正在做什么。你想跟我一起去看看吗？”我微笑着。作为回应，汉娜轻蔑地摇了摇头，并没有和我进行眼神接触。“那么，我要过去看看啦！”我说，“一会儿我再回来告诉你她在做什么。”这次她的回应是一声嘲笑？我不断提醒自己，我的计划是假装我们正在进行一次愉快的对话，我又乐观地说了一句“我会回来的！”，然后走向了教室的另一边。

我开始告诉安妮，我很想知道她正在做什么菜，我的声音很大，希望汉娜能够听到。我还告诉安妮，汉娜也想知道她在做什么。我还说，等我了解了厨房中的情况后，我就会回去告诉汉娜。安妮向我解释，她正在做蔬菜汤和面条。我们谈论她具体用到了哪些蔬菜，以及她的宝宝们在等待吃饭时已经很饿了——他们都很喜欢安妮的特制蔬菜汤。我热情地点点头，再一次大声地“广播”我的计划。“好吧，我要去告诉汉娜了。我能不能一会儿再回来看看汤做得怎么样？我已经能闻到香味了，真香！”

我回到汉娜的桌子旁，告诉她我的发现。她短暂地抬起头，脸上一如既往地冷漠。我感觉到了一丝鼓舞。至少这次她抬头了。这是不是她允许我靠近一点？她对安妮正在做的事是不是有了一点兴趣？我再次冲汉娜微笑，继续说了下去，仿佛我的对话对象做出了完整的回应。我告诉她，蔬菜汤闻起来很香，等着吃饭的宝宝们很饿，安妮还在等着我回去看看饭菜做得怎么样了。她想要一起来吗？

我又得到了一次令人难以接受的摇头回应。

“这个烦人的女人怎么还没懂我的意思?”我想象着汉娜的思维活动,“她看不出来我不感兴趣吗?”我微笑着回应汉娜并没有用语言表达出的忽视,看上去并没有受到影响。“那么,我要去看看饭做得怎么样了。汉娜,我很快就回来告诉你汤是不是做好了。拜拜!”

我可能看上去并没有受到影响。但是,在短暂的自我鼓舞后,我再也没有那种感觉了。确实,汉娜抬起了头。尽管如此,这距离我认为她所需要的双向互动关系还很远。我不知道这种方法能否有效。日复一日地坚持和她相处一定很难。还是……一步一步来吧。总之,我们是值得进行尝试的。但是我已经开始感觉自己脸上的笑容愈发勉强了。

我走向克劳迪娅,她正站在安妮所在的区域附近。我说:“我不确定这种方法能否有效,但是你能不能注意看我接下来要做的事?我想试试能不能以另一种方式帮助汉娜敞开心扉。她被锁在自己的内心深处了,你懂我的意思吗?”克劳迪娅点了点头。“我可能看起来会像个小丑”,我可怜地说,“因为我会在安妮和汉娜之间跑来跑去,我也怀疑汉娜并不会让我知道她是否真的对发生的事感兴趣。但是,在我疯狂的行为背后是有方法的。至少我认为是有方法的!”

我不知道做出这些解释更多的是为了自己(给自己说一些激励的话),还是为了克劳迪娅。不管二者之间的比例如何,通过这种自嘲的方法,我正在试图为一种可能起初对其他教师来说有些尴尬的课堂工作方式做好准备。这是针对我的努力能够引发一些进展的情况而言。克劳迪娅再次点了点头。即便她还要继续自己所做的工作,她也很乐意关注将要发生的情况。

他做—我们做—他做:识别阻止发展进程的模式

对于与他人建立关系有困难的幼儿来说,一个问题是他们所做的事情(或不做的事情)会影响到周围的人。这些人经常会被卷进一种互动方式,然后循环往复(我们在第一章中首次描述了“他做—我们做—他做”模式,这就是该模式的一个版本)。例如,像汉娜这样的幼儿表现出了态度粗暴的无兴趣,并以冷漠回应温暖。过一段时间,她周围的人就会感到被拒绝。他们会习惯这名幼儿的行为,并做出相应的回应。幼儿倾向于到别的地方寻找游戏伙伴和朋友,而照顾他们的成人通常会留在附近。但是，这些成人会不可避免地开始感到一种平淡无趣，也可能开始感到恼怒和无助。

克劳迪娅和南希一直在向我讲述这一现象，她们的诚实令人钦佩，流露出的难过也很容易让人理解。她们深切地关心汉娜的健康。但是她们向汉娜表现出的温暖越来越像演出来的，而不是真情流露。同样的情况也发生在我的身上，我脸上的笑容愈发勉强。当遇到汉娜的母亲时，我感觉她也陷入了类似的困境。对于像汉娜这样的幼儿来说，人们很容易就会开始从情感上离她越来越远，尽管这不是字面上的意思（即不仅从情感上远离，也从行为上远离）。没有人喜欢日复一日地感到被拒绝和被针对。

克劳迪娅和南希的一项工作便是想一想：从她们的角度来说，哪些模式阻碍了汉娜进步？答案很清晰：她们还没有找到一种方式来回应她的“冷漠”，并能够让她更全面地进行互动。当继续接近汉娜时，尽管我感觉自己像个小丑，也有点像与看不见的敌人进行斗争，但这正是我反复琢磨要解决的挑战。我相信在汉娜内心的某个位置，她渴望与他人建立关系。我感觉她不允许自己这么做。尽管我闯入她自我保护的世界给她带来了一些不适感，但我试图点燃她的兴趣火花，然后我才能将它变成愉悦关系的小小火焰。在上午的活动结束前，我能够看到效果吗？如果能，教师和我要如何基于了解到的信息构建一种工作方法呢？

用温和的坚持面对不信任感

快到“清理—吃午餐—离园”时间了。在告诉汉娜安妮的汤做得如何后，我最后一次回到了角色扮演区。安妮抬头看了看我。她告诉我，汤做好了，她的宝宝们很喜欢。她问我想不想尝一尝。我喝了一口，然后告诉她现在我知道为什么她的宝宝都在狼吞虎咽了——汤太好喝了。“汉娜也想要尝一尝吗？”安妮问道，“如果她想要尝尝，这里还有一个碗，我可以给她倒一些！”

我告诉安妮，我不确定汉娜是否饿了并想要喝汤。“可不可以让我拿一碗汤到她画画的桌子旁，看看她想不想尝尝？”我问道。安妮一如既往地开心，她非常乐意地舀出了一大碗汤。我出发了，同时提醒自己汉娜很可能拒接同学的汤和友谊。后来发生的事正是这样。但是汉娜确实抬起了头——她看了看我，看了看汤，又看了看安妮——然后就继续画画了。这一次，她没有皱着眉头。这感觉像是一个改变，即便只是一个微小的改变。

在教师给出清理信号后，汉娜缓慢地收拾着美工区，克劳迪娅不断地提醒她，她还有清理任务要完成。作为回应，她瞪了克劳迪娅一眼，脸上的表情我在早上已经看过多次。然后，她面色沉重、严肃地走向餐桌。

汉娜选择的椅子旁有一个空位。当安妮走过来时，汉娜看向她，用力地拍打了好几次身边的空位，然后看向安妮。她所传达的信息再清楚不过了。“坐在这儿！坐在我的旁边！”安妮看上去很开心受到同学的邀请，她坐到了汉娜的身旁。她把手放在汉娜的小臂上，开始绘声绘色地讲起了自己刚刚做的汤。

汉娜转向安妮，点了点头。尽管她的脸上一贯地呈现出平淡无趣的表情，但是我感受到她产生了一丝兴趣。午餐结束时，两个女孩已经在有来有回地进行对话了。汉娜的表达虽然有些单调，但她并没有沉默不语。然后，她独自走开了，等待着母亲来接她。

我发现自己感到好奇，充满希望，并且对刚刚看到的微小进步感到高兴。我与南希针对发生的情况进行了交谈，她告诉我汉娜在午餐时邀请同学坐在身边以及在用餐过程中全程和别人聊天的情况非常不寻常，这让我感到更加开心。

将发展的微小改变作为基础

上述情况只是汉娜敞开心扉的征兆。这样的情况恰恰是我们在幼儿教育实践中所寻找的。它们能为幼儿的发展提供路径，也能为我们后续探索如何用最佳方式帮助特定幼儿奠定基础。在汉娜的案例中，这些发展的微小改变可以助推教师团队在午后的会议上讨论和制订行动计划。同时，我在想能否找到更多的机会来支持汉娜已经与安妮建立起的关系，并探寻进一步干预的可能性。我们没有多少时间了……安妮的爸爸已经走进来了。

当安妮穿上外套时，我走到她爸爸站的地方。在做了自我介绍后，我提到安妮和汉娜在今天上午很享受一起游戏的快乐时光。我问他：“安妮有没有时间去迅速地做个告别？”在得到了她爸爸的许可后，安妮走到图书角，汉娜正在那里翻阅一本关于猫的书。我紧紧地跟在她的身后。

安妮热情地看向她的新朋友。她的声音也充满热情：“汉娜，再见。明天见！”

汉娜抬头看了看。她的表情如同往常一样冷漠，什么都没说。但是她的表情并没有包含任何愤怒，而是几乎什么表情都没有。

“汉娜，”我一边说，一边蹲下来，“安妮今天和你一起玩得很开心！明天还能和你见面，她很激动……你可以说‘安妮，再见。明天见！’。”我向她示范了如何进行告别，我的脸上充满了期待，声音也极富感情。

汉娜看了看我，又看了看安妮。随后是一段长长的停顿。然后，仿佛太阳刚从厚重的云层中露出来，她的脸上出现了一个大大的笑容。她看向安妮，带着发自内心的温暖说：“安妮，再见。明天见！”她的用词也传达了真实的温暖。安妮又朝她笑了笑，然后一蹦一跳地去找爸爸。随着汉娜再一次专心地看书，她的表情也冷漠了下来。

见证这样的时刻真的非常美妙。我感觉仿佛有一些被埋藏已久的渴望爆发了，而汉娜大脑中的某个地方——以前很少被使用——像一个一百瓦的灯泡一样亮了起来，神经元被点燃了（正如其他幼儿和成人一样）。然后突然一下，好像灯泡又熄灭了，这个孤独、受伤的小女孩又回到了自我保护的黑暗之中。

克劳迪娅一直在附近观察，她看向我的方向，说：“我不确定刚刚发生了什么。但是我从未见过她那样笑。我都不知道她还会笑。我们得好好聊聊。”很快所有的幼儿都离开了，克劳迪娅、南希和我先打扫了教室，然后我们坐下来讨论汉娜。

第九章

开始进行针对汉娜的工作（续）

——“用关系孕育每一天”及其他策略

我们拿出笔记本，准备召开关于汉娜的团队会议，克劳迪娅先开始发言。她说：“刚刚发生的事很有意思。至少从某种意义上说，汉娜确实经历了一个不同以往的早晨。但是，你知道为什么她让我们如此担忧了吗？”我知道。我观察到的情况和她们在早晨时跟我描述的几乎完全一致。汉娜表现出的无趣感、孤立、需求和攻击性都密切相关。这种相关关系让教师无法得知接下来要发生什么，也不知道应该怎么处理。这种糟糕的感觉让她们觉得，尽管给予了汉娜很多关注，但是仍然无法真正触及她的内心。

一种基础困境：触及既需要又恐惧关系的幼儿

汉娜的故事向我们展示了一名幼儿在人际关系方面的困难如何影响她对自己和世界的认识。它提出了一个重要的问题：我们要如何帮助既有需求又很难被触及的幼儿呢？这些幼儿无法对我们帮助其感到更信赖他人、更积极地投入所做的努力做出回应。本章将通过寻找加强人际关系中的安全感和愉悦感的一系列策略来对这一问题进行深度探索。其中最重要的一条策略被我称为“用关系孕育每一天”，它能够帮助幼儿感受到我们看到了他们、珍惜他们并会努力“找到”他们——尽管他们住在一个愤怒或与世隔绝的自我世界中。

汉娜逃避人际关系的方式是我们可能看到的幼儿在基本人际关系方面遭遇的困难。本章中还会出现其他幼儿。通过他们的故事，我探索了一些在以不同的方式为不同的幼儿“孕育每一天”的过程中可以使用的其他选项。本章还有另一个作用。本章中描述的不同策略适用于很多幼儿——不仅仅是像汉娜一样在早年间失去了诸多必要需求的幼儿。

帮助汉娜：一种幼儿特定却能够一般化使用的方法

克劳迪娅、南希和我继续讨论，当汉娜试图伤害同学却看起来毫无情绪波澜时，她们感到非常不舒服。她们告诉我，她们以前从没见过这样的组合（充满攻击性且镇定自若）。我们能不能讨论一下她为什么会这样表现？我们开始讨论可能是什么问题加剧了她们所看到的情况，汉娜在婴儿时期经历的忽视有所显现。然后，我们开始简要地勾勒出现在的情况。

即便这份概要很短，我们也花了一些时间才将它拼凑起来。我们一致同意，汉娜并不是一个很容易被理解或被描述的女孩。但是，我们最终描绘出了一幅画面。我们都认为从发展的角度来说，汉娜表达想法和集中注意力的能力很强。她与他人建立关系、控制强烈感情及保持灵活性的能力则很弱。在情感上，我们认为她负担着大量的不信任和怒气，以及一种对亲密关系的渴望，但是她不知道如何应对这样的关系。她与成人之间的关系很紧张，而这些关系背后的模式对她的成长并没有起到什么作用。她在游戏方面是怎样的？她的家庭生活又是怎样的？不出所料，她可以一个人玩得很好，很少和其他人一起进行游戏。她的家庭生活充满爱意，却十分艰难。

我们对汉娜的画像比上文中说明基本情况的文字要生动得多。总体而言，它为我们思考前进的方向和为达到目标需要做出的努力做好了准备。当然，我们的目标是在上述的每一个领域帮助汉娜。我们的假设是，人际关系问题是很多事情进展不顺利的核心原因。

我们在想：增加安全、温暖的人际关系的经历会帮助汉娜感觉更加满足、放松和开放吗？这能否让她更好地控制自己的冲动、变得更加具备共情能力，并在需要与兄弟姐妹或同学分享关注时更加灵活？这会让她的家庭生活更加令人愉悦吗？对于这些问题的答案，我们拭目以待。但是我们决定将人际关系作为首要关注的内容。

我们开始思考哪些办法能够充分利用汉娜所热爱的事情（如画画、猫）。我们也希望将依赖游戏的力量和乐趣作为一种动力，同时依赖教室中其他幼儿的友善。我们相信，如果汉娜做好准备，那么一些幼儿会享受她的陪伴。很明显，安妮是这些幼儿之一。

用关系孕育每一天：一种策略，多种形式

克劳迪娅、南希和我最终设计出的计划中有若干要素。用关系孕育每一天是第一个要素。但是，将这一策略描述为计划中的第一个要素并没有公正地表明其重要性：用关系孕育每一天是一种每时每刻都存在的意图，贯穿了本章所探究的

其他策略。事实上，它如此强大且重要，以至于贯穿了几乎针对所有幼儿的干预方法。这很有道理。安全和温暖的关系在发展的七个构成要素中位于最下方，支撑着其他要素。它也是幼儿健康的核心要素。

用关系孕育每一天不仅是一种重要的策略，也是一种适用性极强的策略。它在针对很多幼儿的工作中都处于核心位置，所以我想通过它的几种变式更深入地探究其所包含的内容。第一种变式所提及的幼儿的经历与汉娜相似——他出生于一个境况远称不上理想的家庭。但是，他的发展状况看起来与她很不同。

“爱的轰炸”：稳定、直接地提供人际关系

几年前，我向一位园长描述这种用关系孕育每一天的策略。我们讨论她的员工要如何帮助一个4岁男孩，他仿佛背负着一背包的怒火。马克斯的攻击性很吓人，而教师要努力保持教室里的安全性。情况是勉强可控的，而且似乎没有变好。我分享了自己的想法，马克斯的怒火可能是一口巨大的需求之井——了解到他的困难经历后，我感觉到他非常渴求温暖，但不知道如何做出要求，也不知道如何成功地获得这种温暖。我问道：“我们能不能确保他在学校中的每一天都有稳定的人际关系？”园长说：“哦，我懂了，我们要用爱轰炸他！”这种说法非常形象，因为有时他的行为让教师感觉仿佛生活在战区里。

马克斯热切地回应了额外的拥抱、与最喜欢的教师一起完成的特殊使命，以及针对他感兴趣的事情的友善对话。大量的眼神接触、在教室另一端的招手（被称为“天真的玩闹”），以及充满人际关系的游戏支持都是爱的轰炸方法。这名幼儿一整天都沉浸在接收到的越来越多的关注中。教师团队发现，随着幼儿越来越多地经历令人愉悦且稳定的关系，其攻击性行为开始减少。

这样的反应并不罕见。人与人之间的关系和关爱是针对愤怒和攻击性行为的强效解药。我们要注意，虽然用关系孕育每一天通常是很必要的，但是它并不足以让事态向前发展。然而，在给幼儿的困难领域提供所需的技能支持时，它为成人铺平了道路。例如，在经历了几周“爱的轰炸”后，马克斯在情绪发作时变得更能够接受来自教师的帮助。教师继续对他的情况进行了一段时间的追踪。他们必须这么做。但是，他们的追踪更多是为游戏中的问题解决和成功的同伴互动提供支持，而不是防止其他幼儿受到伤害。

马克斯对教师的行为表现出的反应提醒我们，关于人际关系的困难隐藏在很多令人担忧的行为的表面下，并不一定是汉娜表现出的样子。但是，并不是每名幼儿都会对“爱的轰炸”做出回应。鉴于汉娜强烈的防御机制，这一形式对她来说显然不是最好的选择。

“缓缓地传递”：面对防御机制提供人际关系

想象一下，“用关系孕育每一天”就像处于一段浪漫关系的初期。“我真的很喜欢你，也希望你能够知道，”一个人这样告诉自己，“我做些什么才能让你知道我的想法呢？”对于我刚刚描述的男孩马克斯，他会用一个大大的微笑和拥抱接受一束漂亮的玫瑰花。而汉娜则会看一眼花束，然后嗤之以鼻地说：“我不喜欢红玫瑰，你为什么不带给我黄色的玫瑰呢？”几天后，当教师给她带来黄色的玫瑰时，她仍然不喜欢。

问题是：如果不对这个女孩进行“爱的轰炸”，那么我们应该怎么做？在前一章中我说过，我试图向汉娜的方向“传递”温暖的关系，而不期待她以任何方式做出回应。这可能是我对如何向汉娜这样的幼儿提供他们能够接受的关系的最贴切描述。向这样的幼儿传递关系带来的能量就像是将一束柔和、稳定的光直射到其内心充满防御、伤痛、愤怒或未被满足需求的地方。有时，这束光还包含幽默和嬉闹。有时，它传达了幼儿对事物（猫、做饭）的兴趣，无论这个时刻暗示了什么。这束光可能需要一段时间才能穿透幼儿所在的黑暗。因此在这样的案例中，我们必须告诉自己即使在一段时间内得到的回应很少（甚至没有）也不能放弃。

我和另一名同事经常采用这种方法，即在不期待回应的情况下，向在人际关系方面有困难的幼儿投射安全、温暖和兴趣。对于像汉娜这样早期经历了非常严重的关系剥夺的幼儿来说，这确实是一种很有用的方法。对于将自己锁在某种强烈的害羞和沉默中的幼儿来说，它也很有用。当一名幼儿在出生几个月或几年后来到寄养家庭时，它也可以发挥重要的作用。有些幼儿从出生起就生活在孤儿院或其他机构中，可能并没有经历过被疏于照看，但是并没有得到一种理想的、聚焦于依恋的早期保育。他们通常会从“孕育每一天”的方式中有所收获，放松地融入一段人际关系。我们来简单地看一名有上述情况的幼儿，这能够帮助我们说明“孕育每一天”的第三种策略。

“悄悄地放入温暖”：提供软化僵硬的关系

几年前，一个学前班里的教师们问我能否来观察一名幼儿。当该幼儿14个月大时，她的养母收养了她。马娅现在快5岁了，能够自己完成大部分的事情。她能够非常顺利地自己穿滑雪裤、戴手套、穿靴子。她自己学习了如何阅读。她能够在没有帮助的情况下自己穿绘画罩衫，并且不让画笔上的颜料滴落到地板上。然后她会完全独立地、小心地将自己完成的绘画作品拿到教室里的晾干架上，并将它铺平。

马娅和同学们关系很好，但是很少向教师寻求帮助或对话。面对她的单亲妈妈，她也极度独立。但是，家里的情况并不像教室里这样平静。在家里，如果她的妈妈想要做一件事，而马娅想要做另一件事，那么她的独立性就会导致她们之间产生一些难解的争执。马娅的教师感到不安。这个女孩并没有一般意义上的行为问题。但是，有些事不太对。“感觉她好像错过了当一个小女孩的阶段，”一位教师这样说，“我们见过很多内向的孩子，她并不内向。但是我们感觉马娅很僵硬，而不是害羞。尽管她看上去并不是不开心，但是我们几乎没见过她微笑。”

在观察了马娅后，我感受到了和教师们一样的不安。我产生了担忧：如果马娅现在无法感受到和成人之间的亲密关系，那么她可能会面临早期性行为或青少年吸毒的危险，因为这能够让她感受到生命力和亲密关系。当我向教师提到这一闪现的想法时，他们知道我想要表达的意思。基于共同的担忧，教师团队和我花了一些时间仔细考虑马娅的早期经历以及她为了适应新环境所具备的坚韧和独立性。然后教师们就开始工作了，将温暖关系的能量传递给她——轻轻地、稳稳地且充满乐趣地。我们这次制订的计划是什么？教师们需要悄悄地将温暖、幽默的时刻放到这个女孩每天都穿着的独立铠甲之下。

在刚开始的几周，教师们并没有看到自己的工作产生的效果。然后有一天，马娅接受了她的第一次拥抱。在拥抱时，她的身体僵硬得不能再僵硬了（僵硬到极点），表情严肃得不能再严肃了（严肃到极点），但这仍然是一个进展。又过了几周，当教师在教室的另一端与她目光交汇或给她讲一个傻傻的笑话时，我们开始在她的脸上发现了一丝笑意。有一天（非常值得我们注意）马娅走近她最喜欢的教师，并且自发地想要一个拥抱。几个月后，我们开始看到她融入被照顾、被爱的愉悦经历中。通过我们的支持和指导，马娅的母亲在家里也尝试了一种相似的方法。她告诉我们，马娅慢慢地活跃起来了，而她们的争执慢慢地平静下来了。稳定、安全、令人愉悦的关系的力量再一次起到了效果。

相信你自己，相信你的同事

显然，用关系孕育每一天可以有很多形式。这是因为你遇到的幼儿各不相同，教师也各不相同。教学艺术的一部分便是学会干预方法，然后把它们变成你自己的方法。例如，爱的轰炸这种方法可能不适合你。如果这种方法不适合你，那么一定会有另一种方法更适合你。但是不管选择什么方法，你都需要牢记，触及一个在人际关系方面有困难的幼儿的过程将是缓慢的。这种缓慢的过程可能令人沮丧。在这一过程中，你可能要不断地提醒自己有些幼儿与其他幼儿相比更加难以让人喜欢，而正是这些幼儿才最需要我们的温暖。有时，你可能需要向同事寻求温暖。他们可能会向你提供一些温暖。教师几乎都有过相同的经历。对于这种经历，克劳迪娅和南希在汉娜的案例中已经深有体会。

打开“参与灯泡”

汉娜已经让克劳迪娅和南希感到很疲惫了。但是我们的谈话能够帮助她们重整旗鼓——谈话和反思通常能够起到这样的作用。出现这一改变的原因是，随着我们的讨论，克劳迪娅和南希开始想象汉娜在婴儿时期的画面，那时的她需要成人的轻轻摇晃、轻哼声，也需要被照顾，而她都没有得到。克劳迪娅告诉我，与近期的经历相比，这一幅画面让她更加同情汉娜。这也解释了为什么汉娜会表现得如此易怒。因此，以汉娜的方式传递稳定关系的想法越来越有意义。但是克劳迪娅有一个问题：鉴于汉娜强大的自我防御，她们该如何工作才能更有效？

克劳迪娅也想谈论其他问题。她想了解当一天结束时汉娜突然向安妮微笑的相关情况。汉娜就像其他快乐的4岁幼儿，她的告别充满了爱意和激动。克劳迪娅想知道，是不是我做了什么才让这种情况发生？如果是这样，那么她和南希作为教师能否学着做同样的事？南希疑惑地转向克劳迪娅——她没有看到汉娜的脸上流露出愉悦和温暖这一罕见景象。克劳迪娅带着一种疑惑的神情，将所见证的情况详细地告诉了南希。

克劳迪娅告诉南希，汉娜的笑容特别生动，和她平时的冷漠表情大不相同。一些关于理论和研究的思考也许能够阐明这一变化的原因。这些思考表明，像汉娜这样的幼儿的大脑中有一个位置是未充分利用的，这个位置与依恋和人际关系相关。当幼儿得到了早期发展需要的稳定、温暖的关系（且没有暴露在过度的压力下）时，大脑中的这个位置就能够顺利运作，这使他们感到机敏，并能够对身边发生的事产生兴趣（National Scientific Council on the Developing Child，2005）。这种思考方式表明，当教师和家长成功地触及这种问题幼儿时——正如我帮助汉娜回应安妮的友好告别——幼儿大脑中的相应位置会被激活。成长和学习的机会也会被激活。

几年前，对于这些想法的思考给我留下了一幅视觉形象，这一形象从那时起就帮助我和同事针对很多像汉娜一样的幼儿开展工作。我构想的形象是一种基于大脑的“参与灯泡”——每个幼儿都有一个这样的灯泡，它与幼儿和人的世界、想法和活动的关系相关。当这个灯泡打开时，幼儿完全在场；当灯泡关闭时，幼儿通常以这样或那样的方式迷失在自己的内心世界中。

“大脑中的灯泡”的画面能够让我们用新颖的方法思考很多问题。很显然，人际关系就是一个需要思考的问题。当我们考虑那些无法保持专注或进行交流的幼儿时，这一画面也很有用。打个比方：对于那些完全专注的幼儿，我们能够从他们的脸上看到参与灯泡在发光；对于那些分心的幼儿，它就变得暗一些。当幼儿理解并享受着别人正在给他们读的一本书时，灯泡是亮的；当幼儿无法理解他和朋友间对话的内容时，灯泡也许看起来就是完全关闭的。当一名幼儿在教室里的娃娃家和朋友一起玩，并且温柔地喂宝宝们麦片时，你可能会看到灯泡的光在远处闪耀。这很合理。和朋友一起进行的角色扮演是良好的人际关系、集中的注意力和成功的交流交织在一起才能进行的。因此，当幼儿成功地参与角色扮演活动时，参与灯泡会发出明亮的光芒。

克劳迪娅和南希立刻理解了灯泡这一隐喻。她们同意，在汉娜的案例中，灯泡在大多数时间仿佛都处于关闭状态。她们非常愿意帮助她将灯泡打开，即使是短暂地打开也很好。当灯泡打开的次数变多后，她们会努力延长灯泡打开的时间。灯泡在熄灭前能够亮多久将是她们衡量汉娜情况的标准。迫在眉睫的问题是，她们要如何做呢？

我们制作了一份清单。克劳迪娅和南希会在汉娜做喜欢的事（如画画）时陪伴在她的身边并表现出浓厚的兴趣。她们会像她一样变得对猫着迷，带来一些关于猫的书，激动地分享杂志上猫的图片，讲很多关于猫的故事等。她们也会讲一些傻傻的笑话，并不断提醒自己，汉娜的回应可能只是冷漠地看着她们。还有什么？也许当在教室的另一端和汉娜眼神交汇时，她们会逗一逗她，然后微笑着招招手。她们也会试图偶尔给她一个拥抱，如果她愿意的话，她们还会抱着她轻轻摇晃，让她知道被紧紧地抱着是一种非常美妙的感觉。

我们还讨论了另一个想法，尽管不确定它会是什么样子。我和教师们分享了我发现汉娜盯着镜子中的自己这件事。我说，她看起来对自己的镜像很感兴趣。教师们会愿意以镜子和镜像为主题向汉娜和其他幼儿开展一些工作吗？她们能否试图对镜中的她微笑，这样她就能够同时看到自己和其他人的镜像了？这种互动过程中的某些事可能对于汉娜来说是治愈的。我再次提醒了所有人，依恋有强大的力量，而汉娜在早期并没有获得这种基本的互动。我们都认为很难让她建立人际关系。也许这种镜子游戏能够起到作用。教师们决定试一试。

打开通向同学和游戏之门

汉娜不仅和成人没有互动，和其他幼儿也没有互动。教师团队现在认为并不是无趣而是情感方面的防御机制加剧了她的孤立行为，因此另一个干预目标显露了出来。这一目标包括让汉娜开始敞开心扉，并享受友谊和游戏带来的愉悦。下文是克劳迪娅和南希开始做的工作。如果能够成功地与汉娜建立更深的关系，那么她们就能够利用这一关系帮助她融入与其他幼儿之间的令人愉悦的关系中。

随着克劳迪娅、南希和我继续展开对话，我描绘了她们成为汉娜和同学之间的人形胶水的画面。我告诉她们，之前我在汉娜所在的美工桌和安妮所在的炉子之间不断穿梭正是在实验这一想法。首先我努力与汉娜建立关系，然后开始实验，看看能否用她最初与我的互动激发她对其他幼儿的兴趣。我解释道，我按照直觉选择安妮作为我的幼儿帮助者，因为她看起来那么乐观、灵活且开放。这是她们感兴趣并想要尝试的吗？确实如此。

添加一种额外的工具：对同情心的强调

克劳迪娅和南希完全理解为汉娜的友谊和游戏提供“胶水”般支持的原因，但她们不清楚自己要如何有效地提供这种帮助。在这种情况下，她们能够使用的一种策略被我称为“对同情心的强调”。理解这种强调包含了什么以及为什么对教师的工具箱有帮助，要求我们再次回到克劳迪娅感到惊奇的那一瞬间——汉娜露出愉悦的神情与安妮告别。我想要进一步对这一时刻进行解构。

如果我没有走到汉娜的身边、蹲下并提醒她安妮真的很享受和她一起玩，那么她很可能不会向安妮说任何话——就连一句充满热情的再见也不会说。此外，我直接告诉汉娜可以使用的词语，并使用夸张的语调和面部表情向她示范一次投入的告别是怎样的、会给她带来什么感受。我很喜欢提供这种类型的帮助，因为它经常能够推动事情的发展。当这么做时，我依赖的是一个对支架有帮助的老生常谈的理念，无论我们的目标是让幼儿掌握什么领域的技能。这个理念是：当我们提供支架来协助幼儿时，他们所需要的并不仅仅是我们的语言。我们的面部表情、说话时的眼神和通过语音和语调表达出的内容都对如何帮助幼儿有重大的影响。

一位英国理论家彼得·福纳吉（Peter Fonagy）对于这一理念有很多解读。福纳吉认为，幼儿通过与照看者互动以及照看者帮助他们感受别人眼中的自己的方式，学习感受内心的舒适和平静（Fonagy et al.，2002）。他指出，自然地做出上述行为的一种方式便是使用轻微夸张的面部表情和声调。这些表情和声调从本质上表达的意思是：“我懂得你的感受，我看到你了！”福纳吉将这种特点称为“标记性”（2002，p. 9）。

我曾经向一位父亲解释过这种理念，他开玩笑地将其称作“打了类固醇的积极倾听”。就像前面提到的，我将其称为涵盖眼部、面部动作和声调的“对同情心的强调”。不管怎么称呼它，克劳迪娅和南希决定在回应汉娜的过程中使用这种强调方法，并向她示范与他人互动的方法。很多幼儿是脆弱、易分心、暴躁的，他们的教师应该也会认为这种方法很有用。有时，我会对这种方法被好好使用时产生的强大效果感到震惊。

构建一座“课程桥梁”：利用课堂主题支持治愈和成长

汉娜所需要的帮助不仅仅是能够接受家庭和教师定期给予的温暖和照顾。尽管这一点非常重要，但是在社交和游戏的过程中这一点仍不足以实现我们希望看到的进步，打开她的参与灯泡更重要。汉娜还需要治愈早期经历的方法。创造性课程能够帮助我们。

克劳迪娅和南希已经同意成为汉娜痴迷于猫的伙伴。这并不难：南希的家里养了一只猫，她可以带来猫的照片和讲述猫的故事。但是关于猫，我们还有更多需要建构的内容。通过对汉娜进行深度思考，我们认为，猫的柔软和独立对她有所触动。就像我在早上观察汉娜时所做的那样，我们都想知道在家里抚摩猫的绒毛是否让她感受到了自己需要且渴望的深层舒适。

这让我们产生了一个想法。我们能否在教室中引入一些以动物为主题的课程——帮助汉娜应对抛弃和孤独、亲密和关爱的课程？我们能否在角色扮演区设置宠物医院或宠物店（为期几周）？还是我们应该先设置宠物医院，再设置宠物店？如果我们能够实施这一想法，那么能否加入一些相关的幼儿故事？我们能否提供一些受布偶启发的（或教师产生的）关于我们正在关注的主题的对话？另外，如果这一方法被证实是成功的，汉娜被这种新的游戏方式吸引，那么克劳迪娅和南希能不能坐在她的身边并支持她成长？我们要用最小的成本发挥最大的价值。她们能否用这样的课程帮助她与同学建立关系？

我们设想的这些可能性与一个迷人且有用的概念——“构建课程的桥梁”——相关。这一概念在一本优秀的作品——《严肃的表情：幼儿如何才能治愈》（*Unsmiling Faces: How Preschools Can Heal*，Koplow，1996，pp. 123–141）中占据了若干章节。该书的作者是莱斯莉·科普洛娃（Lesley Koplow），她是一位幼儿园园长，她和同事在书中提供了很多案例，描述了教师设计课程的方法，从而让幼儿在这些课程中通过与主题相关的游戏和对话解决情感困惑。书中涵盖的话题很广。关于“我的特殊动物”的单元，能够帮助幼儿学习成功地完成过渡环节；关于“大和小”的单元，鼓励幼儿探索自己对成长的情感（仍旧希望自己没有长大）；关于“船和桥”的单元，支持幼儿克服分离感（分离焦虑）。该书中的内容除了涉及上述的主题，还有其他主题。

这些具体的例子中所隐含的概念是很有力的：充满创意且对幼儿友好的课程能够在幼儿的情感生活和他们作为思考者、实践者的经历之间构建一座桥梁。治愈和不断增强的健康情感通常会随之发生。第十五章提供了一个案例，教师针对布赖恩设计了一座课程桥梁。布赖恩是一个有着强烈愤怒的男孩，并且非常恐惧僵尸。像布赖恩和汉娜这样的幼儿都承载着巨大的情绪负担。另一种帮助通常也适用于他们——协助他们学习如何将情绪“嵌入”游戏，而不是在真实的生活中爆发（Scarlett，1998，p. 59）。这一理念会在第十五章中有更加详细的阐述。

整合所有方法：为汉娜制订一个计划

在快要结束会议时，我们将刚刚探索的想法整合成了一个简单的行动计划。以下就是我们列出的清单：

- 教师会用关系孕育每一天——传播温暖、兴趣和好奇，而不期待着回应（特别是在刚开始的时候）。
- 教师会努力让幼儿打开参与灯泡，并以温暖的方式回应。
- 教师会以多种方式成为人形胶水——寻找幼儿协助者，在他们和汉娜之间不断往返——以及总体来说，寻找频繁的机会支持汉娜和同学们之间增加关系的亲密度和满意度。
- 随着汉娜越来越敞开心扉与朋友们玩游戏——我们所希望的情况很快就会发生——教师会提供基于游戏的支持。这种支持可能包含扮演“聪明的幼儿”的角色（见第七章）。教师会通过这种方式向汉娜提供她所需要的协助，从而让她在与他人游戏的过程中获得舒适的关系。
- 教师会强调同情心的力量，并用这种方法向汉娜示范她能够向同学做出的回应。她们也会在仅和她进行互动时使用这种方法。
- 教师会寻找机会创建课程的桥梁，特别是在初期，她们会寻求以猫和其他动物为中心的参与和治愈的可能性。

- 最重要的是，教师会提醒自己支持汉娜进步的过程是缓慢的，时好时坏的情况也在意料之中。对于汉娜来说，她可能需要一段时间才能开始感受到敞开心扉和乐观带来的愉悦感。即便此时，她的侵略性和易怒性仍会时不时地出现。

希望先行，干预紧随其后

我们一致同意，上面的行动计划是深思熟虑的产物，并且是合乎情理的。我很了解这些教师，她们会毫无疑问地努力实施这一计划。但是当团队会议接近尾声时，南希突然表现出了不安情绪。她脱口而出，在做好准备接受这一计划前，她还有些事想要确定。汉娜在早期经历过那么严重的“损伤”——这是南希的原话，不是我的措辞——我们能够真正触及她吗？她所需要的难道不是集中治疗吗？我们试图在教室里做的事有没有可能对汉娜经历的伤痛和沮丧根本没有用？

南希在我们的讨论中一直是积极的参与者。在考虑未来要进行的任务时，她的气馁也是合理的。她和克劳迪娅的教学技能都很强，但是汉娜拒绝与他人互动和经常情绪发作的行为使其他人很难帮助她。我们刚刚列出的行动计划可能在纸面上是合理的。但是她在想：实施这一计划所需的努力能够得到好结果吗？克劳迪娅点头回应了南希的担忧。她在想同样的问题。

很明显，在她们完全接受我们煞费苦心设计出的计划前，我感觉这些教师需要一些希望。希望的一部分来自我早上在教室中观察到的微小变化，一部分来自我在多年的实践中见证的像汉娜一样的幼儿所取得的进步，而另一部分来自之前为我们奠定基础的实践者的集体智慧。这些实践者坚持认为幼儿是很坚韧的生物。通过稳定和富有同情心的帮助，他们能够从非常困难的环境中反弹。

克劳迪娅、南希和我提醒我们自己，实际上汉娜正在接受治疗，而且她的父母也坚定地希望她继续接受一段时间治疗。我们都认为这很好。专业临床医生提供的治疗毋庸置疑地能够帮助她。如果没有这种治疗，情况甚至会毫无进展。我告诉这两位教师，尽管如此，我仍然强烈地认为教师和家长的努力总是比治疗更重要，而且今天早上发生的画面让我深深地感到乐观。在能够产生自己的希望前，她们能否先吸收一部分来自我的希望？

克劳迪娅比南希准备得更加充分。她微笑着拍了拍感到担忧的同事。如果需要，她会带着她们两人所需的希望，至少在最初的一两周是这样的。我向她们保证，我会很快回来看看事情的进展。

通向成长的崎岖道路

如同克劳迪娅、南希和我在制订行动计划后预测的那样，汉娜在教室中的这一年既有成长，也有持续的挣扎。在首次观察的几周后，我再次来到她们的班级，这一次我开心地见证了汉娜成长的迹象。

我进入克劳迪娅和南希的班级，立刻被几件事震惊了。当我接近汉娜并提醒她我是谁时，她点了点头。当我对她正在创作的作品做出评论时，她甚至做出了回复。虽然她的声音还是平淡的，她的眼神与我交汇时也仍然是平淡的，但与上次相比，她与我“同频”的程度高了一些。在美工桌旁观察到的情境更加让我印象深刻。珍妮——一如既往地沉默——来到汉娜正在画画的位置。她坐到汉娜的身边开始画画。汉娜看向珍妮说：“你在画猫。”珍妮点了点头。接下来的几分钟，两个女孩肩并肩地画画，汉娜偶尔会对她们正在做的事情做出评论。她的脸上甚至出现了一些活力，至少我愿意这么相信。

我和教师们确认现在的情况，她们告诉我，她们已经做了很多来来回回的“胶水”工作，现在汉娜看上去对周围发生的事更加感兴趣了。有时，她们能够成功地帮助她更加积极地参与游戏，她现在甚至会来到角色扮演区看看发生的情况。她最喜欢挨着安妮，她俩在午餐时间经常聊天。汉娜也喜欢在珍妮的旁边画画。珍妮仍然不讲话这一事实几乎是附加优势，因为这让与她的互动没有压力。珍妮已经开始对汉娜微笑，并且很享受她的陪伴。

她们指出，汉娜仍然需要很多关注。她仍然试图把凯文从她们的大腿上推下，还经常会说他是个宝宝。但是除此之外，她的攻击性和粗暴野蛮似乎正在减少。她们也尝试了在教室的另一端逗她的方法。有时，她们得到的回应是一丝微笑。她们感觉汉娜的参与灯泡打开得更加频繁了，尽管它保持打开状态的时间还不够长。

“我们一定要再从头开始吗？”：从长远考虑

在这一年中，我一直和她们保持联系。不出意料的是，有时克劳迪娅和南希觉得汉娜真的开始敞开心扉了，但她的防御机制和攻击性会（如复仇般）再次出现。这真的很困难。在这种时刻，你应该能够体会到这些教师的感受。想象一下，在你注意到遭受困难的幼儿表现出真正的进步后，事情再一次开始恶化。也许你知道自己所看到的情况在预料之内，但是你所知晓的和感受的可能完全不同。你精疲力尽地想：一定要再从头开始吗？克劳迪娅和南希在与汉娜共同度过的一年中，经常会问这个令人泄气的问题。

有时，我的工作是在面对这些教师的气馁情绪时给他们希望。不，不用从头开始，我提醒她们。与第一次相比，幼儿的再次成长更加容易。当幼儿的发展倒退时，他们并不会丢失曾经获得的技能——那些技能是真实的。如果记录他们在一段时间内的进步，我们通常会发现，当事情进展顺利时他们达到的最高阶梯总是变得更高。但是，当面对巨大的挑战时向前推动进步并不容易，它通常也不是线性的。当一名幼儿在她正在攀爬的阶梯上向下走时，我们也必须向下走，并牢记在刚开始是什么帮助了她。

克劳迪娅和南希有彼此做伴，这有很大的帮助。当她们中的一个人对汉娜的情况感到沮丧时，另一个人通常会重新振作。当她俩都感到疲惫时，我尽己所能地鼓励她们，并帮助她们进行头脑风暴。当克劳迪娅指导汉娜的父母在家里使用我们在课堂上使用的方法时，我也会给予支持。克劳迪娅也与汉娜的治疗师保持联系，这样他们就能够持续沟通情况的进展以及后续计划。

关于宠物医院的课程受到了很多幼儿的喜爱，也帮助汉娜更加全面地加入课堂活动。她成了教室中的猫咪专家，全班幼儿最终一起探索了各种各样的猫科动物。关于狮子的一周课程对汉娜产生了很大的吸引力。毕竟，它们是一种充满力量且吸引人的动物，既关爱自己的幼崽，又狩猎其他动物——这种混合为她提供了将自己的情绪嵌入游戏并在课程中进行探索的机会。

在学年后期，克劳迪娅和南希清楚地认识到汉娜应该在上学前班前一直和她们在一起。尽管她不再表现出无趣感，但仍然没有完全参与到活动中。她们毫无疑问地知道，她需要与她们建立愈发温暖的关系，这样她才能发展并茁壮成长。安妮也会一直和她们在一起。6月时，她和汉娜之间的告别不再需要成人的支架。两个女孩手拉手走出幼儿园，她们的家长承诺会在暑期让她们保持联系。我们希望汉娜在通往深度关系和关爱的道路上越走越远。

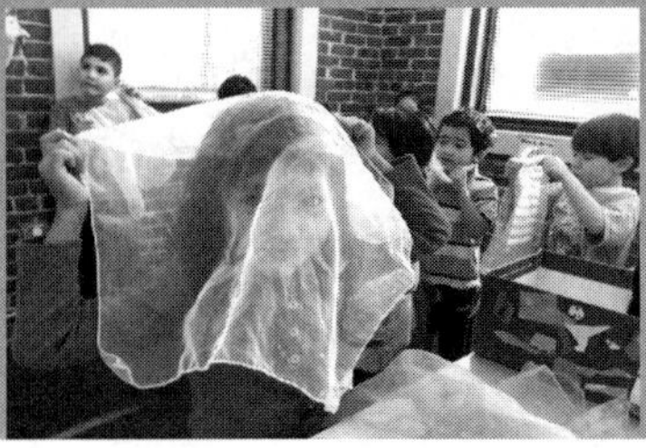

第十章

开始进行针对珍妮的工作

——帮助一名非常害羞的幼儿

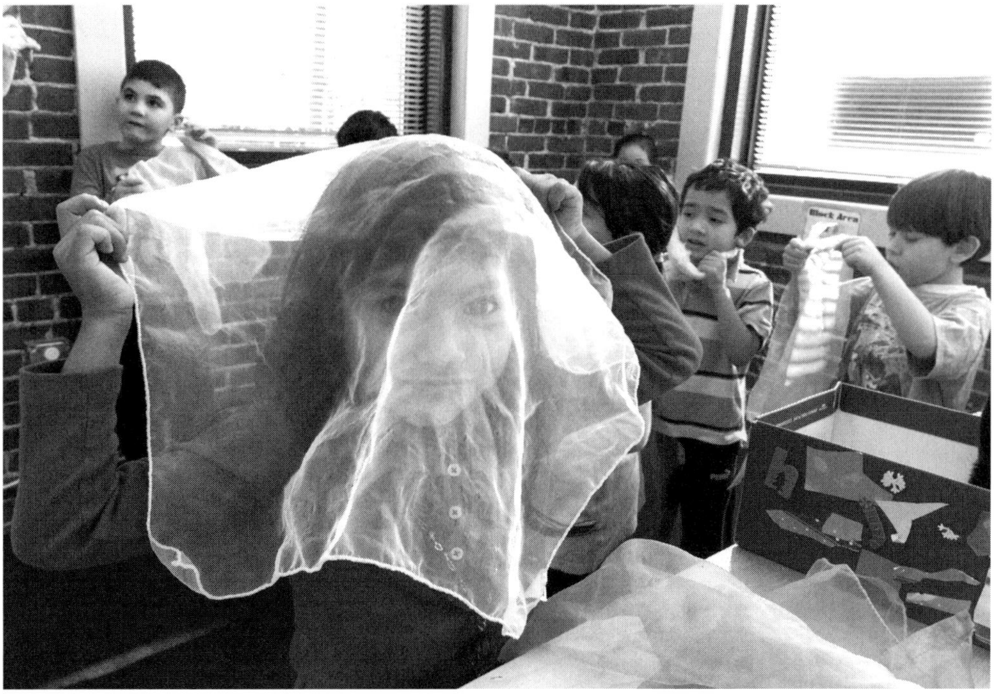

克劳迪娅和南希请求我观察一下珍妮。她们愈发感到担忧。现在已经是11月了，但这个4岁女孩看起来仍然和第一天来到幼儿园时一样僵硬、谨慎。她们告诉我，问题在于她们很难了解珍妮究竟为什么在教室中会感到如此不适。她的过往经历和汉娜很不一样。她和家人的生活从一开始就是稳定的、充满爱的。

珍妮的家长苏珊和玛丽莲也感到担忧。她们告诉克劳迪娅和南希，她们的女儿在家里和她们及三个兄弟姐妹在一起时看起来非常不同。这并不让教师们感到惊讶。在离园时，珍妮只要看到她的一个妈妈就会变得开朗起来。当走出幼儿园时，她通常已经喋喋不休了。

但是，珍妮在教室中几乎一言不发。她的沉默与第二语言学习并没有关系——英语是她唯一使用的语言。此外，语言处理方面的挑战也并不是造成这些问题的原因。有一次，克劳迪娅在无意中听到珍妮和玛丽莲的谈话，当时珍妮并不知道旁边还有别人。珍妮使用的词汇令人印象深刻，她表达自己想法的方式也令人印象深刻。

南希指出，珍妮总是在观察。她所输入的信息可能比她表达的更多。教师们注意到，当一组幼儿唱歌时，珍妮会自己做出歌词的口型，但仅限于此。珍妮和汉娜一样会花很多时间独处。

珍妮的家长告诉克劳迪娅和南希，现在发生的情况并不新鲜，她们的女儿一贯显得比其他幼儿更加害羞。新的人和事物仿佛会使她失去自信，尽管她在家里很自信。她很讨厌保姆（即便是那些她非常熟悉的保姆）。在保姆到来的半小时后她才会和他们说话，有时她甚至什么都不说。

珍妮的家长强调，她非常喜欢幼儿园，尽管看起来可能并不是这样。在晚饭时，她会讲述幼儿园里发生的所有事，以及她当天参与的所有活动。但是在走进教室的几秒前，她会变成一座冰山。她的母亲们尝试了各种办法，都没有什么效果。她们想要寻求一些帮助。克劳迪娅和南希有没有不同的想法？还是在一段时间内情况只能如此？

理解珍妮：谨慎的气质与有问题的模式

在教室中对珍妮进行观察并通过克劳迪娅和南希了解更多的信息后，我对现在的情况产生了一个“最接近的猜想”。这个猜想聚焦于气质和互动模式，它表明：①珍妮的教师和家长担忧的现象背后可能有一个基于气质的原因。研究表明，10%~20% 的幼儿会谨慎地面对新的经历（Kagan & Snidman，2004），而珍妮很可能就是他们中的一员。②珍妮的气质似乎导致了一些对她敞开心扉并没有帮助的模式。例如，班上的其他幼儿会把她看作教室中的幽灵。她散发出的互动能量太低了，以至于其他幼儿不会接近她并和她一起玩游戏。当她在附近时，他们也不会和她说话。他们可能觉得这种行为不值得做——他们知道反正她也不会回答。

我所假设的有问题的模式并不仅仅涉及珍妮的同学们。克劳迪娅和南希似乎也包含其中。有时她们会问珍妮一些问题，但她从不回答。然后她们会替她回答，尽可能猜测出她可能的想法和需求。在其他时间，她们会不情愿又无奈地让珍妮保持沉默寡言的状态。以上的每一种情况都会导致珍妮越来越将自己困在缄默之中。

关于珍妮，我提出的想法包含了这一不幸结果背后的原因。当教师问一些她无法回答的问题时，她们在不经意间放大了她强烈的不适感。但是，如果她们让她独自待着，那么她就会继续困在安静的孤立状态中。问题在于，就像很多教师面对谨慎的幼儿一样，克劳迪娅和南希感觉她们正在做的事并没有起到帮助的效果，而且她们不知道还能做些什么。

基于我从她们的口中得到的信息，珍妮的家长似乎有相同的感受，也处于对女儿没有帮助的模式。这两位母亲告诉克劳迪娅和南希，珍妮会躲在她们的身后。这不仅发生在她进入教室时，也发生在派对、社区野餐和家庭聚会中。很明显，她们有时会告诉其他人她只是害羞，并代替她讲话。但是，有时她们会把她向前推，让她至少打个招呼，但是她从来不会打招呼。

我对珍妮的了解已经差不多了。概括来说，不管她是和家人们一起外出，还是在幼儿园里和教师、同学们在一起，我都把这名女孩想象成一看到观众就全身僵硬的音乐家。天生的气质让她对“处于聚光灯下”的经历感到非常无所适从。她藏在家长的身后和在教室中保持沉默都是在努力躲避着聚光灯。

用关系孕育每一天？她才不会让我们这么做呢！

我和克劳迪娅、南希讨论了我所了解的关于珍妮的情况。她们告诉我，我的想法对她们来说很有意义。我们一起讨论如何帮助珍妮，并一致同意用安全的关系孕育每一天很重要。如果克劳迪娅和南希能够成功地实施这一方法，我们希望珍妮能够开始走出她的保护壳。但是教师们也在思考：她们要如何才能成功？由于气质带来的强烈谨慎，珍妮在她们每次接近时都会沉默不语。如果她们问她能用是或否回答的问题，她会点头或摇头，这就是她们能够获得的全部回应。有时候连这样的问题似乎都让她感到不适。

我们所制订的计划确实基于用关系孕育每一天的想法。但是，它强调提供安全的互动而不期望回应。这样，克劳迪娅和南希所进行的工作就能开始设法调整一直没有起作用的模式了。（实际上，这些讨论让我们思考，教师是否在无意识的情况下让珍妮的谨慎更加极端了。）珍妮需要安全的互动，但是我们意识到她还不能用语言做出回应。因此，克劳迪娅和南希会开始接近她，并生动地谈论任何有趣的话题。她们会讨论家里发生的蠢事或在电视上看到的好笑的事情。她们会与珍妮的家长沟通她近期的所作所为，然后对她（不是与她）讨论听到的事。她们也会从教室的另一端逗她。

通过这些努力，克劳迪娅和南希仍然不会期待珍妮用语言对她们讨论的事情表现出兴趣，甚至不期待她用非语言的方式表露出参与讨论的迹象。但是她们确实知道，她有很强的幽默感。因为有时当同学们做出一些很好笑的行为时，她们会看到她在憋笑。所以，在做出一些蠢事外，讲笑话也是一个有趣的选择。她们决定带一些笑话书到幼儿园。她们会形成习惯，每天给珍妮或她周围的幼儿讲一两个笑话，并在讲到好笑的部分时看向珍妮。

开启互动，关掉聚光灯

上述工作中的很大一部分与教师们为汉娜所做的工作相似，但两者之间有一个重要的区别。在汉娜的案例中，克劳迪娅和南希并不期待她做出回应。而在珍妮的案例中，她们不会要求她做出回应。以下是这种转变所带来的结果。在汉娜的案例中，孕育每一天有时包括问一个她不需要回答或可以用否定的答案回答的问题（“汉娜，我看到安妮正在炉子旁。我想知道她正在做什么。你想跟我一起去看看吗？”）。但是，对于珍妮，教师们会进行遣词造句，使她们几乎不会向她提出疑问句。

例如，克劳迪娅可能会讲一个傻傻的故事。在故事结束时，她会避免说出“你难道不觉得这很傻吗？”，取而代之的是说：“珍妮！我的姐姐把酸奶洒到狗狗的鼻子上可真傻！那只狗狗看起来就像从马戏团里出来的一样！”然后，克劳迪娅会朝着她最安静的学生微笑。另一个例子是，南希可能会来到珍妮和汉娜画画的桌子旁。她会说：“珍妮，我看到汉娜正在画一只棕色的猫。我猜它一定特别软。汉娜特别喜欢猫，我想知道你是不是也喜欢猫。汉娜或许也想知道呢……”然后她会转向汉娜并开始谈论汉娜最喜欢画的不同种类的猫。

注意：在这个例子中，南希的措辞是她“想知道”，而不是在提问。然后她迅速将注意力转移到另一名幼儿的身上。这也是“孕育”策略的一部分。她想要表达的含义是：“我看到你了，我对你感兴趣。但是在你做好准备之前，你不用对我打开自己。我会一直邀请你走近一点。有一天，你会放松下来。你说出口的话也会让你感觉很安全。直到那时，我们仍旧可以互动！”

从不期望幼儿做出回应转变到不要求幼儿做出回应是有原因的。我们可以考虑一下已经存在的互动模式。每当有人提出一个珍妮不回答的问题，她就会有一种不舒服的“我在聚光灯下”的感觉。这会导致她产生更加严重的僵硬感。如果教师能够向她的方向传递温暖的互动而不要求她做出回应，那么她也许会开始放松。如果她们连续几天、几周都这么做，那么珍妮就能够适应这种想法——可怕的聚光灯并不会过于频繁地照在自己的身上。到那时，她的防御机制可能会变弱，而她能够以不说话的形式更加全面地参与活动。这种不使用语言的参与形式可能会让她在想要说话时感到更舒适。

对进步的迹象做出淡然的回应

我们对珍妮的希望（以及现在的可能性）是她能够慢慢地开始说话。如果这种情况发生了，那么教师几乎不做除了友善和轻微地感兴趣以外的任何反应是很重要的。这听起来容易，但实际上并非如此。当发现像珍妮这样的幼儿终于开始讲话时，我们会表现出明显的高兴。我们会用额外的温暖做出回应，甚至会开心地说：“我就知道你能说话！”这可以理解，毕竟我们已经等了很长时间。但是，做出明显的反应通常是错误的。一名沉默寡言的幼儿开始大声说话通常是他的谨慎心理开始放松的迹象。如果我们过于关注他的语言，那么这种谨慎可能会再次加剧。因此，更好的方法是迅速地转向另一名幼儿并和他们互动。如果我们能够在对话中加入一些关于这名谨慎幼儿的内容就更好了。

如果我们能够将针对珍妮的工作拉快进度，那么下文就是上述想法可能的样子。(虽然这是一段虚构的互动，但是在今年的晚些时候，当再次来到这间教室时，我确实看到了一些相似的情况。) 现在想象一下你之前读到的相关内容。南希、珍妮和汉娜在美工桌旁。

“珍妮，”南希说道，“我看到汉娜正在画一只棕色的猫。我猜它一定特别软。汉娜特别喜欢猫，我想知道你是不是也喜欢猫。汉娜或许也想知道呢……”

然后南希转向汉娜并说道：“汉娜，珍妮正在看你的画。你觉得她也喜欢猫吗？”

“也许吧。”汉娜回复道。

“我喜欢。”珍妮小声地说道。

这是一个至关重要的时刻，但之后南希必须将聚光灯移开。因此，她迅速地对汉娜说：“汉娜，珍妮确实喜欢猫！也许你可以找个时间给她看看你最喜欢的关于猫的书——那本有虎斑猫的！”

支持同龄人之间的游戏和对话

关于珍妮的行动计划在另一方面也与汉娜的相似，即教师要努力帮助幼儿开始与同龄人进行成功且愉悦的互动。在想象的美工桌旁的互动中，南希并不只是在引入成人—幼儿互动的同时将聚光灯从珍妮的身上移开，她的心中还有两个目标。

第一个目标是开始重新规划教室里的游戏和参与圈，以确保珍妮在圈内而不是圈外。由于一些不成功的互动模式，珍妮的同学把她当作教室中的幽灵。他们对她的认识要有所改变，这样才能将她纳入他们的游戏。通过一些小小的帮助，他们可能会愿意做出心理上的改变。学前儿童的记忆保持时间很短，一旦一名特别谨慎的幼儿表示愿意和他们一起进行游戏，他们通常会开心地将他纳入游戏。

第二个目标是为幼儿间的互动提供成人支持。举个例子，在想象的美工桌旁南希要如何同时达成两个目标呢？她要在和汉娜的对话中定期提到珍妮的名字（在和珍妮的对话中，她也会提到汉娜的名字）。此外，她要利用自己与两个女孩不断加深的关系帮助她们注意到对方，并使她们逐渐对对方产生兴趣。

这种“双焦点”的“黏合”非常有用。它适用于美工区、科学区或午餐时间的对话，甚至在成人的支持下任何为同龄人的互动提供机会的场合。这样的黏合行为也可以以略微不同的形式支持成功的同伴游戏。教师可以在家务管理角使用它，也可以将其调整后用于积木区、火车区或娃娃家的游戏。实际上在任何幼儿喜欢的地方，黏合行为和游戏支持的混合体都可以被使用，并且对像珍妮这样的幼儿来说十分有用。

“聪明的幼儿”的角色作为黏合剂

教师们实施对于珍妮的行动计划已经一个月了，我再次来到幼儿园进行观察。教师们告诉我，珍妮还是不怎么说话，但是她们已经见证了几次成功时刻。尽管她像往常一样沉默，但是我注意到她显然更加放松了。她会时不时地微笑，看起来越来越愿意在其他幼儿的旁边进行游戏。

除了在汉娜的身边画画，珍妮最喜欢的地方是角色扮演区。这个区域装满了符合娃娃大小的高椅、娃娃、厨房用品、衣服、医生工具箱、消防员和警察的装备以及一台收银机。收银机经常会出现在角色扮演区内，至于它为什么会出现在那儿，只有你了解了学前幼儿才能明白。

珍妮在摆弄收银机。安妮和往常一样在照顾她的宝宝们。我可以看到克劳迪娅在附近徘徊。我猜她在想自己要做些什么——是以游戏教练还是“聪明的幼儿”的角色加入，这要根据当前游戏带给她的灵感来决定。我猜对了。她提示南希注意教室中的其他幼儿，这样她就能开展行动了。南希也知道在一两名幼儿来到角色扮演区一起游戏后，她要温柔地引导其他幼儿到别的区域玩。如果有太多的幼儿在旁边，珍妮就会将自己封闭起来，不再说话。不管怎样，她都有可能将自己封闭起来。

安妮的一个宝宝不想吃东西——她好像肚子疼。克劳迪娅的兴趣被激起了。她后来告诉我，幼儿通常对医生游戏很感兴趣。珍妮会不会对这个主题也感兴趣呢？

克劳迪娅加入了进来。“安妮，你的宝宝肚子疼吗？”安妮作为最佳的幼儿协助者，顺着问题回答道：“是的，她肚子疼。”克劳迪娅担心地问：“她需不需要看医生呢？”安妮并不确定。克劳迪娅转向珍妮，大声说道：“珍妮！安妮的宝宝生病了！她可能需要看医生！你知道医生的诊室在哪儿吗？”

伊丽莎白是班上的一名4岁幼儿。她刚刚走了过来，并回答道：“在这儿！”伊丽莎白抓起医生工具箱，走向附近的一张空桌子。她说：“我是医生，带宝宝来这里吧！”伊丽莎白总是积极地参与游戏，但是有些专横。从克劳迪娅的角度来看，让她作为另一名幼儿协助者可能需要一些技巧。

“珍妮，伊丽莎白会当医生。”克劳迪娅宣布。她暂停了一下，然后看向伊丽莎白：“你是个很忙的医生！我们应该怎么称呼你呢？”伊丽莎白想当“莉兹医生”。克劳迪娅说：“莉兹医生要帮助好多宝宝！有好多小朋友在生病的时候都需要你！”克劳迪娅的声音既充满赞赏又体贴：“也许你需要几个护士来帮你！”莉兹医生点了点头。作为回应，克劳迪娅继续说：“也许珍妮和我能够帮忙！”

莉兹医生再次点了点头。“安妮！”克劳迪娅的声音听上去充满担忧，这是她向幼儿表示自己已经加入游戏的方法。“医生的诊室就在这里，你觉得要不要把宝宝带过来？她的肚子是不是更疼了？”安妮用一块毯子把她的宝宝裹起来。她似乎并没有注意到自己会留下其他宝宝。幼儿很容易在故事线之间转换。

克劳迪娅扭头看向班上最害羞的成员。“珍妮……我想安妮可能已经带着宝宝去看医生了！也许我们应该过去帮忙。因为体温计还没有洗，药也没有准备好，而且莉兹医生太忙了！”

伊丽莎白在诊室中踱来踱去，脸上充满了疲惫。珍妮悄悄地贴近克劳迪娅，看起来她对可能要担任的角色很感兴趣。克劳迪娅递给她一支体温计和一个假装装着肥皂的碗。“莉兹医生，珍妮和我会把温度计洗干净，”克劳迪娅大声说，“你还需要我们做些什么吗？”伊丽莎白提醒克劳迪娅，她还需要一些药。“珍妮，我们需要药！我们在哪儿能找到药呢？也许我们应该在周围找找……我不知道药在哪儿。宝宝还在生病！”

珍妮开始寻找。“安妮，莉兹医生，听我说，”克劳迪娅再一次发声，告诉这些幼儿她确实在游戏的情境中，“珍妮和我会一起找药。”然后她转向安妮的宝宝。“宝宝，别难过，你很快就会好起来，”她安慰地说道，“我们会帮助你。你的妈妈很担心你！”

安妮表现得像一个典型的感到担忧的母亲，她的脸上写满了担忧并开始轻轻地摇晃她的宝宝。莉兹医生向宝宝伸出手，安妮小心翼翼地把宝宝递过来。她仿佛在说，别摔着她。莉兹医生既认真又自信地将宝宝放在桌子上，然后问道：“宝宝，你怎么了？”

“哇，哇哇哇。”安妮现在既扮演妈妈，又扮演宝宝。克劳迪娅看向珍妮：“珍妮，宝宝看起来病得很重。你帮莉兹医生准备好体温计了吗？它干净吗？莉兹医生很快就会需要它。”随着克劳迪娅继续说话，珍妮仿佛越来越深度地参与到游戏主题中。她继续担忧地说道：“我希望宝宝的体温不会太高。以防万一，我们最好还是把药准备好。”

珍妮点了点头，将找到的一个小塑料容器递给伊丽莎白。“这里，”她小声说道，“药。”她严肃地看着伊丽莎白。她看起来在想：宝宝会发高烧吗？她会好起来吗？克劳迪娅迅速地说道：“啊，莉兹医生！珍妮护士就在这儿呢。如果你还需要什么东西，可以告诉她。”

珍妮在游戏的过程中说出了一些我们非常期待的词语。但是因为宝宝病得太重了，游戏太吸引人了，除了克劳迪娅之外并没有人意识到这一点。珍妮可能自己也没有意识到。这正是克劳迪娅想要达到的目的。她是如何做到的？首先，她在不断展开的游戏中加入珍妮的名字，从而将她划入游戏圈内，而不是圈外。其次，在珍妮做好准备前，她和珍妮一起组成了“我们”这样的游戏参与者，而不是让她独自作为“我”这样的游戏参与者。再次，她为珍妮提供了一个有趣的助手角色，这个角色可以讲话，也可以不讲话。最后，她欢迎珍妮对游戏的参与（最终是她的语言表达），仿佛这是应当发生的事，而不是一个惊喜。此外，克劳迪娅在做上述事情时用了一种特别有技巧的方式，她在游戏过程中扮演的角色介于游戏教练和聪明的幼儿。

“我藏起来了……你能看到我吗？”：行动中的课程桥梁

一个月后，在另一次造访克劳迪娅和南希的课堂时，我发现教室中四处散落了很多副太阳镜。很明显，他们最近选取“沙滩日”作为季节课程的一部分。太阳镜太受欢迎了，教师就没有把它们收起来。很多幼儿都享受戴上、摘下太阳镜的过程。我一时兴起，拿起一副太阳镜，将它戴起来，然后走向了角色扮演区。珍妮正在那里一个人玩她最爱的收银机。我发现，她又一次在游戏圈之外了。我站在收银机旁，傻傻地、充满戏剧性地问珍妮我能否买些口香糖。在她将我的订单录入收银机后，我开始大声地咀嚼口香糖。

珍妮开始咯咯地笑。我说道：“啦啦啦，我真的喜欢我的口香糖！”我在周围走了几步，继续说：“我也喜欢我的眼镜。珍妮，我猜你看不到我！”珍妮上上下下地点着头，明显地表现出热情。如果她能够说话，我很肯定她会说：“我能！”

“不，你看不到我！”我回应道，“因为这是一副深色的太阳镜。珍妮，我藏起来了！”通过我最后露出的笑容，珍妮了解到我并不是完全认真的。她捧腹大笑。然后，我递给她一副太阳镜，说：“珍妮，我在犯傻呢……我在假装！如果你想的话，你也可以。当我戴上太阳镜时，我喜欢假装没人能看到我！”

我正处于一种傻傻的状态。对于我来说，这周很漫长，珍妮的进步让我感到很欣慰。我并不担心自己这样做会把她吓跑，因为如果她认为我的蠢行为冒犯到她，我非常愿意离开。也许是因为我玩得开心，所以她并没有觉得被冒犯。在这一有趣时刻后，我和克劳迪娅、南希进行了交谈。我们能不能建构关于躲藏和被看到的课程桥梁？这个课程桥梁也可以关于如何控制它们。

教师们觉得这个想法既吸引人又令人愉快。通过她们的帮助，幼儿开始探索藏在眼镜、服装和面具背后的想法。他们还学习到，当需要将自己隐藏在周围的环境中时，有些动物的皮肤颜色会发生改变。他们还阅读了乌龟如何躲到壳里的故事。然后，他们用乌龟玩偶进行了游戏，当他们需要休息时就让乌龟玩偶躲进壳里。珍妮很积极地参与了这一课程。这一主题对于她从自我隐藏的状态中走出来并没有什么神奇的影响。但是它确实起到了一定的作用。通过这一课程，我们帮助她梳理了一些情绪，并将这种情绪嵌入游戏，在她做好使用语言的准备之前，为她提供充足的不需要语言进行互动的机会。最终，珍妮在一整个学年都有持续的成长。

家长和教师手拉手

家庭回应方式的变化支持了珍妮的成长。在克劳迪娅和南希的鼓励和指导下，苏珊和玛丽莲承诺不会在珍妮进入一个新环境时强迫她打招呼。她们意识到，等她长大一点后，有充足的时间让她和别人打招呼。取而代之的是，她们会舒适地在她的身边和她交谈，让她有机会感觉到聚光灯并不会打开，至少在一段时间内是这样的。她们也努力地在珍妮以谨慎状态封闭自己时少为她发声。她们现在理解了，当以这种方式为她发声时，她们并没有给她一个机会，而应让她在感到足够舒适后为自己发声。

克劳迪娅和南希也鼓励两位母亲，让她们告诉珍妮的保姆和亲戚以一种不同的方式和珍妮一起度过时间，这些成人同意试着稳定地与她互动，不问不必要的问题。苏珊和玛丽莲开始和珍妮一起对即将发生的事进行预见。作为预见的一部分，她们会帮助她想一想，等她们到了目的地后她能够做哪些事情，哪些事情能够在她的“害怕感觉”变弱前帮助她感到安全。她们提醒她，如果她给自己一个机会，那么这种感觉会逐渐变小。她们也告诉她，不用着急，慢慢来。

随着与教师持续地进行对话，苏珊和玛丽莲做出了另一个改变。只要有时间，来送珍妮的人会在早上陪女儿进入教室、和她一起坐在桌旁，并且试着表现得像聪明的幼儿或游戏教练。两位母亲花了一些时间才学会这两种角色究竟应该是什么样子。当她们表现得很好时，珍妮很喜欢这样的早晨。

在学年结束时，珍妮仍然很害羞。我们并不知道她是否仍然无法适应新环境。但是她基于气质的品质并不再对她在家庭以外的经历有那么大的影响了，她开始有一些选择了。她正在学习慢慢地调整呼吸，然后在准备好时向外界伸出双手。随着珍妮变得越来越外向，她的同学也以开放的方式回应她，就像学前儿童通常做的那样。她不再是班上的“幽灵”，现在她是教室中安静、友善、珍贵的一员。

第十一章

当家庭环境困难时

——帮助幼儿攀爬（重新攀爬）发展的阶梯

3岁的凯文正在吮吸他的大拇指。他目光呆滞地重重坐到克劳迪娅的大腿上，就像一个困倦的学步儿。当她把他放下来后，他开始到处游荡。他在积木区停下，茫然地看着他的同学亚历克斯和玛丽亚精心制作的动物园。然后，他在他们的身旁坐下。他开始把一块积木缓慢且随意地垒到另一块积木上。我饶有兴致地看着凯文的表情。他是累了吗？走神了？不开心？就连做出一个猜想都很难。

现在，凯文的积木塔已经有4层高了。他既没有表现出明显的“看，我做到了！”的感情，也没有表现出要满足地把自己的作品击倒的想法。他突然一下子站了起来。然后，他又开始到处游荡。凯文的眼神落在南希的身上。现在，他看起来更有目的性了。他向她的方向走去，然后靠在她的腿上。“你好，凯文。”南希的声音让我联想到母亲对婴儿说话时使用的高声调的温暖。“你需要什么吗？”他转向她，举起了胳膊。南希把他抱起来，紧紧拥抱着他。当把头靠在她的肩膀上时，他脸上的茫然变成了满足。

不同的方法，相同的基础

本章会讲述两名幼儿的故事。一名幼儿是凯文，另一名幼儿是伊莎贝尔（她将近5岁）。凯文和伊莎贝尔所遭遇的困难都使他们的参与度看起来比其他的同龄幼儿低。凯文不仅经历了艰难的起步，也经历了一些困难的时期。他的发展看起来有很大程度的延迟，克劳迪娅和南希的工作将是找出如何帮助他爬上若干层发展的阶梯。伊莎贝尔的情况不太一样。她的家庭经历了一段非常有压力的时期，因为这些压力，她从之前已经登上的发展阶梯掉了下来。在她的案例中，教师们的工作将是帮助她再次爬上去。

对于凯文和伊莎贝尔，教师们的工作方法有一些显著的区别是有原因的。他们是两个差别很大的幼儿，遭遇的困难也很不相同。但是克劳迪娅和南希为二者实施的策略有很多相似之处——它们都依靠互动的力量激发发展性技能或情感上的治愈。到现在，我们已经熟悉很多策略了，例如孕育每一天、对同情心的强调以及基于游戏的支持等。还有几种策略我们将第一次介绍。总的来说，本章强调了有效干预的一个重要方面，即根据特殊需要儿童的独特情况对干预方法进行混合搭配能够大大地提高我们促进其成长和治愈的能力。

发展迟缓还是脱离群体？开始针对凯文的工作

克劳迪娅和南希让我观察凯文。像往常一样，她们在我开始观察前先向我介绍了凯文的情况。他是一个经常把大拇指含在嘴里的孩子，并且总是想要坐到她们的大腿上。她们告诉我，即便是在他非常积极的时候，她们也很难让他顺利地度过一天。上午10点左右，当全班幼儿排队如厕时，他会撞到其他幼儿。当全班幼儿走过长长的走廊时，他会走出队伍。如果教师为了让他更顺利地完成排队动作而拉着他的手——南希强调道，她们经常会拉着他——他就会重重地坐到地上。当然，教师最终会成功地把他带到厕所，但这是一个令人疲惫的过程。不仅如此，在他到达厕所后，事情也不会顺利进行：他总是站在马桶旁，但不会脱下裤子。

克劳迪娅表明，这些只是每天发生的事情中的几个例子。事实是，凯文明显无法达到她们对教室中幼儿的整体预期。因此，她和南希经常要抱着他从一个地点到另一个地点，仿佛他是一个年龄更小的孩子。她告诉我，她们也会替他做很多事。他不会自己穿衣服、洗手，每次倒牛奶都会洒出来。克劳迪娅和南希已经尝试帮助凯文掌握这些技能了。她强调，看起来他并不反对学习这些技能。他仿佛就是无法聚焦于教师让他做的这些基础的事情。

现在，教师们开始给我讲凯文令人不安的过往经历，他已经两次被带离他的单亲妈妈了。现在，他又一次回到妈妈身边，家里的情况仿佛暂时有所好转。但是有时教师们会想：他的妈妈能否长期为他提供足够的照顾？她们告诉我，她们每天都在担心凯文，也无法想象他的未来会是什么样子。“看起来，他在很多方面都是发展迟缓的，”克劳迪娅难过地说道，“而且我并不认为这是因为他有先天缺陷。”

观察凯文：令人担忧的弱项，可观的强项

随着开始进行观察，我懂得了为什么这些教师会对凯文感到如此担忧。我也明显地发现，他并不总是处于让我们担忧的迷茫状态。拼图很吸引他，他在拼拼图的过程中表现出了一定的技巧，这表明他的视觉空间能力很强。在拼拼图时，凯文的面部表情更加生动，并表现出了参与感。凯文也很享受使用教室中的计算

机进行游戏。在那里，他的背挺得更直，眼神更加专注，技能水平也显露出来。有一次，3岁的亚历克斯看着他玩计算机上的一个游戏，亚历克斯提出了一些问题，凯文欣然回答。我长舒了一口气。看来他的语言发展比我所设想的要好。

当我向克劳迪娅询问凯文的语言发展情况时，她确认了我的发现。凯文掌握了大量的词汇，当感兴趣并专心时，他能够很好地使用这些词汇。她告诉我，他的交流能力其实比很多同龄幼儿更强。但是他不经常说话。克劳迪娅还说，她和南希都相信凯文在智力方面是有天赋的。她们得出这一结论的原因并不仅仅是他精通拼图和计算机游戏。有几次，她们在阅读一本他感兴趣的书，突然他就有很多想要说的话。这些都表明，虽然有时他表现得很茫然，但是他的学习和思考过程并未停止。但是，这些情况让克劳迪娅感到困惑：为什么一名幼儿偶尔能表现得"在行"，而在一般情况下却表现得能力不足？

渴求互动的幼儿：讲述凯文的经历

当克劳迪娅、南希和我一起坐下后，我们讨论了一些能够解答克劳迪娅的困惑的事情。凯文的人生起步很艰难。他的妈妈现在只有22岁，她已经尽自己最大的能力照顾他了。但是在凯文快1岁时，因为她的疏忽，他被带离了她。看上去，她能够做到的最好水平对他来说并不足够。凯文和汉娜一样，很可能错失了很多基础的互动。

根据教师们了解到的信息，凯文之后生活的寄养家庭是一个充满爱的家庭。他的养父母很爱他，他也很爱他们。也许正是与养父母共同度过的这段时间促进了他的语言发展。也许正是在和他们在一起时，凯文开始对坐到大腿上和拥抱有了需求。不管细节如何，凯文最终还是回到了亲生母亲的照看下。然后，仍然是由于她的疏忽，他第二次被带离了她。他在寄养家庭中获得的成长是否会被不尽如人意的照顾蒙上阴影？看起来，这很有可能。确实，凯文要在不同的家庭环境中频繁转换，这个频率对任何幼儿（特别是像凯文这样从小就没有被充分满足需求的幼儿）来说都是不好的。

现在他再次回到家里，他的妈妈正在努力为他提供所需的爱和稳定。但是，克劳迪娅和南希观察过她和儿子的相处方式。她对他很严格，有时仿佛显得并没有温暖。此外，当南希去家访时，她感到很担忧：凯文的家里几乎看不到任何玩具或幼儿图书。她迅速地帮助凯文的母亲联系到一家向有经济压力的家庭捐赠衣服和玩具的机构。教师们希望现在凯文在家里有更多可以做的事，但是她们并不确定这个希望有没有实现。

我们要如何将这些信息整合成一个能够解释凯文的谜团的故事？克劳迪娅相信，也许凯文在来到这个世界时就具备了茁壮成长的能力。即便经历了非常困难的时期，他强大的语言和视觉空间能力仍然得到了发展，这说明了他的天赋。但是他关于安全和令人愉悦的互动的经历时有时无。因此，也许他现在渴求额外的互动。这是他对坐在大腿上和拥抱有极端需求的原因吗？还有另一个可能性。他经常吮吸大拇指是因为在早期没有成人帮助他感到安全和放松吗？他是不是在很多困难时刻将吮吸大拇指作为随时可以使用的自我放松方式？如果确实如此，那么这种行为可能是他认为能够带给自己安全感的一种方法。

这一猜想的故事还包括另一个部分。有些幼儿在非常年幼时的基本需求并没有得到充分的满足，他们通常无法热切、专注地探索周围的环境。他们不仅无法学习如何与人互动，也无法学习如何与世界全面地互动。因此，我们可以这样理解凯文令人不安的茫然状态——他大脑中的参与灯泡并没有经常被打开。而当这个灯泡关闭时，他很难保持专注并进行学习。这可能是克劳迪娅和南希难以教他基本的自理技能的原因。

克劳迪娅和南希对此很感兴趣。这种情况是合理的。但是凯文为什么会在拼拼图或玩计算机游戏时活跃起来？我们提醒自己，计算机游戏是彩色的、生动的。它提供了一种刺激的娱乐方式，这种方式是一些幼儿无法为自己创造的。（正因如此，克劳迪娅和南希只允许幼儿每天短暂地使用计算机。附录C中列举了有关幼儿暴露在“屏幕时间”这一重要话题的资源。）我们后来想，也许计算机游戏会让凯文进入一种特定形式的互动——这种互动既被动又主动。这种方式可能会“胜过”他在默认模式下表现出的注意力不集中和不与他人沟通的行为。那么拼拼图呢？我们也不确定。也许它激发了他的视觉空间天赋，这也胜过了他的默认模式。

从讲故事到制订计划

我们仔细地思考了为凯文完成的专属故事。如果它包含了一些真实的情况

（我们也相信它很可能确实包含了真实的情况），那么接下来该怎么办呢？作为一个开始，我们将自己的担忧罗列如下：

- 凯文的沟通方式很令人愉悦，但有些“松散”且不集中。
- 对于他来说，很难集中并保持注意力。
- 他在过渡时间和自理技能方面都有困难。他仿佛并不知道自己在哪儿、应该做什么以及如何做。尽管他的语言技能很强，但他不能听从指令。同样，他仿佛无法足够专注以注意到教师们提出的要求，更不要说听从指令行动了。
- 他的游戏技能很有限。
- 他几乎不与其他幼儿互动（不管是进行对话，还是共同游戏）。当在其他幼儿的旁边玩时，他似乎无法注意到他们在干什么。

我们继续思考。我们该如何“翻转”这些担忧，从而制订一个帮助凯文掌握技能的计划？在另一个简单的清单中，我们将一些基本目标罗列如下：

- 我们想要看到凯文在互动过程中更加稳定、愉悦、有深度。首先在与我们的互动中做到这一点，然后在与其他幼儿的互动中也做到这一点。
- 我们希望他学习如何管理自己的身体、注意力和想法，这样他在沟通和游戏的过程中就能够变得更加有组织性。
- 我们希望他能够开始更加频繁地说话和分享自己的想法，也开始更多地倾听其他人提出的想法。
- 我们想让他发展出知道自己该在哪儿、观察接下来要发生的事的能力，并了解教师对他的行为期望。
- 我们希望他能够学会在集体教育活动时间保持专注、等待轮到他，以及听从指令。

这份涵盖了各种目标的清单虽然很宏大，但清单中的目标都互相联系。考虑到我们刚刚完成的故事，我们感觉达成这些目标的关键在于帮助凯文感觉到他与他人之间更紧密的关系。我们一致同意，我们的一部分工作会是努力地打开他的参与灯泡。

系鞋带和洗手：发现互动的日常机会

随着开始思考关于行动计划的问题，我们在想凯文从来到幼儿园后便不断发展的模式。凯文的同学汉娜曾经嘲笑他是宝宝。尽管她居高临下的语调主要是表明自己的需求而不是凯文的情况，但她确实说到点上了。教师们确实会将凯文和年龄小很多的幼儿联想到一起。他似乎也需要她们这样想。

就像前文提到的，克劳迪娅和南希最终实施的一部分工作是推着凯文过完一天。她们会替他完成一些事，因为她们想不出该如何和他一起完成，甚至帮助他独自完成。她们以这样或那样的方式带他如厕，替他穿衣服、刷牙等。有没有一种方法能够让她们在帮助他的同时加入一些充满互动的干预？我相信有这种方法。我也相信这样的努力会最终帮助凯文成为他自己的"发动机"，而不是让教师们担任这一角色。

汉娜管凯文叫"宝宝"。那么忙碌的家长们在和他们的婴儿或年幼的学步儿互动时会做些什么呢？他们在为孩子换衣服、系鞋带或洗手时，声音和表情是什么样的？有时，他们会发起充满愉悦的有趣互动。有时，他们会用一种温暖、高声调且有点夸张的方式说话，我们通常将这种方式称为"妈妈语"。有时，他们会将正在做的事变成一种游戏。想象这样互动的例子能够帮助克劳迪娅和南希决定用什么方式对凯文开展工作。

一位母亲跪在11个月大的儿子利奥面前，正在帮助他穿鞋。她用一只手拿起利奥的一只脚，同时注视着他的脸。然后，她温柔地拍拍他，用稳定的节奏唱道："利奥，利奥，你好吗？利奥，利奥，穿鞋啦！"然后，她和儿子互相笑了笑，她一边和他说话，一边拉上了他的袜子，给他系上了鞋带。

一位父亲站在换尿布台前。他15个月大的女儿已经换好了尿布，但她的衣服脏了。他要脱下她的上衣。在这个过程中他要做什么呢？他的脸上充满了微笑，开始和她玩起了躲猫猫。他花了一些额外的时间将脏衣服盖在她的眼睛上。他有些担忧地问："埃玛在哪儿呢？"随着他将女儿的衣服拉下来，他说："她在这儿呢！"他的声音充满了惊喜和快乐。很显然，埃玛还想继续这种游戏。

我有时会将这样的互动称作“互动之舞”。它们会在幼儿的早期生活中持续出现，镶嵌在他们与照顾者的每日经历中。我们能够在教室中轻易地为像凯文一样的幼儿复制这种互动，也正是这些幼儿能够从中获益最大。很好的一件事是，教师本来就需要为他们做很多事，加入这样的互动就会很容易：当幼儿需要教师为她做一件事或者需要教师的帮助时，我们都可以以这种方式加入一些温暖的互动。

混合搭配：将策略与技巧相结合

克劳迪娅和南希在思考哪些时刻能够让她们以这种方式与凯文互动。这肯定包括系鞋带的时候，凯文的鞋带松开的频率几乎和分心的频率一样高。当他需要洗手时，教师也可以提供一些有趣的互动。此外，她们会尝试“我在镜子里看到你了”的方法，这种方法对汉娜很有用。她们还会利用一种叫作“有趣的妨碍”（Greenspan & Wieder，1998，p. 124）的技巧。这种技巧是：当一名幼儿想要某样东西时，成人暂时不会给她；当她的注意力和兴趣都处于比以往更高的水平时，成人再给她。使用这种方法表明，她们正在做的事情是一种游戏，而不是一种奚落。下文是在凯文的案例中这种方法可能表现出的样子。

凯文想要一副特别难的拼图，这副拼图现在被锁在教室中的柜子里。他知道自己可以要这副拼图，尽管它不常被拿出来。他走向南希并寻求帮助。“噢，你想要一支红色的蜡笔？”她边说，边傻笑着，“蜡笔都在美工桌上呢！”“不！拼图！”凯文回应道。他的表情和往常一样茫然。“噢。真对不起，你想要橡皮泥？”南希确保自己的面部表情表现出她想要帮忙。

“我想要拼图！”凯文的声音很大，但他看起来并不生气。他好像知道这种互动包含了游戏的性质。他直勾勾地看着南希，仿佛在强调她要更认真地听他说话。他现在完全专注——灯泡亮起来了。“噢！你想要的是拼图。当然了！你最喜欢拼图了，对吗？我去给你拿，跟我来吧。”她向他的方向发射出一个大大的微笑，然后他们一起走向了柜门。

我们要注意，在这次互动中，南希结合了有趣的妨碍（“噢……你想要橡皮泥？”）和充满同情的强调（“你最喜欢拼图了，对吗？”）。在他们一起走向柜门前，她还给了凯文一个大大的微笑，她也在孕育每一天。这些行为都是为了尽她最大的可能让凯文更多地参与到这次互动中。

先建立关系，再进行指导

克劳迪娅和南希有一个疑问：我们能不能想到一些办法来帮助凯文更加轻松地完成过渡时间？现在他在过渡时间表现得非常古怪，她们仿佛感觉自己一直像放牧一样赶着他走向厕所或赶着他到户外的操场上。让他参加圆圈时间会容易一些，她们只要向他提供自己的大腿就可以了。但是，这看上去并不是一个好的长期解决办法。

她们告诉我，她们能够理解为什么凯文的参与灯泡更容易在过渡时间关掉。（毕竟，它通常处于关闭状态。）她们也理解，如果这个想象中的灯泡能够在这样的时刻打开，那么凯文就能够更好地关注他该做的事情或该去的地方。但是，她们并不知道该如何帮助他从一种状态转换到另一种状态，特别是在过渡时间的普遍混乱中。她们确实希望自己知道该如何做。她们不想在6个月内都像放牧一样赶着他走向走廊，这对他来说不好，对她们来说也不好。

随着继续交谈，我们产生了关于如何在过渡时间前提供充满互动的时刻的想法。一旦教师在这种时刻引起了凯文的注意和兴趣——我们先假设她们能够做到——她们就能够帮他预见接下来将要发生的事。我们认为，将一些画出过渡时间的不同行为步骤的可视化小图片打印并塑封起来会有所帮助。她们会将这些小图片与“计划板”一起使用，向凯文展示出即将发生的事，以及他在那时需要做些什么。这些小图片的后面和计划板上都有魔术贴，教师可以容易地更改凯文看到的内容。但是他们之间要先建立起关系。我们用克劳迪娅和南希所在幼儿园的教师牢记的一条原则来提醒自己：“先建立关系，再进行指导。”

这些想法对所有人来说都是合理的，于是我们用细节继续充实这些想法。这样克劳迪娅和南希就能够舒适地使用她们应对过渡时间的新方法。

（1）她们会找到凯文并让他加入几轮交流。她们会对他正在做的事表示兴趣，并结合一些充满同情的强调或妈妈语来引起他的注意。

（2）一旦凯文参与进来，她们会继续向他的方向发射互动，并和他一起预见即将发生的事，以及发生这件事时该怎么做。她们在为过渡时间特制的可视化计划板上指出活动的图片，除非她们认为计划板根本不起作用。

(3) 她们会让凯文自己指出计划板上的活动图片。在他预览即将发生的事、去的地方和做出的行为时，她们会支持他。她们也会确保这种“彩排”是充满温暖的。

(4) 她们会开启一段更友好的对话，让凯文有时间做好准备以继续向前发展。

(5) 她们会给出某种提示。这种提示包含了语句、温暖和对计划板的重新温习。克劳迪娅可能会一边指着计划板上的排队图片，一边说：“好了，该排队了。凯文，我们走吧！我看到亚历克斯已经排好队了！”

至少到现在为止，我们为凯文制订的计划已经完成。克劳迪娅和南希立刻开始实施这一计划。计划的重点在于建立充满关系的互动，以及对凯文无法完成的活动进行预见和计划，她们还利用我们一起完成的故事让自己保持轻快和动力十足。她们坚定地认为，一定能够更加全面地触及这一惹人疼爱又茫然的男孩。

爬上阶梯，爬下阶梯

如果每一个关于干预的故事都有完美的结尾，那么这将是一件特别令人欣慰的事。但凯文的旅程并非完全如此。这一旅程中美好的部分包含了一些巨大的进步。教师团队的直觉——要爬下发展阶梯，帮助他打开参与灯泡——正中目标。教师的努力并没有让凯文立刻产生改变，但他逐渐对她们实施的系鞋带、看镜子和有趣的妨碍等策略做出了美妙的回应。她们既解脱又惊喜地发现，自己在凯文的身上花费的时间比以前少了。此外，她们在凯文的身上花费的时间比以前更加有目的了。

凯文开始“醒过来”了。他的眼神经常变得更集中，他的游戏也开始有了一些目的性和扩展性。他慢慢地对与幼儿和成人开展对话感兴趣。随着他开始越来越多地和同学们进行游戏，克劳迪娅和南希发现她们有必要将游戏支持加入自己的行动计划。一步接着一步，她们开始看到凯文变成了一个能够结交朋友、分享想法的男孩。他仍然会经历一些急需坐到大腿上或吮吸大拇指的时刻。但是，现在这些时刻更像是他为自己补充燃料，而不是默认状态的反映。

2月中旬的一天，我看到了令人惊喜的一幕。凯文和亚力克斯、阿兰一起在积木区，他一边聊天，一边搭积木，就像一名有能力的3岁幼儿。克劳迪娅微笑着向我走来。她告诉我："这段时间凯文表现得非常好。他的妈妈好像和他相处得也很好。我觉得这和他进步很大有关系。我前几天和他的专案负责人聊了聊，她和凯文的治疗师对他们的情况都非常满意。"

但是几个月后，情况变得和美好一点也不沾边了。凯文的大拇指又被他含在了嘴里，甚至比以前的次数还要多。他看起来很茫然，几乎像是痴呆了一样。他的游戏技能也不再明显。克劳迪娅简直要发疯了。看来凯文的家庭情况大幅度恶化了，处理相关情况的政府机关正在考虑最终的分离（由于各种原因，凯文将被带离他的亲生母亲）。她想知道：凯文该如何处理又一次发生的变化？如果他离开家庭，那么他还能够一直来上幼儿园吗？我们一致同意要和他的专案负责人保持紧密联系。我们强烈认为，凯文应该尽可能地继续在我们的幼儿园里保持上学的状态。克劳迪娅和南希带的是混龄班，他明年仍然可以在她们的班级中。现在对他来说，她们可能是他最稳定的照顾者了。

我提醒这些教师，当幼儿跌下此前已经开始攀爬的发展阶梯时，他们已经获得的成长并不会消失。因此，尽管凯文面临的情况令人感到悲伤，她们的工作是在互动的技能阶梯上向下走，并确定他退回了哪一级。如果再次使用曾经帮助他进步的策略，她们有很大的机会重新建立凯文与他人的关系、安全感以及在幼儿园里的互动。

渐渐地，她们来到凯文在发展阶梯上所处的位置，再一次帮助他。但是直到学年结束，我们曾经在他身上看到的活力也没有完全恢复。他确实有朋友。他也比9月份时更加顺利地表达自己、参加活动。但是，艰难的时期对他造成了很大的打击。在这样的时刻教师们更要牢记，关于幼儿的坚韧性的研究表明，教师与有困难幼儿之间的温暖关系能够在很长一段时间里产生巨大的影响。克劳迪娅和南希经常这样提醒自己。但是对于凯文，她们以一种关切和忧伤的心情结束了学年。她们希望有一天他能回来。

当阳光变成伤感：开始针对伊莎贝尔的工作

大概在克劳迪娅和南希首次向我提出观察凯文的请求的同一时刻，她们也向我提到了对伊莎贝尔的担忧。尽管她们在不断尝试，但仍然发现很难和伊莎贝尔建立关系。她们一致同意，她曾经是一个非常放松且阳光的女孩，但最近她肯定变了。她们确定自己知道原因：她家里的情况突然变得充满压力——不仅仅是对她的家长来说。她们想让我观察伊莎贝尔，然后坐下和她们聊聊。她们希望我们能够一起想出让她好受一点的方法，至少让她在幼儿园里好受一点。

在开始观察伊莎贝尔前，我得到了一些关于现有情况的初始信息。大约两个月前，伊莎贝尔的爸爸失业了。一周左右后，她深爱的姥姥中风了。伊莎贝尔的爸爸绝望地支撑着全家的生活，他同时做几份兼职，这意味着他很少出现在家里。伊莎贝尔的妈妈也经常不在家，因为她要在家庭和康复机构之间奔波。幸运的是，伊莎贝尔和她的哥哥有一个大家庭。他们现在有一半的时间都在亲戚家度过。但是，亲戚家里有一个婴儿、两个学前儿童和一个一年级学生。因此，伊莎贝尔和哥哥必须适应一种充满了友善的喧嚣和大量混乱的家庭生活。

克劳迪娅和南希最近找到了几次机会和伊莎贝尔的妈妈聊了聊。伊莎贝尔的妈妈告诉她们，她的儿子在这段危机时间中表现得很让人烦恼，当他得不到自己想要的东西时就会发脾气，而伊莎贝尔则表现得完全不同。在阿姨准备晚餐时，她会抱着她的小表弟。她在卡片上画了彩虹送给姥姥。在回到家时，她心甘情愿地帮助摆放餐具、收拾餐桌。伊莎贝尔的妈妈说，5岁的伊莎贝尔是所有人的坚强后盾。但是在幼儿园里，伊莎贝尔的忧郁和困惑表现得很明显，在她走进教室的一瞬间我就看出来了。

伊莎贝尔停在自己的置物格旁，严肃地挂起她的夹克。在走进教室时，她的脸上带着冷漠的表情。南希温暖地和她打招呼，而她只是忧郁地做出回应。然后她走向图书角，坐在一个舒服的靠垫上。克劳迪娅也过来和她打招呼。伊莎贝尔抬头看了看，但这次她并没有说话。过了一阵子，安妮蹦蹦跳跳地过来邀请她一起玩过家家。伊莎贝尔忧伤地看看安妮，摇了摇头。

我从克劳迪娅和南希那里了解到，伊莎贝尔的同学们以前会热切地向她征求游戏想法。她的乐观能够帮助所有人在避免争端的同时实施这些游戏想法。但是很显然，就像她刚刚的行为一样，她现在会拒绝大多数的游戏请求。我在想：这是什么情况？她的家庭情况确实很困难，但是教室里充满了温暖和关爱。我能够看到她的教师和朋友会时不时地接近她——看上去，教师和朋友们都很喜欢她。为什么她不能从充满压力的家庭情况中暂时脱离出来，并在事情顺利发展的教室中获得一些愉悦呢？

受到珍视的角色导致沉默的苦难——讲述伊莎贝尔的经历

在团队会议时间，当与克劳迪娅和南希坐在一起时，我得到了一些额外的背景信息。她们告诉我，在伊莎贝尔进入她们的班级前，她们曾经与她的妈妈进行过一次深入的交谈。在交谈期间，她的妈妈形容伊莎贝尔是一个特别友善且天生好交际的女孩。当还是婴儿时，她就能够轻易地适应日程的变化、一大群人和新的食物。当还是学步儿时，她就寻找各种机会帮助他人——即便是提供很小的帮助。她的妈妈告诉教师，她的哥哥和她完全不同。他的情绪十分激烈，总是需要很多关注才能成功地度过一天。

将这些内容纳入已知的信息，我们开始向自己提出一些问题。这些问题的答案能让我们想出一个可以解释伊莎贝尔的不幸的故事。鉴于她的哥哥如此难以满足，她的家长是否希望她能成为家中那个稳定的孩子？这很合理。她从一开始就是一个乐观开朗的小女孩。但是经历一段艰难的时期后，她会发生什么？她没有学习过如何寻求帮助——她几乎并不需要帮助。她也没有学习过如何寻求关系，因为她以往的关系都是自然而然地发生的。

故事继续。也许伊莎贝尔所知道的她能做的就是继续扮演她受到珍视的角色。但是现在发生的事可能让她感到无所适从，而作为一个阳光、乐于助人的女孩可能会让她感到更加无所适从。突然，她不再是那个坚韧且自信的幼儿了。她最终可能会变得既孤独又悲伤。这种情况没有发生在她的家庭里，在家里她勇敢地继续尽力扮演她被熟知的角色。但是在幼儿园里，事态并没有那么紧张，她就会一脸严肃地走进教室，找到一个舒服的靠垫，然后孤独、不自信地休息。

克劳迪娅、南希和我仔细考虑了我们想象出的这个故事。如果其中有一些真实性，而且伊莎贝尔的气质和在家庭中承担的角色让她无法寻求自己所需要的帮助和关系，那么我们能够做些什么呢？有没有不同的方式能够让我们触及她？她肯定需要一些额外的支持。也许她也需要一些帮助来理解最近发生的事。我们开始了头脑风暴，斟酌着各种想法，看看最终我们能够制订出什么计划。

为敏感情况制订的简单计划

我们最终设计出的帮助伊莎贝尔的计划有三个主要部分。第一部分是用关系孕育每一天，即教师们将提供“爱的轰炸”和“缓缓地传递”的结合体（详见第九章）。就像她们曾经为汉娜和珍妮做的事情一样，她们并不会（至少在一开始不会）期望伊莎贝尔在她们的努力下变得放松和享受。

- 她们会经常在教室的另一端逗她——和伊莎贝尔眼神交汇，朝她微笑或招手。
- 她们会温暖地靠近她，给她讲她们看到或思考的事情。
- 当她在图书角休息时，她们会坐在她的身旁安静地陪伴着她，也许她们会用一只胳膊轻轻地搂着她的肩膀，而不是期待她与她们进行对话。
- 她们会和她一起犯傻。她曾经有很棒的幽默感，我们认为她的幽默感仍然存在，只是它被忧伤掩埋了起来。

行动计划的第二部分是教师支持同伴关系和游戏。克劳迪娅和南希会开始做“人形胶水”。她们会热切地注意在其他地方进行的游戏，然后回到伊莎贝尔的身边给她讲她们看到的内容。同时，她们会增加一些对同情心的强调（详见第九章）。她们的声调和面部表情会向伊莎贝尔的内心仍然想要重新开始感受乐趣的某个地方传递信息。当她表现出游戏和友谊正在吸引她的注意的迹象（即对游戏和友谊开始感兴趣）时，教师们将会提供“借一个伙伴”的力量支持她开始重新加入游戏。

行动计划的第三部分是关照伊莎贝尔对家庭中正在发生的情况可能产生的困惑和伤感。她的姥姥是她生命中重要的一部分。现在，令人忧心的是姥姥不但不能安慰她、照顾她，而且姥姥在中风后看起来有些可怕。同时，伊莎贝尔的妈妈和爸爸都不能经常陪伴她。

克劳迪娅和南希同意设置一个“关爱区”来代替娃娃家。她们会摆出医生和护士的形象，还会摆出儿童、父母和祖父母的形象。然后，她们会让伊莎贝尔在其他幼儿的陪伴下探索在关爱区里创造一个假想的康复中心。通过爸爸或妈妈要在家里和关爱区之间来回往返以同时照顾孩子和老人的游戏，教师们会探究她们能否帮助伊莎贝尔克服一些不好的情感。此外，她们会使用玩偶、儿童读物和小组讨论构建关于“变亦不变”的主题课程：家庭会经历困难的时期，但是幼儿仍然能够在家庭中找到爱；有时，幼儿不得不睡在不同的床上，但是总有人会帮他们盖好被子；家长可能会变得暴躁和疲倦，但他们仍然会开玩笑……

家庭的“坚强后盾”也有需求

让克劳迪娅和南希感到宽慰的是，我们的行动计划进展得十分顺利。在几周内，那个乐观开朗的小女孩再次出现了。伊莎贝尔再次和朋友们一起玩游戏了。她精力旺盛且步伐充满活力（至少有时是这样的）。当在家里度过一段特别困难的时间后，她会走向关爱区。她的朋友安妮经常会和她一起来到关爱区，给她讲一些关于疾病和爱、孤独和关怀的故事。克劳迪娅和南希也会抽出时间陪她坐在关爱区里。

当伊莎贝尔的妈妈来幼儿园时，克劳迪娅和南希有时会和她聊一聊。她们会为她提供可以在家里使用的讲故事策略和行动计划。她们强调，伊莎贝尔确实是一个友善、体贴、非常关心他人的女孩。但是，她们温和地指出，即便是这样的幼儿也会有需求。如果伊莎贝尔的家长能够抽出一些时间来安慰她，并且向她解释正在发生的事，那么她会感觉到自己被看到、被关爱。她的妈妈回应道，她们一定会做到。教师们向伊莎贝尔的妈妈解释的内容，她都能够理解，她只是从来没有用这种方式考虑过伊莎贝尔。

与伊莎贝尔及其家庭接触的过程对她现在和未来的发展都有重要的影响。克劳迪娅和南希知道要确保她的需求不被教室中的忙碌淹没。更重要的是，她的父母也知道要在家庭中重视她的需求。我们希望伊莎贝尔也能够发现一些事——只要她需要，帮助和安慰就在那里。她仍旧可以作为家庭的“坚强后盾”，但她的家庭也能够成为她的坚强后盾。

第十二章

当语言有限时

——帮助两个难以进行沟通的男孩

乔纳森和埃米利奥是朋友。鉴于他俩很难和对方沟通，他们能够成为朋友已经是很好的结果了。他们第一次出现在第二章中。乔纳森是那个总在桌子上玩火车的男孩，我们会看到他沿着轨道来回重复地操纵火车，同时在嘴里发出“呼哧—呼哧”和“呜呜—呜呜”的声音。埃米利奥也喜欢火车，但他并不会长时间玩火车。实际上，埃米利奥玩什么都不会持续很长时间。南希曾经将他称作一只“奇怪的小蝴蝶”，这是一个恰当的描述。他似乎总在教室里飞来飞去，一会儿落在这儿，一会儿落在那儿，在再次起飞前只能够保持短暂的兴趣。

两名幼儿，同一主题的两种变式

克劳迪娅和南希对埃米利奥和乔纳森感到担忧，并希望我能够来到教室中对他们进行观察。这样，在我们进行如何为他们每个人提供额外支持的头脑风暴前，我能够对他们的情况有所了解。我在一个早晨对她们的教室进行了访问，并在同一天的晚些时候安排了团队会议。在见面的几天前，克劳迪娅向我提供了一些关于两名男孩的背景信息，并将她和南希正在思考的内容告诉了我。她有很多想要分享的东西。

克劳迪娅和南希很确定乔纳森有一些与语言发展相关的先天不足。她们也开始想，是否埃米利奥也是如此。因为乔纳森已经快4岁了，他在一个说英语的家庭中长大，而埃米利奥是一名第二语言学习者。

埃米利奥的父母来自墨西哥，他们在家里只说西班牙语。这是埃米利奥第一年上幼儿园——他刚刚3岁。当时，对于给予埃米利奥额外的时间来适应幼儿园，克劳迪娅和南希都感到舒适。他有很多要适应的：新的语言、充满幼儿的环境、陌生的一日常规、不同的食物。但现在已经是1月初了，她们开始感到担忧。

克劳迪娅和南希所担忧的并不是埃米利奥几乎不说英语。她们的班级里有很多幼儿在刚上幼儿园时只会说母语，她们也知道不同的幼儿学习第二语言的速度差别很大。但是埃米利奥使用几个英语单词的过程也比其他幼儿慢，她们还发现他在家里不怎么说西班牙语：他的妈妈最近提到，他并没有像他的哥哥们在这个年纪时那样说话。

克劳迪娅和南希开始产生疑问。她们是否应该让埃米利奥接受语言发展问题评估？他显著的注意力缺失和频繁的愚蠢行为是否与他无法理解周围发生的事有关？它们是否有不同的原因？克劳迪娅有时会把埃米利奥形容成一个“心爱之人”。但是，她们都没有感觉到和他建立起真正的关系——确保与他进行真正有关系感的互动太难了。她们在想：是否应该再给他一些适应的时间？还是说，她们应该做一些不同的事？

对于乔纳森来说，克劳迪娅和南希并不只是开始感到担忧，而是真的很担忧。她们非常关心乔纳森的沟通问题，以至于在几个月前，她们和他的家长一起向当地的学校系统提出了进行语言发展问题评估的请求。他没有取得接受评估服务的资格（即发展水平太低，达不到评估标准），这个结果是教师没有想到的。对于一名快4岁的幼儿来说，乔纳森不仅很难让人理解，而且他知道和理解的单词都太有限了。他喜欢谈论的事也非常有限，他的游戏主题也是如此。

教师们对乔纳森的担忧不止这些。对于他来说，与他人交流自己的想法太难了。以至于当和其他幼儿一起游戏时，他倾向于让他们主导游戏。有些幼儿几乎不给他说出一两个单词的时间，就开始主导游戏。在大多数时间里，他对这种情况都表现得非常耐心。但是有时（这种时刻在增加）他会变得很沮丧，然后会尖叫或打人。教师们对于将要发生的事很担心。乔纳森会不会被同学们当成一个难以相处的游戏伙伴？他们会不会变得害怕他？这种情况暂时还没有发生。另一方面，有些幼儿开始像对待一个令人讨厌的弟弟一样对待他。对此克劳迪娅有话要说，她认为有时乔纳森接收到的信息是这样的：“你不被欢迎，你跟不上我们。”

专家能够提供帮助……但我们也必须提供帮助

由于沟通的基本要素会在幼儿的最初几年得到发展，幼儿教育工作者通常都很了解一个重要的观点：在社交和游戏、控制沮丧情绪或成功学习等方面有困难的大多数幼儿，都有与语言发展相关的潜在缺陷。向这些幼儿提供进行有效沟通所需的支架能够帮助他们在其他领域也取得进步。

我这么说并不意味着有语言发展困难的幼儿不应该得到来自语言专家的额外帮助。如果幼儿可以获得额外帮助，那么这对他们来说非常有用。但是有时（例如在乔纳森和埃米利奥的案例中），语言专家根本没有出现（至少到现在为止还没有出现)。即便他们参与进来，专家通常每周只会提供一两小时的服务，而这种程度的干预并不够。幸运的是，幼儿每天所处的教室中提供了干预的多种可能性。通过埃米利奥和乔纳森的故事，本章探索了一些干预所包含的内容。

开始针对埃米利奥的工作

我的晨间观察开始了。关于埃米利奥，我注意到的第一件事符合克劳迪娅已经告诉我的信息：他总是走来走去。当他这么做时，他显得友善且满足。他在沙盘前停下来，玩了一会儿。他对沙盘边的每个幼儿微笑。然后他自哼自唱，或喋喋不休地说着既不像英语也不像西班牙语的单词。但是他从来都无法安定下来。

我越观察埃米利奥，就越注意到他既无法对提示做出回应，也无法保持稳定的注意力。暂且不考虑他是否在语言发展方面有问题，有没有可能是他的气质让语言学习变得更难？他是否天生就是一个容易分心的幼儿，无法为了专注于一些刺激源而过滤掉另一些刺激源？

如果没有直接互动，那么关于埃米利奥的各种问题并不好回答。因此，我开始像教师每天在需要更多的信息时做的那样：和他进行互动，看看我能够了解到什么内容。我不仅希望能够更好地了解埃米利奥，也想知道自己能够尝试实施哪些策略，从而带给教师团队一些关于如何向他提供更多帮助的想法。(请注意，在描述与埃米利奥的互动时，我强调的单词用斜体表示，我特别大声说出的单词用加粗的斜体表示。)

鼓和快乐：通向3C的非语言路径

埃米利奥已经游荡到了教室中装满节奏乐器的篮子附近。他拿出一个三角铁和一个小鼓。我能否在他再次游荡之前抓住他的兴趣？鉴于早上的观察，我可能并没有很多时间进行实验。我拿起三角铁，并从篮子中拿出敲击三角铁的金属棒。“埃米利奥，听！”我轻轻地敲击了一下三角铁。它发出的像铃铛一样的声音吸引了他的注意。我说：“这声音*真*美，埃米利奥！你想试试吗？”

我仍然拿着三角铁，但是把金属棒递给埃米利奥。“埃米利奥！你*试试*！”我热切地看着他。我的声音充满了热情，仿佛他没有其他想做的事。他自己敲了一下三角铁。“噢，埃米利奥……这声音*真美*！”他咯咯地笑。我认为他并没有理解我说的话，除了他自己的名字，也许他还懂得“你”这个字。但是他的注意力在我这里，至少暂时是这样的。

我做出想要回金属棒的姿势。我的右手拿着三角铁，左手指向金属棒，我的眼神也从埃米利奥的脸转移到我的手上。埃米利奥欣然地将金属棒给我，我又敲了一下三角铁。“埃米利奥，这声音真美！它在***叮叮响***！”我现在看到教师们此前提到的“愚蠢”行为了，埃米利奥带着一种恶魔般的快乐咯咯地笑着。我也笑了回去。“***叮叮***！”我一边说，一边又敲了两下三角铁。“埃米利奥，给你。”我把金属棒递给埃米利奥——这次还有三角铁——我的姿势变得夸张，面部表情也变得夸张。如果有人观察我，我可能就像表演给东西这一行为的哑剧版本，而不是以日常的方式做出这一行为。“埃米利奥！你来！让它***叮叮响***。”

他这么做了。每次金属棒击打到三角铁时，我都会开心地发出叮叮声。埃米利奥看上去很开心。然后突然一下，我感觉他要离开了。我能不能将他积极参与并保持关注的这一刻拖得更久一点？我不确定，但是我想试试。“埃米利奥，现在打鼓！***砰砰***！”我拿起鼓，并大声地敲了一下。然后——尽管我在坐着——我仿佛像跳舞一样动了起来。“***砰砰***！”我继续舞动。他看着我咯咯地笑。“埃米利奥，你来！敲鼓。*看到了吗*？”

我又敲了一下鼓，然后将它递给埃米利奥。他仍然站着，仿佛要离开，但是似乎又不太想走。他大声地敲了一下鼓。“埃米利奥，*跳舞*。*砰砰*，然后*跳舞*！”我把自己的腿当作鼓敲击着，同时舞动着身体，向他表达我的意思。他模仿着我的动作，我一边重复他的动作，一边向他微笑。他的眼神一直聚焦在我的脸上，同时微笑着回应。

在这次互动后不久，埃米利奥已经受够了，他站起身离开了。我感到很满意。他已经比往常停留得更久了。我也感觉到，刚刚发生的事给我们的团队带来了一些重要的线索，我们能够从中了解到该如何为这只可爱的小蝴蝶打开成长的通道。他和我的关系更加融洽了。他也表现出了更强的对提示的反应能力。他还用自己了解的方式——笑容、动作和模仿——进行了沟通。我开始想，为了在沟通的技能阶梯上向上攀爬，他还需要更多地做出以上行为。

很快，我与克劳迪娅和南希召开了团队会议。这次会议的内容全部关于如何帮助埃米利奥爬上沟通的技能阶梯。为了给这次讨论奠定基础，我想要仔细观察我刚刚对他进行的工作——我所尝试的策略及其原因。这能够阐明团队为埃米利奥和乔纳森制订的行动计划的原因。实际上，我对埃米利奥进行的基于课堂的实验中嵌入的是适用于沟通有困难的幼儿的基础性策略。

支持，重复，拓展语言

我刚刚对埃米利奥做了什么？我尝试的策略基于怎样的思考？这些策略如何让埃米利奥表现出一些微小的进步迹象？想要回答这些问题，我们需要先从埃米利奥的角度考虑一下刚刚发生的事情。以下是三段不同的描述，呈现了我和埃米利奥一起敲击三角铁和跳舞的情境。

埃米利奥还不能使用大量的语言。他很喜欢在教室中游荡，并观察教室中发生的事。这一天，他正在四处游荡，发现了一些节奏乐器。它们不会说话，但是能够发出吸引人的声音。我在他碰巧在的地方加入了他，和他一起制造声音。这感觉很好。

埃米利奥玩得很开心。玩得很开心使他在我的附近逗留。在我的附近逗留使他和我之间有有来有往的嬉笑。

通过使用节奏乐器，埃米利奥和我共同进入了节奏。

每一段描述中都有真实的内容。如果没有这些不需要讲话就能输出快乐的乐器，那么埃米利奥就不可能感到如此有兴趣。如果我没有在他暂时被节奏乐器吸引时找到他，那么他可能如同往常一般很快就离开了。如果没有快乐的元素，那么他根本不会加入有来有往的简单互动。最终，毋庸置疑的是，我们在这一互动中找到了节奏（尽管这次互动由我在极大程度上支架）。

这三段描述阐明了为什么埃米利奥能够在我们一起进行的活动中保持参与，以及这次互动让他获得了怎样的经历。基于以上描述，一系列更加深入的描述向我们提供了关于在埃米利奥和我之间发生的事的另一层理解。它们依赖于幼儿教育领域内关于发展和干预的思考。

- 我对埃米利奥进行的充满动作和热情的工作帮助他进入一种积极参与的状态——他打开了“参与灯泡”。
- 这为他进入沟通圆环奠定了基础。从他的角度来说，沟通圆环并不包括语言；从我的角度来说，它包括语言。
- 通过重复单独的词语和简单的词组，我试图帮助埃米利奥理解词语和它所描述的行为之间的对应关系（例如：砰砰、叮叮和跳舞）。
- 我使用了非语言的强调来支持埃米利奥的兴趣、注意力和学习。这种强调包括在某些时刻更大声地说话，而在另一些时刻更有热情地说话。它也包括做出高度生动的面部表情和夸张的动作。
- 当埃米利奥做出了一些表达愉悦的行为时，我会“模仿”这一行为。当他咯咯笑时，我也咯咯笑。当他跳舞时，我模仿了他的动作。

在优秀的作品《一个孩子，两种语言》（*One Child, Two Languages*，2008）中，佩登·泰柏（Patton Tabors）讨论了成人能够用于帮助第二语言学习者发展新语言精通能力的策略。这些策略不仅适用于“一般意义上的”第二语言学习者，也适用于像埃米利奥这样因注意力分散使事情变得更艰难的第二语言学习者。它们对我们教室中的“乔纳森们”也很有用——这指的是只说一种语言，却因语言处理方面的困难使学习这一种语言也变得困难的幼儿。以下是书中的五个核心策略，冒号前面使用的是泰柏的书中的语言（pp. 91–94），后面的描述使用的是我的语言。

- 支持：当“支持”沟通以增加理解和学习时，我们不能只使用语言，要加入一些姿势和动作。有时，我们要看向正在谈论的内容。
- 重复和强调：通过强调一句话中最重要的单词，并在每次使用这一单词时多次重复，我们能够帮助幼儿认识他们听到的声音和含义。有时，将想要传达的最重要的单词放在句尾也很有用——这样幼儿可以更关注这些单词，也更容易记住它们。
- 谈论此地此刻：通过讨论当下发生的事，我们向幼儿提供了理解我们所说的话的额外抓手。最终，这种对于“此地此刻”的关注向幼儿提供了用自己的话来回应的途径，因为他们可以描述出正在发生的事。
- 拓展和延伸：一旦幼儿具备了表达自己的初始技能，我们便会关注如何帮助其详细地、一点一点地描述自己的想法。但是我们要牢记，一定要从他们已经了解的内容和会说的话开始，并基于此鼓励他们不断发展自己的想法。

- 提高要求：过于频繁地使用这一策略可能会导致幼儿不再参与。但是，当幼儿做好被轻轻地推一下的准备时，我们应在预期中加入小小的“力量”。在给予幼儿想要或需要的东西前，要求他们至少说出几个单词。

我对埃米利奥大量地使用了前三条策略。但是，我并没有触及后两条策略。这并不是因为我在开展针对他的工作时小心地考虑这五个选项——我只是在斟酌干预的各种可能性，看看会发生什么。但是我本能地感觉到埃米利奥还没有准备好拓展我们正在做的事。我不想让他感觉自己被逼着开始讲话。后两条策略可以后期再用（而乔纳森很适合“拓展和延伸”这一策略——我们会在他的故事中进行阐述）。

鼓和快乐（续）：为埃米利奥制订的行动计划

在观察后，我与克劳迪娅和南希一起坐下召开团队会议，我们迅速对埃米利奥现在的情况达成了共识。我们讨论了他经常表现出的古怪样子，以及花费大量的时间在教室中游荡，迷失在自我满足却孤立的世界中。我们发现在游荡的过程中，他会找到不需要很多（甚至任何）语言表达的情境，而且没有在已经接触到的任何语言中表现出我们期待看到的早期沟通能力。然后，当开始思考情况背后的原因时，我们一致认为他的情况可能是由第二语言学习和游戏中注意力分散导致的。但是，我们不知道埃米利奥是否在语言和信息处理方面存在困难，这使整个情况对他来说变得更加困难。

我们继续设定目标。我们都希望埃米利奥能够更长时间地参与活动并集中注意力。我们希望他能发展使用简单语言对他的世界、想法、感受和需求进行描述的能力。我们希望看到他更多地注意到其他幼儿正在做的事，并模仿他们的游戏——甚至分享他简单的游戏想法。最后，我们希望他的游戏能够变得有目的，有更多的结构和意图——我们都同意这样的进步暂时不应该出现在我们的计划中。

随着开始设想帮助埃米利奥达到这些目标的方法，我向教师们分享了一些我刚刚对他进行的工作及其背后的理念。我告诉她们，我使用了“妈妈语”来推动我所做的事。（我在第十一章中首次介绍了“妈妈语”，它指的是与年龄较大的幼儿相比，在和婴儿或非常年幼的幼儿说话时，成人使用更高的音高和多变的声调。使用妈妈语的成人也会使用短句和简单的词组，并对重要的单词进行强调。）

随着继续关注行动计划，我们讨论了关于3C的内容，以及它们在克劳迪娅和南希向埃米利奥提供的帮助中会处于怎样的核心位置。我们也提醒自己要牢记发展性阶梯和支架学习的“一步接一步”的方法。就像我早上做的关于叮叮、跳舞和敲鼓的实验，教师们也需要基于埃米利奥的现有发展水平开始提供支持。最后，我们确定了一个详细的行动计划。

为埃米利奥制订的行动计划包含以下元素。

基于教室的支持

克劳迪娅和南希将通过以下方式支持关系、非语言沟通和提示回应。

- 让埃米利奥参与大量的温暖关系、模仿、哼歌和唱歌以及有趣味性的非语言互动。
- 在教室的另一端逗他——每次与埃米利奥眼神交汇时都向他招手和微笑。
- 当与埃米利奥在一起时，做出夸张的面部表情和动作，从而吸引和保持他的注意力。

她们将通过以下方式培养幼儿的语言技能和基于语言的沟通圆环。

- 当埃米利奥正在做一件事时，用简单的语言向他描述这件事。
- 使用简短的词语，并强调想让埃米利奥学习的单词或词组。
- 想一些让人快乐的游戏或有趣味性的互动，通过这些活动对埃米利奥所做的事和教师的回应进行描述。
- 在和埃米利奥一起开展他想参与的活动前，试着让他说出一两个单词，并在他说出后热情地做出回应。

她们将通过以下方式支持幼儿独自游戏和合作游戏。

- 发现埃米利奥的兴趣点，并加入他的游戏——模仿他的游戏、命名他的游戏，并慢慢地在他正在尝试的游戏中增加内容和提高复杂程度。
- 在埃米利奥和其他幼儿之间做一些“胶水”工作，提醒和告诉他他正在做的事情以及其他幼儿正在做的事情。
- 告诉埃米利奥一些向在他身边进行游戏（或者和他一起游戏）的其他幼儿重复的单词和词组，这样他就能够与其他幼儿进行互动。

当埃米利奥看起来已经准备就绪时，克劳迪娅和南希将……

- 在为埃米利奥提供的组合策略中加入更多的“借一个伙伴”的游戏支持。
- 利用这种游戏支持帮助埃米利奥拓展一些游戏想法，并在游戏的过程中加入更多的复杂语言。
- 通过游戏促进埃米利奥与同学之间的成功互动，当他学习向他人阐释和分享想法时待在他的身边。

家庭参与

南希（她也说西班牙语）将……

- 与埃米利奥的母亲交谈，或者在时间允许的情况下与他的父母交谈。
- 与埃米利奥的父母分享她和克劳迪娅在幼儿园里实施的策略，并确定哪些策略适合他们在家里尝试。
- 在家长会上示范我们的一些想法，或邀请埃米利奥的家长来到教室中与教师团队一起进行观察并实施策略。
- 与埃米利奥的家长讨论进行一次语言评估的可能性。

在制订这个计划后，克劳迪娅、南希和我进行了确认，我们一致同意这个计划让我们都感到舒适。计划中包含了我们希望看到的针对发展的要素。我们同意，应该在建议埃米利奥的家长为他请求语言评估前再等一等。如果他们现在就这么做，那么进行评估的学校系统可能会将他认定为第二语言学习者，而不是一个需要接受评估服务的幼儿。虽然这么说，但如果埃米利奥的情况在三四个月的时间内没有大的进展，那么寻求评估可能是一个好的方案。现在提出这一可能性的原因是想让埃米利奥的家长了解，在未来我们可能会进行关于这一问题的讨论。但是这个讨论需要真的发生吗？我们还不知道。是时候让我们用一种新的方式来支持埃米利奥并看看会发生什么了。

开始针对乔纳森的工作

在开始观察埃米利奥时，我也注意到乔纳森。很快我就意识到，他是一个非常喜欢社交的男孩。在火车桌上，他经常会看周围的人都在做什么。阿兰似乎是他最喜欢的同伴。他们俩都不怎么说话。当说话时，他们只是用几乎没有联系的一两个单词来扩展游戏想法。因此，乔纳森在充满“呜呜”声和相撞的火车游戏中有一个愿意和他一起游戏的伙伴，但他们的游戏并不会有深入的发展。

当其他幼儿和他一起游戏时，情况就完全不同了。教师们注意到乔纳森很难跟上其他幼儿的游戏节奏。他会进行尝试，但萦绕在他周围的语言和游戏想法似乎让他感到困惑。通常，他最终会在火车桌上找到一个角落独自玩耍。

小组时间对他来说也很困难。当有机会唱歌或参与律动游戏时，乔纳森似乎最开心。但当教师读书时，特别是读那些内容稍难的书，他似乎无法保持专注。有时，教师会邀请幼儿分享他们的想法和故事。当他试图回答一个问题或讨论一个话题时，他很难让人理解他想要表达的意思。通常，他甚至不会尝试。

在观察的过程中，我很清楚地意识到当他并不感到沮丧或分心时，他是一个开朗、愿意合作且易于取悦的男孩。但是，我和两位教师都对他无法获得语言评估服务的结果感到惊讶。我很高兴乔纳森会错过明年秋天的学前班入学截止日期。毋庸置疑，在幼儿园中多待一年对他来说大有裨益。我希望我们能够鼓励他的家长再申请一次评估。可能是因为上一次评估时他只有3.5岁，他在年龄适宜的水平上处于较低的一端。如果他在4岁后再接受测试，那么结果可能会不一样。

我们会帮助你跟上节奏：支架沟通技能

当谈论乔纳森时，我们的团队清晰地认识到他的成长目标。我们希望他作为一个沟通者变得更加自信和有能力，并开始展示更丰富的语言和更充分的游戏理念，以及扩展游戏和对话的能力。此外，随着乔纳森获得沟通技巧，我们希望看到他在与同学们的游戏中有更多的互动。我们希望更多地与这些同学互动，更多地关注乔纳森的学习，并在这两方面取得更大的成功。

充满沟通的互动

克劳迪娅和南希决定尝试的关于乔纳森的策略可以被划分为两个方面。第一个方面与用关系孕育每一天相关。但是这次，这个策略有一个小小的改变。它不仅包括互动的瞬间，也包括充满沟通的互动瞬间。当实施策略时，教师有时会使用妈妈语——但并不会让乔纳森觉得自己像一个婴儿。她们会“小幅度地”提供语言，使用支持和重复的策略，提高他对她们所表达内容的理解程度。她们还会关注对语言的拓展。也就是说，一旦感到乔纳森能够跟上节奏，她们就会在对话中逐步加入一些内容。通过这些努力，她们会用一种“此地此刻”的方式（主要通过她们在教室中看到的他参与互动的时刻）试着让他达到目标。

针对乔纳森的行动计划的第二个方面包括教师支持游戏。在时间允许的情况下，克劳迪娅和南希会加入他的游戏，扮演聪明的幼儿和游戏教练的角色。她们可能会同他一起坐下，或与他和他的一两个朋友一起坐下，并且向他提供跟上游戏节奏所需的语言和想法。她们也会在他和朋友之间做“人形胶水”的工作。此时他能够传达的想法对教室中的大多数幼儿来说都是无趣的。通过“你和我一起”的联合，教师会在乔纳森没有更多的想法时向他和他的同学们提供一些想法。然后，她们会看看他能否搭上这些想法的“顺风车”并将其深化。这都要一步一步地进行。

预览小组时间的内容

这种策略对于很多无法理解小组时间发生的事的幼儿来说很有用。只要可能，克劳迪娅和南希都会在圆圈时间前将乔纳森带到一旁。然后，他们会一起预览即将发生的事情。她们会提示他可能会讨论的问题，向他提供思考答案的机会。她们也会提前向他展示随后会阅读的书，并强调书中最重要的内容。她们希望这些做法能够让乔纳森在幼儿聚集后更多地感觉到他是小组的一部分。她们也希望他能够更好地从听到的内容中学习。

家庭帮助和专业帮助：越多越好

克劳迪娅和南希看起来轻松了很多。鉴于乔纳森不符合接受幼儿园以外的服务的标准，她们在想他是否需要很多一对一的关注才能进步。她们觉得能够合适地将这一计划纳入已有的课堂计划。她们也会和乔纳森的父母谈谈。她们为乔纳森制订的在园计划可以转化为适合在家里实施的版本。

作为家庭拓展计划的一部分，她们会示范如何使用支持、拓展和妈妈语等策略，即使乔纳森的家长并不使用这些标签来称呼它们。她们在会议上说，也许她们会邀请乔纳森的母亲和祖母（他的主要照顾者）来到教室中看看她们是如何做的，并获得一些友好的指导。她们也强调，希望乔纳森的家长能够在他4岁后再请求一次评估。也许进行评估的学校系统会同意在今年的晚些时候向他提供额外的帮助。她们想让这个家庭知道，园外服务对乔纳森来说可能有巨大的帮助。

向上和向前

对于两名男孩来说，我们还有很多工作要做。但是克劳迪娅和南希都感到坚定和明确。她们如同往常一般，以一种奉献的方式将我们解决问题的方法牢记于心。尽管她们知道幼儿取得进步的速度很缓慢，尤其是对于乔纳森来说，但是她们提供的支持是无价的。对于在沟通技能方面有困难的幼儿来说，情况通常如此。

随着学年的继续，乔纳森开始更多地说话和游戏了，但是他仍然需要额外的帮助。向他提供游戏支持有重大的作用。他很喜欢成人的陪伴，也一点一点地学习在他说的话、玩的游戏中加入复杂的内容。在学年结束时，尽管当没有成人在附近时他的游戏仍然会经常重复，但是他的表现已经有了大幅度的好转。这提示教师需要再次向他提供额外的支持。

乔纳森的朋友阿兰比他更快地发展了语言和游戏技能。这使得阿兰最终找到了其他他更喜欢的游戏伙伴。这让乔纳森感到很难过——阿兰一直是他最好的朋友、最令人舒适的游戏伙伴。幸运的是，在学年中期，3岁的妍加入了我们的班级。这个女孩的家庭刚从其他国家来到美国，她的英语沟通技能比乔纳森更差。乔纳森保护着妍，这是一个双赢的情况。有时他会充当教师，而她作为学生。见证这一画面让人感到很愉悦。

2月，学校系统对乔纳森再次进行了评估。3月底，他们宣布乔纳森获得了接受一周两次的语言服务的资格，该服务会在秋天开始。到那时，克劳迪娅和南希希望，他在家庭和幼儿园中接受的帮助——辅以他将要接受的来自学校系统的帮助——能够在他进入学前班之前再推他一把。不过，教师们猜测，他的个性化教育计划会伴随他的小学阶段。她们知道他是一个非常友善且乐于社交的男孩，希望他能够成为一个优秀的朋友和学习者。但是直觉告诉她们，他在学习方面需要持续的帮助。

埃米利奥的进步发生得比较快。妈妈语和充满了动作的互动策略很好地抓住了他的注意力。他开始更好地集中注意力、更多地使用语言，并且慢慢地开始和朋友们一起游戏。到2月时，他看起来更像教室中的其他第二语言学习者，而不再像一个有语言发展困难的幼儿。他在家里使用西班牙语的技能也有所进步。克劳迪娅认为我们的想法是正确的：学习一门新语言是问题的一部分，但注意力分散也是问题的一部分。一旦她和南希清楚如何同时面对两方面的问题，埃米利奥就能更快地掌握技能。到了年底呢？乔纳森和埃米利奥仍然是朋友。埃米利奥已经兴高采烈地融入忙碌的课堂了。他就像一只会多种语言的五颜六色的小蝴蝶，在一群群幼儿间飞来飞去，所有人都欢迎他。他不管飞到哪里都会驻足一会儿。

向课堂说再见

阿兰、汉娜、珍妮、凯文、伊莎贝尔、乔纳森和埃米利奥，以及克劳迪娅和南希——七名幼儿和两名教师一起度过了一个充满了困难和成长、担忧和庆祝的学年。其中有开心的结局，也有不怎么开心的结局；有充满了希望的故事，也有充满了挑战的故事。简而言之，这是一个真实的课堂，包含了幼儿教育工作者总会面临的各方面的跌宕起伏。崎岖坎坷和所有的一切是我们受到鼓舞和激励的缘由。一些幼儿在年底时变得茁壮成长，而另一些幼儿也获得了明显的进步——即便是那些在未来的生活中可能仍有困难的幼儿。他们被教师精心地关爱着——教师努力地用自己具备的所有智慧和技能理解并支持每一名幼儿。我们已经做到了最好。

第三部分

解决自我调节方面的问题

>>

在本部分的章节内容中，所有故事的主人公都有自我调节能力的问题。对这些幼儿来说，保持身体平静、全神贯注、管理情绪和控制自己的冲动都很困难。这些在自我调节中挣扎的孩子，往往在我们的教室里也面临许多挑战。他们会伤害其他孩子。在我们需要他们平静时，他们会突然站起来。他们让过渡时间变得很棘手，让其他孩子变得不高兴，经常扰乱一天的平静。在某个时刻，尽管我们努力保持耐心，但他们仍会突破我们的忍耐极限。我们变得恼怒、沮丧，甚至会悄然发怒。教室里经常会出现日益增加的不确定性困难。这种情况也可以发生在家里。无论一个幼儿的困难根源是什么，他做的事情都会让照顾他的家庭成员的生活变得非常艰难。他们也会让他的生活变得艰难，家庭状况变得紧张。在孩子们走进教室的每一天，这种紧张气氛都会出现。

第三部分的前三章重点介绍了与幼儿的自我调节相关的一系列困难。第十三章探讨了这一重要技能的本质，重点介绍了那些身体经常在动但大脑无法足够慢下来以接受和使用成为教室合作成员所需信息的孩子。第十四章和第十五章涉及在不同的方面容易受挫、发泄迅速和解决问题能力差的孩子。第十五章也涉及另一群孩子——那些经常被焦虑打破平静心灵的孩子。

鉴于家园联系的重要性，第三部分最后探讨了教师如何帮助家长学习新的方法来支持难以管理的孩子。特别是，第十六章探讨了我们如何与家长和其他家

>>

>>>

庭照顾者讨论设定和遵循合理的期望。提供这样的指导是我们工作的一个重要部分。这些成人指望我们好好地照顾他们的孩子，但他们也向我们寻求指导。当家里的事情不能被很好地控制时，知道如何提供指导是我们给他们及其孩子的礼物。

>>>

第十三章

和加布丽埃勒一起工作

——在精力旺盛且注意力不集中时提供帮助

这是3月中旬的一个星期二。朱莉娅是一所幼儿园的主班教师，想知道她的班级第二天会发生什么意想不到的变化。上周末，她所在园所的大楼里的一根管道爆裂了，一些教室被大水淹没。朱莉娅所在的教室也被淹没了。幸运的是，在星期六下午就有人发现了这个状况。在星期日，一些重要的工作人员为下一周的教学工作安排了临时班。结果是朱莉娅的18个孩子组成的班级与另一个“流离失所”的班级共享园所的一个“大房间”。

昨天很顺利。因为加布丽埃勒（加宝）——朱莉娅班里最活跃、冲动、容易注意力分散的孩子——不在那里。今天她就要来了。加宝从去年9月份到现在已经取得了很大的进步。但过渡环节不是她的强项，改变也不是。她仍然需要教师的精心安排和激励才能成功。朱莉娅想知道，这个富有挑战性的幼儿将如何适应她在学校中的巨大转变？她能承受增加的噪声和喧闹声而不心烦意乱吗？

理解“扭来扭去的人”

加宝的名字可能听起来很熟悉。在第一章中，她是一个旋风般的女孩，朱莉娅担心地与教师团队讨论她的问题。秋天的时候，加宝听的能力很差，注意力持续时间很短，而她的能量水平非常高。朱莉娅注意到加宝对她的同伴多么专横和冲动，以至于他们不再欢迎她作为玩伴。她不仅在学校里表现困难，在家里也是如此。事实上，加宝家里的情况很极端，她的母亲贝丝只能把她锁在房间里，因为除此之外她不知道还能做什么。

像加宝这样的孩子通常被视作精力充沛的孩子，我有时叫他们“扭来扭去的人”。在今年的早些时候，园长把这个词分享给了教师。有位教师是小熊维尼的粉丝，她说：“哦，你是说跳跳虎吧！我知道，我的儿子就是‘跳跳虎’！”不管我们如何称呼这类孩子，他们在教室里总是很显眼，因为他们需要大量的移动，吮吸自己的衬衫，戳自己的同伴，当被要求停下不好的行为时通常很难停止。他们能够在自由游戏时保持相对冷静和专注，当听到“5分钟后收拾”时，他们会瞬间加快速度。只需要一个手势和一个动作，这些孩子就能兴高采烈地把同伴带入非常混乱的过渡环节（加宝在这方面尤其擅长）。有时，尽管教师们尽了最大的努力，但到了集体教育活动时间，他们从不会安定下来。把思想和身体约束起来，以便他们能够再次成功地参与活动，对他们来说也是困难的。

这些描述指向了一些发展性技能，教师在致力于帮助“最活跃”的课堂成员时需要聚焦于这些技能。本章用加宝的故事和有关另一个孩子的简短叙述来阐明这项工作的本质。为了探索课堂范围内的方法，这通常是多项工作中必要的一部分，它描述了我对于帮助一位年轻教师面对一群“加宝”付出的努力。本章首先探讨了一些概念，这些概念有助于我们理解这类精力充沛的孩子所面临的挑战——自我调节和执行功能。

自我调节：一个有组成部分的中心任务

“自我调节”一词在我们的领域中使用得太频繁了，并且使用的方式各不相同，以至于很难知道它到底意味着什么。我喜欢把它理解为幼儿随着时间的推移学会管理的事情——他们的精力、注意力、情感和冲动。换句话说，正在学习自我调节的幼儿可以在精力旺盛时使自己平静，在注意力模糊时使自己集中，在感觉强烈和痛苦时安抚自己。那些正在学习自我调节的幼儿，当无法控制自己的冲动时也能够抑制自己。自我调节的最后一个方面与调节强烈情感的能力相结合尤其重要。当感觉和冲动得到控制时，幼儿更能成功地在事情开始变得困难时解决问题。反过来，这种能力也有助于帮助幼儿成为一个受人喜爱的朋友和成功的学习者。

近年来，早期儿童研究领域开始关注自我调节的另一个方面——感觉统合。许多业内人士认为，这些精力充沛的孩子很难调节他们的感觉系统，并且有这种苗头的孩子最终被诊断为“感觉统合障碍”——这意味着他们在调节感觉方面的问题非常严重，这些问题对他们的发展产生了重大影响。

无论孩子的情况是否值得诊断，感觉问题往往以两种不同的方式表现：要么幼儿需要更多的感官输入来让自己感觉平静，要么已经得到的感官输入让他不舒服或不知所措（有时，我们会看到两者兼有）。在第一种情况下，幼儿经常会用一种对他人来说非常艰难的方式寻求渴望的感觉——故意撞到别的小朋友，对其他小伙伴拳打脚踢，甚至还有更多过分的行为。在第二种情况下，他们可能会逃避不舒服的感觉，在觉得袜子太紧、衬衫太粗糙或防晒霜“恶心”时，他们会陷入困境。当周围有很多声音或骚动时，他们很快会不知所措。

执行功能：基于大脑的“老板”（以及老板的员工）

像加宝一样，冲动是许多精力旺盛的孩子的问题。虽然控制冲动的能力可以被视为刚谈到的自我调节的范畴，但它也与一组基于大脑的能力有关系，这种基于大脑的能力被称为“执行功能”。这一术语在该领域被广泛使用，指的是孩子和成人用他们的思想来控制身体、情绪和行动。

在思考执行功能的本质时，我们可以想象每个人的大脑中都有一个地方，这个地方有一张长方形的桌子。许多人围坐在桌子的周围，他们就像是正在开会的企业高管。桌子上的每个人都代表着大脑功能的一个方面。在我们必须转换方向时，有人帮助我们思考用多少时间完成某件事，有人监督我们完成任务的情况，有人预测未来的事情（这个人知道，有时当我们想要做某事时，提前考虑行为的潜在后果且做一些别的事情很重要），还有人负责计划。坐在桌子首位的是董事长，确保所有与会的人都在场，并且在各自的工作岗位中做得很好（Zelazo，2014）。

在课堂上扭来扭去的孩子通常执行功能较弱。因此，这些孩子很难计划和预测事情。他们很难监控自己完成任务的情况，也很难把控自己要做什么。事实上，有时教师觉得这些孩子永远生活在现在，不知道自己的目标是什么，不知道达成目标后希望发生什么，也不知道如果做出一个对周围人来说不明智的选择会有什么结果。当精力充沛的孩子做出不明智的选择时，他们不一定出于有害的意图，事实上，加宝总是对她所做的事情感到抱歉，她的道歉是认真的。加宝就是一个永远活在现在的最好例子，在这一刻她为自己伤害了别人的感情或身体而深感抱歉，但是在下一刻她就做了同样伤害别人的事情。

用“五个重点”支持焦点

在某种程度上，笼统地说精力充沛的孩子不能这样或不能那样做是不公平的——我们知道所有的孩子都是独一无二的个体。通过考虑到这些孩子是一个可识别的群体，我们可以为他们的发展制定总体目标，并且希望更多的孩子能够达到这些目标（就像朱莉娅的团队对加宝持续跟踪一年一样）。我们希望他们学会放慢身体且关注自己的想法；希望他们学会精神放松，考虑未来并按照设想行动；希望能够培养他们分享和等待的能力——这是成为一个好朋友和富有同情心的家庭成员的两个要素。很多孩子都想两者兼得，只是精力、注意力分散和冲动妨碍了他们。

当教师的身边有一个扭来扭去的孩子时，他们就不难想象出这样的成长目标，关键的挑战在于如何提供有效的干预方法来满足这些需求。本章讨论的这些孩子（从定义上讲）每天都精力充沛、注意力不集中、冲动。捕获和保持他们的兴趣，为他们提供所需的支持和进步就是一个相当大的挑战。因此，了解我们为促进这一进展所关注的领域可能特别有帮助，我喜欢把这种做法叫作“五个关注重点”。因此，为了帮助那些扭来扭去的幼儿，我们要：

- 注意积极主动的教学实践——如何进行房间设计、提供活动、支持日常活动、设定和落实行为期望。
- 提供循序渐进的技能发展方法。
- 加强温暖、安全和专注的关系的感觉。
- 改变阻碍发展的有问题的互动模式。
- 与家长合作，为家庭中发生的事情提供指导和支持。

每一个关注重点都在本章中有所探讨，由于某些内容在其他章节中有更全面的讨论，所以本章更关注前两个方面。第一个关注重点虽然和我们与所有孩子的工作有关，但对于有自我调节问题的人来说，它可能是最重要的。想要仔细研究它，就得回到朱莉娅所在的幼儿园，以及教师临时将两个教室中的孩子安置在一个“大房间”的方法。

房间设计、常规、规则等

大房间是一个铺着地毯的大空间，当幼儿不能外出玩耍时，它通常被作为室内的后备空间。然而现在，它被巧妙地安排成了活动区域和进行圆圈时间的场所。教师们带来了一些书架和低矮的屏风来分隔这些空间，并在地毯上粘贴标记胶带，以明确每个空间的界线。小的矩形标志能够告知孩子们每个活动区域允许进入的人数。此外，这个房间的开放性被有意限制，没有哪个区域的孩子会环顾四周，然后说："嘿，这里的交通状况很好，可以跑了！"

教师们还想了其他办法，让临时挪动区域的工作尽可能顺利地进行。有一个安静的角落，给孩子们提供舒适的枕头和书籍。汽车和卡车的盒子，两个截然不同的表演区，以及美工区和科学区的桌面都设计得很诱人。其他区域也被精心设计，每个区域都有特色活动。简而言之，每个区域提供的材料都能够激发孩子的兴趣，吸引他们的注意。教师们希望这种安排能够培养孩子的秩序感和专注度。

共享大房间的教师们也精心地安排了时间，制定了大型的可视化时间表，向孩子们展示他们每天都会做的事情。周末结束后，两组幼儿和教师们一起预览了这些日常计划。现在可视化时间表被贴在大房间内相对的墙上。此外，每个班级列出了一份"什么是相同的，什么是不同的"规则清单，那些清单被贴在房间的正门附近。

朱莉娅和同事用相当于按下重置按钮的方法来处理他们意想不到的变化。换句话说，他们通过复制年初的做法来建设临时教学场所。他们重新强调了在9月份被首次引入的对儿童友好的日程安排，并通过设计吸引人的可视化时间表加以说明，这些时间表可以为本周的大房间里的日程安排提供参考。他们强调通过设计房间来支持幼儿保持专注，出于同样的目的，通过精心组织的方式安排活动（就像在学年开始时做的那样），鼓励两个教室中的孩子制定共同体规则，以促进团体和个人的"参与"。这些规则被认为是必要的，都陈述简洁且很容易在大房间的墙上看到。

这些教学实践的积极元素是教师工作的重要组成部分，为课堂生活奠定基调，支持幼儿的情绪健康和发展。你可以在附录C中找到解决一些问题（如房间设计和一日常规）的资源，包括由早期学习社会和情感基础中心（Center on the Social and Emotional Foundations for Early Learning，CSEFEL）提供的免费资料。早期学习社会和情感基础中心的方法在早期教育领域被广泛接受，突出强调这些元素的重要性——我们做什么来确保所有的孩子得到成长所需的基本支持。

强调"以促进为中心"的方法与一个核心理念——我们应该为所有的孩子做一些事情——相联系，对那些最具挑战性的孩子尤其有帮助。在这种情况下，铭记一个重要的观点——规范的教室培养规范的孩子——非常有用，它与加宝这类孩子的经历有关。当孩子们走进一个平静有序的环境中时，他们感到内心更平静、更有秩序。当一个教室混乱时，他们常常会体验到内心的混乱。混乱的教室对容易获得内在冷静、容易自我调节的孩子来说并非那么具有挑战性，但对于并非这样的幼儿（包括这些扭来扭去的幼儿）来说，在课堂上缺乏秩序的氛围会带来灾难性后果。我们在这种情况下会看到什么？这是一种群体传染，一个不受控制的孩子会引起其他孩子的不满。在我们意识到这一点之前，即使是最冷静的孩子也会变得很焦虑。

按下重置按钮：一个儿童友好的方式

几年前，我走进了一间弥漫着不安和混乱的教室。年轻教师莉齐有很多优点，其中之一就是她能以非常富有同情心的方式帮助情绪崩溃的孩子们。不足的是她的课堂管理方法不完善，导致很多幼儿在教学过程中很崩溃。她越是关注那些暂时不开心或沮丧的孩子，她的课堂就变得越难以控制。我被叫去的时候，情况已经很糟糕了。

我左右为难。我想帮助莉齐按下一个特定版本的重置按钮——这个按钮可以让孩子们回到今年的早些时候，那时他们什么都没有经历。要想做到这一点，莉齐需要在活动时间召集孩子们讨论一些想法，然而许多幼儿拒绝参与。当第一次观察完课堂后，我不仅对课堂上的状况感到担忧，也对自己的角色感到焦虑。我能做些什么来扭转局面呢？我感到不确定，但是我需要一个友好的倾听者，于是我打电话向同事洛蕾塔寻求一些建议。

洛蕾塔提醒我，当幼儿的行为不像我们希望的那样时，我们必须想清楚如何一步一步地教给幼儿他们所缺乏的技能。我知道这说得通，但是我问她，莉齐和我怎么能把这个班级集合起来并进行主动教学？尽管做到了这一点，我们怎么能在孩子们如此不受监管的情况下吸引他们的注意力呢？

洛蕾塔的回答和往常一样，求助于一个玩偶也许会有帮助。“达菲这样的角色怎么样？”她问。达菲是洛蕾塔的密友，是一个可爱的毛茸茸的狗玩偶，有着缓慢的节奏和中西部的口音。当洛蕾塔组织课堂的时候，达菲被用来教孩子们如何交叉双腿、安静地坐着以及闭上嘴，在集体教育活动时“把手在自己的身上放好”。他在每学年开始时都这样做，给孩子们讲他年幼时在学校里也很难学会停止、注意和倾听。

我问洛蕾塔我能不能模仿借助于达菲的想法。在她的启发下，第二天早上我买了一个代表自己的狗玩偶，他的名字叫古斯特菲尔（Gustopher），小名叫古斯特（Gusto）。“Gusto”这个词的意思是“充满活力”，我想孩子们可能会喜欢这个名字。他们可能会有兴趣知道，当古斯特的老师对他感到失望时，她会使用他的全名，并带有一点强烈的语气。我想了一个故事，那就是古斯特会告诉莉齐的学生他以前是怎么惹上麻烦的。“古斯特菲尔！”他的老师会在集体教育活动时说，“如果你把爪子放在他们的身上，对他们吠叫，我就不能说话，孩子们也不能听到！”但我要怎么帮莉齐召集她的孩子，以便他讲自己的学习故事呢？

我制订了一个计划。当第二次进班时，我把古斯特放在一个小柳条篮子里，并给正在睡觉的他盖了一个小毯子。然后我把他叫醒，拉着他在教室里走来走去。我让古斯特用一种有趣的粗哑和吸引人的声音向每个孩子介绍自己，问他们的名字、喜欢做什么、最喜欢什么颜色（通常他也喜欢这种颜色）。之后我提到他会在毯子下睡个午觉再回来参加集体教育活动，到时候他会给大家讲一些有趣的故事。到时候孩子们还会在那里吗？每个孩子都给了肯定的答复，他显然很高兴。

古斯特在幼儿自由玩耍时小睡了一会儿。当这段时间快结束时，莉齐和我四处打听，小朋友们是否还记得在集体教育活动时会有一个访客。他们当然记得，甚至兴奋地说“记得”。当被问及“你们能快点儿为客人的来访做好准备吗？”，他们给予了肯定的回复。实际上他们做到了，每一名幼儿都做到了。

幼儿们一集合就该把古斯特从午睡中唤醒了。要实现这一点需要一些尝试——让孩子们先听一个提示，然后一起喊出他的名字。幼儿们最初的尝试都没有成功，因为他们必须叫他的名字，不能太小声也不能太大声。最终在第三次尝试时幼儿们成功地叫醒了他。当他醒来时，孩子们已经比以前更有反应和调节能力了。当然，这就是整个“让我们唤醒他”的过程的意义。

古斯特（就像洛蕾塔的达菲一样）开始了讲故事的工作。他用吸引人的粗哑声音，告诉孩子们他以前是如何难以倾听和等待的，以及他是如何学会安静地坐着和举手说话的。之后他问了一个问题：孩子们愿意和他一起练习这些他在几年前必须练习的事情吗？他们表示愿意。这太棒了！“哦，我的天！”古斯特边练习边说，“他们比我小时候好多了。”“莉齐，他想知道，他能不能明天再来看看孩子们有没有做好他们的工作？”“哦，他可以。”“汪，汪，那太好了。这也太棒了！太令人开心了！”任何名字中带字母“G”的小朋友都可以做到，就像古斯特一样！带有一定的戏剧性的是，古斯特突然累了，该午睡了，他打了一个大哈欠。在和喜欢的孩子吻别后（当然，一次和一个孩子吻别，这里稍微强调了等待的技巧），他进入了自己的篮子。然后，他挑选了几个特别活泼的、喜欢扭来扭去的孩子，允许他们把毯子亲切地盖在他毛茸茸的身体上（作为表扬）。

古斯特和孩子们的互动说明了几个重要的问题。只要有可能，我们可以提供儿童友好的教学提升和预防策略。找到方法将这些策略嵌入有趣的情境是一个加分项，将所期望的技能分解成一个一个小步骤是必要的。

找到“权威的声音”：表示认真但不刻薄

第十六章探讨了当孩子在家里拥有许多权力时，我们如何帮助家长培养一种“权威的声音”。教师需要有坚定和清晰的声音，传达一种“我是认真的”态度，而不是严厉。有些教师天生就有这样的声音，其他教师需要在这方面努力。

莉齐属于后一类教师。她和我花了些时间讨论，当需要作为负责人来传达信息时如何找到更适合自己的声音。当孩子们需要停止不受欢迎的行为时，她以前使用的是温和的、有教养的声音，这对孩子们来说并没有用。一个更有权威的声音不仅能帮助她阻止孩子们，还能阻止自己。我建议莉齐努力寻找一种适合自己的权威声音。我们做了一些角色扮演，直到她找到了觉得舒服的“负责”的感觉，并且不咄咄逼人。她开始思考什么时候该对感到不知所措的孩子分出精力和注意力，什么时候该去上课。随着时间的推移，她做出这些选择的能力有了很大的提高，孩子们的自我控制能力也有了很大的提高。她和孩子们正迈向更好的一年。

聚焦常规：作为教学工具的过渡环节

我刚才讲的故事关于在集体教育活动中成功的技巧，我们可以考虑在日常工作中使用相同的方法。过渡时间就是一个最好的例子，教育者经常把它们看作幼儿从这里到那里的一种途径。对一些幼儿来说这是真的，但对大多数不受监管的孩子来说，过渡环节可以作为一种教学工具。考虑以下适用于过渡时间的几条原则：

- 如果教室里精力充沛、容易分心的孩子能学会在嘈杂和混乱中坚持完成任务，那么他们就能发展出更好的执行功能。
- 如果他们能保持稳定的精力水平（而不是越来越高），那么他们就能学习调节自己的"身体状态"。
- 如果他们能管好自己的手并配合清理，那么他们就掌握了挫折容忍能力、冲动控制能力和灵活性。

如果我们把过渡时间的目标进行拆分，一步一步地教这些小目标，并巩固成果，那么我们就为孩子们提供了每天学习自我调节技能的机会。如果不这样做，那么我们最终需要做出无数的（徒劳的）提醒，并处理对每个人来说都很艰难的过渡环节。教授过渡时间技能的一种方法就是将一个像古斯特这样的玩偶作为"合作教师"。关于其他想法，请参阅附录C中与主动教学实践有关的资源。

逐步培养技能的方法

古斯特分步骤地讲述着在集体教育活动时间专心静坐的技能。他教孩子们闭上嘴巴，把"爪子"留给自己，在轮不到讲话时不要号叫。这种逐步培养技能的方法是本章的"五个关注重点"中的第二个要素。3月中旬，班级合并后的第二天，我花了几小时在朱莉娅的临时教室里进行观察，这种技能培养方式的作用非常明显。

加宝在星期一缺席了，现在她刚到，正往大厅走。朱莉娅热情地欢迎她，问她是否听说了这一重大变化。加宝已经听说了。朱莉娅邀请她坐在大房间门外的大软垫上。在那里，他们预览了一天的日程安排，朱莉娅分享了孩子们为一周的学习生活制定的规则清单。她告诉加宝，教师们为那些需要远离喧嚣的孩子们设立了安静的角落。然后她带着加宝进入房间，他们手牵手地参观，查看新的环境和布置。加宝决定从美工区的一张美工桌开始一天的活动。她一直喜欢画画。

在开始后的1小时左右，朱莉娅和我都对加宝的应对方式印象深刻。现在是上午9:45，加宝的精力开始增强。朱莉娅知道没有多少时间可以浪费。很快，加宝将几乎无法接近。

加宝离开了角色扮演区，走马观花地“游览”所经过的地方。“加宝，停下来看这儿！”朱莉娅的脸被照亮了。如果加宝感到惊慌失措，那么她就会把发光源藏起来。加宝停了下来，双手放在身体两侧并抬起头。很明显，当听到“停下来看这儿”的提示时，加宝知道该怎么办。这并不奇怪。从10月中旬开始，全班学生（尤其是加宝）都在使用这种策略，并一直在练习对这一提示的反应。“嘿，漂亮的加宝！”朱莉娅惊呼道。她轻轻地捏了一下加宝的胳膊。“你能保持手臂不动吗？现在还是‘停下来看这儿’的时间。”加宝显然尝试着放慢脚步并参与活动，虽然她的眼睛似乎不集中，而且她的腿在不停地抖动。

“我要告诉你一件事。你知道是什么吗？”朱莉娅的声音流露出平静和兴趣。她对加宝充满鼓舞地笑了笑。“我的发动机运行得太快了？”加宝问道。“是的！这就是我想要说的！”朱莉娅笑了笑，用更温和的力量把她的手移到加宝的肩膀上。“你觉得你能做什么？”她问道。“慢一点？”加宝知道教师预期的答案。不过，她能否做到言外之意，目前还不清楚。“又来了！”朱莉娅说，“我们一起做吧，加宝。”

朱莉娅举起手，加宝也举起手。她们深呼吸，然后把手放在低于腰部的位置，并慢慢地呼气。朱莉娅问：“我们应该再来一次吗？”加宝好像认为要再来一次。她们举起手臂，又慢慢地放下手臂，同时慢慢地呼吸。“嘿，太棒了，加宝！”朱莉娅满脸骄傲。加宝看上去有点茫然，但似乎很高兴。

“加宝，这房间很大，我们有很多事情要做。你想在安静的地方休息一下吗？我们可以读一会儿书。”加宝一点也不感兴趣，看起来好像准备再次起飞。“那好吧，暂时不看书。”朱莉娅说，“我们到另一边看看。你可以想想下一步做什么。”

朱莉娅把手臂放在加宝的背上，她们朝着一个相对安静的地方走去。然后她们开始关注在那里发生的事情。加宝决定在房间里的积木区玩。“你觉得你会在那里做什么？”朱莉娅问道。加宝不确定——也许给一些马建马厩。她喜欢马。朱莉娅大声地问他们是否应该切开一些绳子来作为草料，加宝很感兴趣。他们找到两把剪刀和一个线团。在切割草料时，加宝又安静了一会儿。

在前往积木区的路上，朱莉娅问加宝是否需要一个游戏伙伴。加宝似乎不确定——或者只是注意力不集中。但加宝的好友阿比盖尔恰好在附近，朱莉娅带着微笑朝阿比盖尔走去："你愿意加入加宝吗？"她愿意加入——她也喜欢马。朱莉娅和两个女孩坐在一起，帮助她们把积木放在一个大长方形的箱子里。她也确保装着马的箱子就在旁边。

"加宝，停下来看这儿！"朱莉娅再次给了她提示。加宝又抬起头。"你和阿比盖尔做的马厩真是太棒了！你认为你会放多少匹马？"加宝又一次感到不确定了。"很多。"这是她含糊的回答。阿比盖尔插嘴补充道："大概10匹。"

"那好吧！很多马——也许10匹吧！"朱莉娅的声音充满了能量和强调，似乎想用个人魅力来战胜加宝的分心。"加宝、阿比盖尔，"她接着说，"我一会儿会回来看看马厩，我想知道马是不是把草料都吃光了！"加宝点点头，她和阿比（即阿比盖尔）开始喂马。朱莉娅去看别的孩子了。

收到，慢下来，提前思考：促进和练习掌握

在这个逐渐展开的小插曲中，我们可以看到许多发展。加布丽埃勒知道当听到"停下来看这儿"的提醒时应该做什么。她不动了，把手放在身体的两侧。她"拉上嘴唇的拉链"（闭嘴不说话了）。她把目光集中在说话的人的身上。对于每个步骤，她以前都是在集体游戏、集体教学时间练习的，然后是在为期几个月的课堂上的个人时间练习的。这种以实践为基础、循序渐进、儿童友好的技能培养方法，贯穿了朱莉娅为加宝提供支持的许多方面。

"我要告诉你一件事。你知道是什么吗？"朱莉娅在加宝静止不动、目光集中后问道。加宝也这样做了（静止不动，目光集中）。"我的发动机运行得太快了？"她回应道。当一个孩子以这种方式加入我们时，我们有理由给予鼓励。这个孩子——像加宝一样——正在慢慢地学习自我监控。我们知道，自我监控是自我调节的一个重要因素。再一次需要强调的是，儿童友好型目标技能的想法在这里很重要。通过使用易于理解的语言——"发动机的速度"，朱莉娅帮助加宝学会了一种新的能力（Williams & Shellenberger，1996，p. 2）。

对于加宝，朱莉娅努力培养的能力不仅仅是自我监控。这是第一个能力。加

宝学会的另一个能力是调节精力的特定动作序列。教师和学生一起举起手。当慢慢呼气时，他们慢慢放下双手。加宝开始放慢了速度。“开始”是这里的关键词。当反应变慢时，她正处于一个被称为“生成性学习”的阶段，这种学习与她的能力有关，而先天发展让她很难掌握这种能力。

你可以在另一组互动中看到朱莉娅促进幼儿开展生成性学习的方法——在这些互动中，她以预习和计划为目标。她说：“我们到另一边看看。”（你需要停下来想一想，然后开始行动。）“你可以弄清楚下一步要做什么。”（及时向前看一点。然后你可以去某个地方，而不是任何地方。）“哦，积木区？你认为你会在那里做什么？”（你能不能制订一个计划，而不只是说一个目的地？你的下一步行动是否有目的地展开？）

这种对计划的关注无疑是针对执行功能的部分。但另一个目标也嵌入其中：避免事后惩罚和纠正我们经常面对的“跳跳虎”的事情。“让我们提前考虑一下，这样你以后就不会有麻烦了。”朱莉娅似乎对加宝说，“让我先帮你思考，然后行动。”

提供感官输入和感官休息

很明显，除了做其他的事情，朱莉娅在帮助加宝慢下来的工作中也加入了一些感官输入。当说“漂亮的加宝！”时，她轻轻地捏了学生的胳膊。当谈论发动机速度的问题时，她给加宝的肩膀施加了额外的压力。事实上，虽然在这个特别的早晨，朱莉娅的工作重点不是感官支持，但这是她和团队全年为这个女孩提供的重要支持。那些精力旺盛的孩子往往需要这种支持，因为他们的行为表明他们的感觉系统没有得到很好的调节。

以感官为中心的工作有许多创造性和可能性，附录C中列出了一些优秀的资源以供进一步研究。这些资源涵盖了如何为幼儿提供“感官饮食”。在这种情况下，我们会定期为孩子们提供机会，让他们得到渴望的感官刺激——特殊的椅子和枕头，给背部（和臀部）的额外支持和输入，在小组时间摆弄的不倒翁玩具，有重量的毯子和马甲，自由游戏时间的运动，以及搬运重物的机会（关于最后一个选择，当特别躁动时，加宝偶尔会被指派把一个沉重的箱子搬到大厅里，并把箱子交给项目主管）。

不管具体情况如何，给孩子们提供感官饮食意味着，他们不太可能采取不受欢迎的行为来获得其真正需要的感官输入。对于那些觉得各种感官输入都有压倒性的孩子，我们要注意他们受到多大刺激才不会变得超负荷（朱莉娅和她的同事在大房间里设立了一个安静的地方，这是一个具体的例子，说明她们在面对意外压力时如何考虑到这样的孩子）。

多模态策略：不仅仅使用词语

还有一些策略可以帮助精力充沛的孩子掌握朱莉娅和加宝正在学习的一些技能。我们称这些策略为“多模态策略”，不仅仅使用词语来帮助孩子学习所缺乏的技能。我们可以通过例子来了解第一种多模态策略。朱莉娅只用了一个口头提示——“停下来看这儿”——吸引加宝的注意，这对这个孩子很有效。但有些孩子很难注意到纯粹的听觉提示（至少在一开始时是这样的）。对于这类孩子，我们可以有选择性地进行教学，然后定期通过一系列的步骤来培养他们对提示的反应能力。在这种情况下，我们将执行以下操作：

- 到孩子所在的地方。
- 轻拍她的肩膀3次。
- 叫她的名字。
- （孩子的任务就是抬头回应）“（教师的名字）是什么？”（或者在家里抬头回应“妈妈的名字是什么？”“爸爸的名字是什么？”）

如果问题幼儿不抬头，那么就问她关于“是什么”的问题，向她演示准备好倾听的状态，然后再试一次。我们首先热情地提醒她做出回应，然后轻轻地拍她3次并叫她的名字。如果我们仍然没有得到期待的回应，那么进一步的实践练习是有必要的——也许需要一个友好的玩偶来为孩子加油。

轻轻地拍幼儿3次似乎是一件小事。但对一些幼儿来说，动觉提醒能够吸引他们的注意力，尤其是当他们在群体环境中或与家长和教师一起玩时。在孩子们学会这个方案的第一周，我们只会对他们的“（我们的名字）是什么？”表示肯定。这样，他们就学会了充满快乐地强化“出现和专注”。稍后，我们将使用“纠正前联系”规则将此策略与所需的其他课程纠正配对。

第二种多模态策略是帮助幼儿使用可视化选择板提前制订计划。在这种情况下，幼儿会看到一个简单的木板，板上有两个（有时是三个）点，他们可以把自己想做的事情的可视化图片按先后顺序放在木板上。这样的木板能够帮助孩子们考虑他们要去哪里、想在那里做什么，而不是四处游弋，等待一些东西来吸引他们的眼球。随着时间的推移，一个孩子可以使用这些木板来强化执行功能的计划元素。计划板可以与计时器配对，帮助孩子们在他们选择的活动中停留一段时间（如果你还没有为你最冲动、最容易分心的孩子提供这样的木板，那么你可以在CSEFEL的官方网站上了解更多的相关信息，详见附录C）。

第三种多模态策略是在集体教育活动时间使用具有视觉吸引力的“我需要休息”卡片。在集体教育活动开始前，我们会给加宝这样的孩子一两张休息卡。我们期望她能平静地、专心地坐在自己的位置上参与集体活动。但当感到非常不安时（注意这里正在强化自我监控功能），她可以悄悄地向我们展示休息卡。然后她可以在一个特定的地点待2~5分钟（在房间里漫游不是一个选择，但是在指定的地点进行一些吸引人的活动是一个选择）。当休息时间结束时，她会平静地回来。

等待的作用

很多扭来扭去的幼儿都很难等待。事实上，等待是加宝需要掌握的另一项能力。朱莉娅的团队相信，如果她能够学会更成功地等待，那么其他孩子可能会更少地对她感到沮丧，教室里的生活会更平静，她将获得在幼儿园里取得成功的关键技能。团队成员也有其他想法，因为他们很肯定加宝和家人在一起时也有类似的困难。他们一致认为，如果他们能找到一个方法教加宝在学校里等待，那么朱莉娅可以和加宝的母亲贝丝谈一谈，为她提供一个支持加宝在家里等待的平行方法。

这个团队把等待的技巧分解成了一套简单易学的步骤（这些步骤针对自我调节技能，就像朱莉娅在大房间里和加宝一起做的“停下来看这儿”的工作）。加宝认识到，等待并不是人们不断地告诉你要做的、似乎你管理得不太好的含糊的事。它涉及四个具体的行动：

- 把你的手放在身体的两侧（而不是在教师和别人说话时反复拍打她的肩膀）。

- “闭上嘴”（而不是多次叫她的名字）。
- 保持身体平静（而不是沮丧地上下跳跃）。
- 在表达你的需要前听一句“我现在已经为你准备好了！”。

对于每一个具体的行动，加宝都是在一个可爱且活跃的猴子玩偶的帮助下学会的。这个玩偶和加宝一样，在等待时也有同样的困难。此外，还有一张全班学生制作的图表，其中列出了等待的四个步骤（在一个典型的幼儿园班级里，加宝并不是唯一有此类问题的孩子）。现在，每次当加宝想要引起教师的注意时，教师都会暂时停下正在做的事情，热情地转向加宝。

“加宝，我正在和玛丽说话。你需要等待。你还记得步骤吗？我们需要看看图表吗？好了，把手放在你的身边，真棒！闭上小嘴巴，非常好！保持身体平静，太好了！现在，让我看看你能不能听我说‘我现在已经为你准备好了！’。”

等待是另一种需要反复练习的发展性行为技能。非常值得称赞的是，加宝开始学习如何在课堂上掌握这些步骤了。在与朱莉娅交谈后，贝丝开始在家里采用同样的循序渐进的方法。最终，每个人都希望，加宝能在家里更成功地等待。

户外工作：在庆祝速度的同时支持能量调节

加宝喜欢跑步。很多“跳跳虎”都喜欢跑步。通常，我们很高兴这些孩子能在户外自由地奔跑。有时这是个好主意。但是，户外运动时间和体育活动时间提供了许多游戏的机会，帮助孩子们掌握回应提示信息和慢下来的技能。尽管加宝的教师和她一起做了一些基于技能的工作，但是另一个孩子的情况更能说明这一点。

几年前，我参加了一个活动，一个主管特别关心一个精力充沛的5岁幼儿。马库斯是一个第二语言学习者，有一些处理方面的挑战，并且在家里也经历艰难的时光。更复杂的是，他是一个真正的“跳跳虎”——充满活力、精力旺盛、孩子中的速度之王。马库斯的教师们对他失去了耐心，主管也不知道该如何帮教师们解决这些困难的事情。

当进行现场观察后，我发现我的角色需要注意马库斯多么勇敢地尝试把事情做好。这将涉及提供一些具体的策略来支持他的发展。其中一个策略是关注操场时间。和加宝一样，这个男孩非常喜欢跑动。他花时间在户外进行从这里到那里的赛跑，在操场的攀爬架上爬来爬去，骑着他最喜欢的三轮车到处逛。教师们对他在户外的表现习以为常，甚至不担心他很少停下来（休息）。然而，这意味着教师们失去了在马库斯最快乐的地方促进其发展技能的机会。在他们的允许下，我决定尝试一些新的想法。

在花了很多时间和马库斯互动后，我希望他愿意和我一起去户外玩。当他在操场上乱跑时，我开始向他挥手，他从我站立的地方飞奔而过。他转了第三圈后，我大声叫道："下次看见我的时候停下来，马库斯……我有事要告诉你！"在他跑完下一圈后，我走在他的前面，他朝我的方向走来，我伸出手表示"停下来"，并给予他微笑鼓励。我想让他明白我并不会批评他。他停了下来，满脸通红，气喘吁吁。

"哇，马库斯！你跑得真快！我能记录你用时多少秒吗？你可以停下来，我会告诉你的，好吗？"马库斯认为速度测验是个好主意。于是我们开始了"暂停—开始"的游戏。我的目标是帮助他从快到慢，再进入一种提示性反应的状态。这期间没有一刻不涉及游戏。有趣的是，当这群孩子要离开操场时，马库斯能够在围栏边减速，同时和我有一个来来回回的互动，并且计划好进教室后要做什么。在吃午饭时，他也变得容易平静下来。教师们注意到了他的改变。他们能够看到有东西可以依靠或学习。

加强关系，改变模式：90–10规则

刚才描述的所有技能培养工作（涉及加宝、马库斯，甚至莉齐的班级）中都融入了本章重点讨论的两个元素。第一个元素是加强关系，第二个元素是寻求互动模式，减少而不是增加令人担忧的行为。我把这两个元素放在一起是有原因的。像加宝和马库斯这样的孩子经常被人抱怨，而成人也经常对他们感到沮丧。随着时间的推移，他们通常开始觉得自己表现不好，甚至很糟糕。有时，他们似乎决定

不妨从一开始就表现不佳。至少那时他们可以控制事情会变坏的事实——即使他们为另一种结果努力尝试过。

通常，除了表现出有问题的行为方式外，精力旺盛的孩子也会停止倾听别人对集中注意力的要求。这是有道理的：当关注这些要求时，他们听到的往往是不令人愉快的。成人难以结束这种模式的出现有一个合理的原因。那就是要抓住一个注意力不集中的孩子的注意力很困难，因为成人往往只在他们觉得孩子需要集中注意力时才要求其集中注意力。这意味着，成人最终会在两种情况下要求一个精力旺盛的孩子集中注意力：要么她做了不该做的事情，需要成人进行过程纠正；要么她需要停止一些有趣的事情（比如搭建积木）去做一些不那么有趣的事情（比如刷牙）。

当和扭来扭去的孩子一起工作时，我们需要引入“用关系孕育每一天”的策略。曾经有用的规则——在纠正或重新定向前联系或互动——仍然有用。这两个核心策略都与“90–10规则”有关。想象一下，像加宝这样的孩子，当成人要求她集中注意力时，90%的时间里会有不受欢迎的事情发生。剩下10%的时间里，幼儿能够集中注意力，并进行有来有回的互动。90–10规则要求成人将这些百分比进行翻转。现在，与以前不同的是，他们将用关系孕育每一天，那么当要求幼儿集中注意力时，十次中有九次会是完全积极快乐的交流。

我在几年前就提出了90–10规则，并且多次向教师们推荐这个规则。在本章介绍的所有策略中，无论是在幼儿园里还是在家里，它可能是最容易实施、影响最大的策略。

把全景放在心上……包括家庭生活

这里有很多要记住的内容。当我们认为支持精力旺盛的儿童既需要技巧又需要耐心时，这就更为真实。例如，当看到加宝不想安静地在角落里休息时，朱莉娅便带她到大房间的墙上预览下一步的计划，然后建议她割些草料以帮助她进一步慢下来，你可以看到一位主班教师在工作。然而，即使有这样一位有天赋的教师，像加宝这样的孩子也变化缓慢。一个原因是，他们与生俱来的特质经常在正在发生的事情中发挥作用；另一个原因是，他们的家长经常需要帮助来学习如何在家里培养孩子的自我调节能力。为家长提供帮助是本章关注的五个重点中的最后一个重点。

这类以家庭为中心的工作的性质在第一章中有所介绍，其中有朱莉娅和我与加宝的母亲贝丝的一些对话。这项工作的另一个方面是，指导家长在家里设定有效的期望，这一点在第十六章中有所强调。正如第一章所述，朱莉娅和我在全年中定期与贝丝会面。贝丝需要一些鼓励来找到一个对她的女儿来说友好且坚定的权威声音。她发现这种声音在一定程度上是有帮助的，她学习的家庭友好型策略也有助于加宝的进步。但贝丝的成长——就像加宝的成长一样——需要时间。对于那些扭来扭去的孩子及其家长来说，情况也是如此。

然而，进步缓慢并不意味着没有进步。不管接下来的旅程是什么，当加宝离开幼儿园时，她比刚上幼儿园时更有能力。她听得更好，分享得更多，在集体活动中她有很多话要说。她有喜欢她的朋友和她坚持的活动。她也很少做让教师们担心的容易受伤的事情。贝丝对女儿取得的成就感到非常高兴。朱莉娅和她的团队也为加宝感到骄傲，尽管她们仍然担心她在小学里的表现。我一定要问她们是否也为自己感到骄傲——对于一个出色但富有挑战性的孩子来说，她们是一支一流的教学团队。

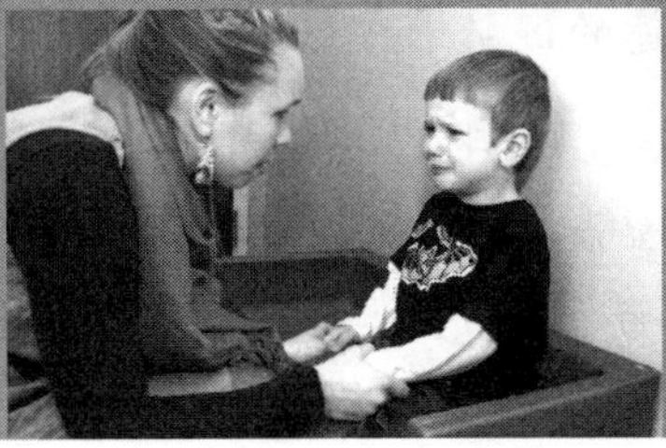

第十四章

和布赖恩在一起的工作

——帮助一个容易受挫的孩子

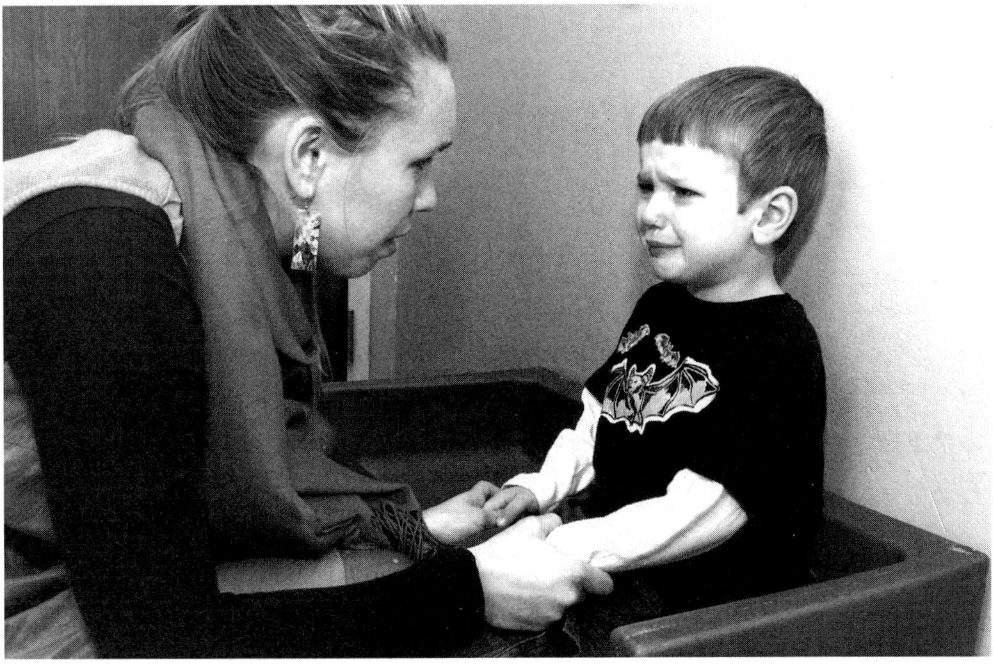

在上午的自由游戏活动开始15分钟后，我走进莉莲的混龄教室。4岁的布赖恩坐在铺着绒毯的长凳上，这条长凳是圆圈活动的边界。在自由游戏中，同一张长凳确定了一个多功能空间的边缘，孩子们可以在这里表演木偶剧、玩大型积木、讲故事等。然而现在，孩子们远远地躲开板凳和布赖恩。他们可能和我感觉到了同样的事情：布赖恩快要爆炸了。莉莲正坐在布赖恩的身边，显然她有同样的担忧。

"布赖恩，哪一个？"莉莲平静地问道。她给他看了一张中间用蓝色粗线分开的纸，纸上的表格的左侧上方写着："我是布赖恩！"这些文字的旁边是布赖恩微笑的照片。表格的同一侧接近底部的地方写着："有时候，我感到很生气。"这些文字的旁边是布赖恩怒容满面的照片。粗线的右边写着更多的文字："当生气时，我可以……"下面是两幅简单的画。一幅画描绘了一朵花瓣轮廓清晰的雏菊，另一幅画描绘了一个吹气球的孩子。

布赖恩没有回答莉莲的问题，很明显他不想回答。"我知道这很难，布赖恩，但你能做到，我知道你可以！"她说。她温柔地看着她的学生。"哪一个？"她又问，"我们应该做雏菊还是气球？"布赖恩戳了戳花，他拿起一朵假想的雏菊，愤怒地摘下一片花瓣，深吸一口气，然后将花瓣吹向空中。莉莲同时做同样的事情。她鼓励地朝布赖恩点点头。他又摘了一片花瓣并吹走了，他的老师也这样做。然后他们对另外的三片花瓣做同样的事情。五片花瓣，五次深呼吸，现在布赖恩是一个更平静的男孩了。

"好的，布赖恩！让我们在这里坐一会儿放松一下。现在我可以搂着你的肩膀吗？"布赖恩摇摇头，还没做好准备接受安慰。几个孩子来找莉莲，问她能不能在画架上放置一些新的颜料。她告诉他们，几分钟后她可以帮助他们，她现在正在帮助布赖恩。她问道："什么颜色用完了？"

莉莲正在慢慢来，在把注意力转回到布赖恩之前，她可能是故意这样做的，而布赖恩似乎也在利用休息时间平静下来。不过很快莉莲就转向布赖恩："布赖恩，有件事让你感到生气，你能告诉我发生了什么吗？"布赖恩开始抱怨他的朋友安迪，安迪拿走了他想要的蓝色赛车。"你想和安迪一起制订游戏计划吗？"莉莲说道，"安迪会和你一起玩的。"他们走向正在玩耍的安迪。在莉莲的支持下，两个男孩对谁玩蓝色赛车和玩多久制订了一个计划。莉莲示意同事乔帮助想要颜料的幼儿获得他们需要的用品，男孩们已经解决了问题。但是如果她在布赖恩和安迪开始玩之前就离开，她想布赖恩会在几秒内再次感到沮丧。

理解容易受挫的孩子

很多年前我教过一个一年级学生，他有一种惊人的语言天赋。当他和他的父母与我谈论家里的事情变得多么艰难时，他说了一些我永远不会忘记的话："我知道问题出在哪里，只是不知道该怎么做。我的情绪变得非常大、非常快，而且这种'大情绪'会持续很长一段时间。"我曾经对很多孩子使用过这种描述，他们几乎都能够理解我在说什么。对于那些调节高强度情绪有困难的孩子来说，我发现这是帮助他们描述问题的最合适方式。但是这个一年级男孩不仅能够清楚问题的性质，还表示自己不知道怎么办。对于有类似问题的孩子来说，这种情况真实存在。也可以说，有类似境况的孩子可能知道自己应该做什么，但不清楚如何做。当然，我们的工作就是提出一种拆分步骤的方法来帮助他们逐步掌握所缺乏的基本能力。

当像这个一年级学生一样的孩子碰到一个小"疙瘩"时，他们的反应会很大，而且很快会升级。有时家长和教师觉得他们的强烈不安没有触发点。有时就像布赖恩的情况一样，有一个特定且明显的触发点，但是在孩子的情绪急剧上升之前，成人几乎没有时间提供帮助。不管怎样，一旦这些孩子非常沮丧，成人就很难和他们沟通。我刚才描述的那名一年级学生也有描述这种现象的词汇。在他宣布拥有"大情绪"的几个星期后，他的妈妈又开始训诫他那些难以被接受的行为，他看着他的妈妈并恳求道："小心点，妈妈，我就要被困在这座焦虑不安的孤岛上了。"

孩子们被推到这座孤岛上的原因千差万别。有些孩子已经经历了不同的限制情景。有些孩子在来到这个世界时，天生带有高强度的情绪或情绪处理弱势，这使得日常生活变得特别具有挑战性。有些孩子在家庭或社区中遭受过可怕的暴力或经历过身体虐待或性虐待，有些孩子的兄弟姐妹经常对他们指手画脚，还有一些孩子从来没有充足的睡眠，没有足够的精神储备来应对挫折。还有其他的可能性——远远超过这里所列举的内容。事件背后通常有各种各样的因素。在面对有严重情绪困扰的儿童时，我们需要解决一个棘手的问题：如何帮助有情绪问题的孩子掌握调节高强度情绪所需的技能，同时能够关注自己的情绪和情感？

这一章和下一章将讨论这个问题，具体谈论我们如何帮助有“大情绪”的孩子。有几个值得考虑的要点可以为我们探索这些问题奠定基础，这些要点大多数都来源于《爆炸儿童》（*The Explosive Child*, 2010）的作者罗斯·格林（Ross Greene）的有影响力的作品。

当“大情绪”变得迅猛时：要记住这些观念

- 难以调节高强度情绪的孩子通常会在家庭中陷入问题模式——孩子逐渐失去控制，父母威胁他要承担后果，孩子的行为变得更糟，终于在某个时候，父母会发脾气，冲孩子大喊大叫，让他停止此刻正在做的事情。
- 如果一个容易受挫的孩子看起来要崩溃了，那么家庭成员和教师临时改变期望的情况并不少见。结果这个孩子最终会被成人希望停止的行为强化，尽管这不是任何人的本意。
- 已经超出某个情绪阈值的孩子不能清晰地思考，从而无法理智地解决问题。
- 经过这条“不归路”，他们很可能失去了在冷静后对情绪爆发的严重程度进行思考的能力。
- 孩子处于情绪超负荷状态是容易理解的。成人有时会一直尝试帮助孩子明白道理，但一直这样做只会让情况更糟糕。
- 如果孩子处于这样的状态，那么他唯一要做的应该是重新获得一种平静的感觉。一旦他这样做了，指向解决问题的帮助才可能会有用。
- 经常失控的孩子通常只能掌握一些无足轻重的问题解决技能。尽管合理的限制可能有助于减少他们的爆发性行为，但当情况不尽如人意时，他们也需要帮助，学习如何提出合理的解决方案。
- 容易沮丧的儿童很难相处，他们也知道这一点。他们往往认为自己不仅不讨人喜欢，而且不会被爱。
- 研究表明，接触屏幕上的打斗和暴力信息以及具有攻击性的主题玩具会增加儿童的攻击性行为。这就是为什么我们可能与家长谈论孩子在家里看什么和玩什么（有关这一重要主题的更多信息请参见附录C）。

结合这份清单，还有几点值得补充。一些容易受挫的孩子无疑有很多让人生气的地方，他们不知道该如何处理自己的沮丧情绪，只能顺其自然。除了学习如何调节自己的情绪，这些儿童通常还需要两方面的支持。一方面，他们在表达和处理自身的不安情绪方面需要帮助；另一方面，如果当前环境导致不良情绪，那么需要关心他们的成人来改善他们的生活状况（包括关注身体或情感虐待、解决兄弟姐妹之间的紧张问题、解决家庭冲突等）。有时，将儿童转介到儿童—家庭治疗中心或其他支持性服务机构是必要的。

针对一系列问题，未来工作的目标

很明显，如果我们想帮助像布赖恩这样容易受挫的孩子，那么我们必须解决一些问题。我们需要在他落后的领域促进其行为性和成长性能力。我们必须为幼儿的情绪健康提供支持并关注情绪困扰。关注破裂的关系、有问题的模式和家庭生活也很重要。和往常一样，以专注于儿童本身的形式来考虑总体目标，有助于清楚地了解孩子的情况——了解他的行为和感受背后的故事。

布赖恩的故事

莉莲请求在教师团队会议中讨论自己遇到的问题，在第一章中加宝的教师朱莉娅也在同一个团队中。主班教师知道他们可以在遇到困难时获得支持并进行一些头脑风暴。莉莲需要一些关于如何帮助布赖恩的新想法，她告诉在场的教师，这个孩子经常在没有任何预警的情况下情绪爆发。孩子们与他一起玩耍时容易受到伤害，也会变得不安。她指出，并不是布赖恩不喜欢和其他人一起玩耍。在他平静的时刻，他是一个渴望玩耍且享受游戏的玩伴。布赖恩情绪爆发的次数很多，暴躁脾气转瞬即逝，莉莲觉得事情似乎朝着令人担忧的方向发展。

我们听说布赖恩的家庭生活并不轻松。他很受家人的喜爱，但他有两个十几岁的同母异父的哥哥。他的哥哥很难管，父母在他们小的时候关系紧张，他们目睹了一些可怕的激烈争论。布赖恩的母亲格雷丝最终离开了她的第一任丈夫。她的两个年长的儿子似乎带着一些早年留下的情感创伤，很容易受挫，有时相当叛逆。听说两个哥哥非常喜爱小弟弟布赖恩，有时他们在外出时会让他跟着。莉莲从布赖恩所说的话中猜测，他的哥哥们让他看了一些他们喜欢的充满暴力的电影和电视节目。她想知道布赖恩是否受他看到的青少年活动和屏幕上的画面影响。

莉莲感受到布赖恩的家人既忠诚又体贴。布赖恩的母亲在8年前认识了他的父亲，他是一个好当家人，不仅爱他的妻子和亲生儿子，还爱他的继子。很明显，布赖恩的母亲也爱她的儿子们。不过莉莲感觉格雷丝被养育子女的挑战压得喘不过气。她丈夫的工作日程很紧张，她经常是家里唯一的成人，这让生活变得更艰难。莉莲感觉格雷丝最终会踮起脚尖绕过三个孩子，以免惹恼他们中的任何一个。她猜测这种小心翼翼会让家里发生的事情对每个人来说都更难。莉莲说，也许当她在团队会议中完成初步汇报后，她可以为格雷丝提供一些当独自在家时更好地掌控全局的主意。但她很担心，格雷丝似乎已经感觉很糟糕了，莉莲不想让她认为自己受到了评判。

莉莲在很短的时间内向教师团队提供了大量的信息。布赖恩处理挫折的能力特别差，这影响了他的游戏和友谊。他似乎背负着沉重的情绪负担，这可能是由家庭问题造成的。其中一些问题与他的哥哥们经受的早期家庭暴力有关，那些经历留下的情感创伤仍然对家庭生活有严重的负面影响，另一些问题可能是由接触媒体上的暴力内容造成的。他和其他孩子以及和妈妈之间的相处模式变得令人担忧：孩子们开始害怕他，而他的妈妈可能以一种只会让事情变得更糟的方式避免与他（和他的哥哥）发生冲突。在这一切中，布赖恩深受家人的喜爱，在学校里也深受同学们的喜爱。

莉莲和她的团队为布赖恩设定的目标与许多已列出的为有“大情绪”的孩子设定的目标相似，他们需要以良好的发展性技能、情绪健康、互动模式和家庭生活为目标。他们处理第一个要素（即发展性技能）的方式，在本章的其余部分有所阐述，为额外的干预提供了可能性——教师团队没有选择对布赖恩使用这些干预方式，但可以将其用于其他类似的孩子。

崩溃还是应对？三项核心技能

像布赖恩这样的孩子在面对看似微不足道的挫折时，似乎会崩溃或爆发。他们需要学习三项技能。第一，在难过时要冷静下来；第二，在行为不当前停下来思考；第三，为每天遇到的令人沮丧的情况找到解决办法。换句话说，他们必须学会调节自己的情绪，控制自己的冲动，并致力于成功地解决问题。我们知道，拥有这些技能的孩子在面对生活挑战时比没有这些技能的孩子更有韧性，他们在短期内应对得更好，在长期内表现得更好，这使我们培养每一个人的工作变得更加重要。毫无疑问，这些技能是相互关联的，这也使干预变得更容易。虽然我们支持他们发展的方法相互关联，但是最好分别地研究这些方法背后的策略。

学会自我安抚

容易受挫的孩子不仅需要学会如何冷静，也需要注意自己在什么时候开始心烦意乱。哪些策略有助于我们培养孩子在这些方面的能力？在布赖恩的案例中，莉莲已经尝试在他的情绪被触发时培养其自我安抚的能力。但这种方法并不太成功。除非她和他一起玩，甚至在那时他很快就生气，以至于在她还没来得及帮忙时就发火了。这正是为什么莉莲和她的团队决定，一旦布赖恩的情绪开始升级，他们将只尝试短暂地帮他一把。如果这种策略不能很快见效，那么他们会让他暂时离开。他每次都会被引导到同一个地方，并获得具有一致性的支持，通过一系列的步骤来恢复镇静。其中一些步骤包括伴随着缓慢呼吸的身体动作。通过视觉辅助手段对这些步骤进行说明，对孩子们来说有好处。

莉莲主张用长凳作为开展这项工作的场所，布赖恩对缺乏自制力的羞愧程度已经很高了。因此，她觉得无论他被转移到哪里，无论她和她的团队在那里做什么，他们都应该尽可能地让布赖恩感到快乐且不受惩罚。她希望坐在长凳上的孩子不会觉得自己被排斥，如果他不得不回到房间里更孤立的“舒适的角落”（其他孩子经常去那里冷静），他可能会觉得自己被排斥了。

教师们为布赖恩开发的工具简单且友好，为他提供了选择的空间，比如莉莲问道：“我们应该做雏菊还是气球？”当孩子们需要帮助来识别情绪和学习自我安抚时，这个工具是我们可以使用的工具之一。下文中还列出了其他工具。如何选择所使用的特定工具（它们可以混合和匹配）取决于孩子和教师——它们必须为两者服务。对于下文中所列出的部分内容，附录 C 中有更多的介绍。

专业工具：帮助孩子识别和调节情绪

（1）情绪温度计：在集体教育活动中介绍“情绪的颜色”，帮助幼儿识别某种颜色（可能是红色）等同于“真的很生气”。另一种颜色（可能是橙色）代表中等程度的挫败感。另两种颜色代表轻微脾气（紫色）或完全冷静（蓝色）。这些颜色会被记录在一张图表或“情绪温度计”上，每一种颜色旁都有相应特征的面部图片。然后我们玩游戏和角色扮演，帮助孩子练习如何从一种颜色或一种情绪状态转变为另一种。最终，这些颜色和冷静策略可以在孩子的一日生活中使用。

（2）海龟策略：这种策略是 CSEFEL 项目的特色，能够通过一个故事——塔克海龟愿意花时间缩进龟壳去思考——来进行说明。塔克的故事为幼儿提供了帮助他们的四个步骤：①注意到自己变得心烦意乱；②“缩进他们的壳里”；③冷静下来；④想出下一步该做什么。一旦我们教授并练习了这些步骤，我们就可以在儿童需要帮助而冷静和清晰地思考时支持他们使用这些步骤。

（3）以自主选择为中心（而设计）的钥匙链或盒子：我们提供“我不高兴时可以做的事情”钥匙链，孩子们可以将其放在口袋里或夹在腰带上。或者，我们提供一个盒子，里面装满了类似的可视化选项：我可以深呼吸并坚持数到“10”；我可以和朋友分享；我可以去令我安静的角落；我可以看书；我可以找到我的老师；我可以在玩水台上玩耍。

（4）关于情绪和情感的书：德博拉·布卢门撒尔（Deborah Blumenthal）的《巧克力曲奇发脾气》（*The Chocolate-Covered-Cookie Tantrum*）和莫莉·邦（Molly Bang）的《当苏菲生气了——真的真的生气了》（*When Sophie Gets Angry–Really, Really Angry*）是两本可选择的书。

（5）安静的地方和空间：我们搭建枕头屋、一个安静的角落或安全的地方——无论我们和孩子们怎么称呼它——当他们需要时间重整时，他们可以在那里休息。有时我可以示范如何使用那间屋子——偶尔独自去那个地方。

（6）情绪表：“天哪，你的表情告诉我，你感受到了强烈的情感！到这儿来，在图表上告诉我你的感觉是什么。是愤怒吗？哦，好的……现在让汤米告诉我们他的感受。是失望吗？我知道了。现在让我们想想发生了什么……”

(7) 感官活动：我们提供水或沙盘游戏和（或）其他感官活动作为自我安抚的选项。我们还提供“安抚瓶”、可挤压玩具、绘画期刊以及其他有助于自我安抚的选项。

(8) 瑜伽和冥想：我们教孩子们一些简单的瑜伽练习和（或）儿童友好的冥想练习，并在他们情绪高涨时一起做这些练习。

(9) 玩偶、角色扮演、脚本故事等：我们使用基于玩偶的教学，做个性化和基于小组的角色扮演，讲述自己的故事，编写故事脚本，以及针对孩子们在受挫时可以做什么进行小组问题解决式讨论。

让解决方案活起来：玩偶、脚本故事等

正如在第十三章中所看到的，玩偶是教学和支持新技能培养的一种令人信服的选择——在这种情况下，技能是指自我安抚和忍受挫折的能力。一个知道被强烈的情绪和情感包围的感觉的玩偶角色可能是布赖恩这样的孩子所喜欢的。玩偶的用处可能包括在圆圈活动时讲一些引人入胜的故事、对自我安抚的儿童友好的描述，以及在玩偶角色即将失控时能够学会的实用技巧。这些技巧可能包括更加重视当他成功时家人和教师有多么自豪，以及他在圆圈活动中练习的技能。为了提供额外的支持和练习时间，玩偶角色很可能会多次回到教室里。也许在这些拜访中，他会花时间与在这方面需要额外帮助的孩子在一起——成为孩子学习和练习自我控制技能的特殊伙伴。

我们自己讲故事和讲述儿童文学作品可以起到类似的作用。特别是，在儿童文学作品方面，如果我们不只是给孩子们读故事，而是邀请他们谈论故事、表演故事并分享他们与故事主题相关的经验，那么会更加有用。脚本故事对培养能力也发挥着重要作用，基于卡罗尔·格雷（Carol Gray）的有影响力的作品（有时也被教师和专家称为“社会故事”），脚本故事可以在脑海中为一个特定的孩子编写，并为技能发展提供一个儿童友好的支持框架。

脚本故事以简单的语言呈现，在数页的篇幅中，以对问题进行清晰和无偏见的描述开始（“我的名字是玛丽安娜，我喜欢和朋友们一起玩玩具，我们玩得很开

心！但是当朋友玩我想要的玩具时，我真的会感到很生气！有时我会抓住那个玩具！我的朋友不喜欢这样。”）。然后，它描述了一个儿童友好的可替代方案，孩子们可以在陷入困境时进行尝试（“当朋友有我想要的玩具时，我可以说：‘我能很快有机会玩吗？我可以等轮到我时玩玩具！’”）。脚本故事总是以肯定结尾（“当我请求轮流玩时，我的教师会以我为荣，我也会感到骄傲！我和朋友们会玩得很开心！”）。

CSEFEL 的官方网站上提供了许多这样的故事，其中一个故事是“我可以成为超级朋友”。我曾见过一个班级使用这个故事，当一个容易被激怒的孩子分享、等待或控制自己的脾气时，教师会带着骄傲的表情给孩子披上一件缀着奇异亮片的“超级朋友”斗篷（当然，其他孩子也有这个斗篷，所以这个孩子不会觉得自己是被单独挑出来的）。

分解控制冲动的步骤

布赖恩需要学会自我安抚，显然他和莉莲正在朝着这个目标努力，他们摘下想象中的花瓣，把它们吹向风中。团队考虑的第二个基于技能的目标是让他学会如何控制自己的冲动。毕竟，布赖恩要想在心烦意乱时原地不动，必须阻止自己伤害任何朋友。只有那样他才能开始推理、解决困扰他的事情，并有机会成功地与朋友玩耍或交谈。我喜欢将控制冲动描绘为一个人想做什么和实际做什么之间的距离。缩短这一距离的想法是：如果我这样做会发生什么？我的朋友会受伤吗？我的老师会生气吗？我会遇到麻烦吗？（除了冲动）我能做些什么呢？

这些步骤一如既往地很有帮助。教授控制冲动的一个策略（尽管不是布赖恩的教师团队选择使用的策略）是 S-T-A-R 式前进：停止（Stop）—好好想想（Think）—问问（Ask）如果做想做的事情会发生什么—以一种让你和周围的人感到自豪的方式来回应（Respond）。在玩偶、儿童文学作品、海报或友好对话的帮助下，教师可以在圆圈时间引导幼儿学习这些步骤，实践也是必不可少的。起初，这种做法在目标儿童表现良好而不是表现差时最有效。

不管用什么方法，把控制冲动的步骤贴在墙上通常是有用的。此外，用一种可见而明显的方式庆祝孩子的成功是一个很好的激励因素，比如“这周谁停下冲动并进行思考了？”便签集，“我们做到了！”公告板，或者“我们都是 S-T-A-Rs”

罐子（里面放着代表自我控制时刻的绒球），都是庆祝的可能方式。当一个小组成员表现出更强的自制力时，让玩偶“教师”回来参加聚会也是一个不错的选择。

致力于解决问题

教师团队对布赖恩的基于技能的第三个目标是解决问题。当陷入困境并需要为面临的困境想出解决方案时，孩子们通常会用一种对儿童友好的语言来描述需要做的事情。“哦……解决问题的时候到啦！”我最喜欢的一位教师这样告诉她的学生。“嘿，孩子们，这就像是解决问题的时刻！”另一位教师说。我从职业生涯早期遇到的一个孩子那里学到了第三种可能性。5岁的桑德拉告诉我，她的问题是：当感到沮丧时，她的大脑就会被“冻住”。现在我和同事们有时会对孩子们说：“你的大脑是不是被‘冻住了’？为什么不花点时间解冻呢？然后我们再想想你可以做什么……”

解决问题涉及一系列的步骤，并且经常与自我安抚的工作相结合。事实上，解决问题的第一步几乎总是进行自我安抚。莉莲经常与布赖恩合作解决问题，在之前的小插曲中，当他在长凳上冷静下来时，她会帮忙解决问题。我经常咨询的一位教师在墙上贴了一张海报，概述了解决问题的步骤。下文是问题解决步骤清单。

如何解决问题？

- 我们让情绪平缓下来——从红色到橙色，从绿色到蓝色。
- 我们把问题说出来。
- 我们思考一些解决办法。
- 我们选择一种办法并试一试。
- 如果第一个解决方案不起作用，那么我们就再试试。
- 当想出该做什么时，我们会给自己一个鼓励！

这份清单只是教师可以使用的众多清单之一，既可以自己生成（如这个案例），也可以在预先打包好的社交技能课程中找到。社交技能课程的例子可以在CSEFEL的官方网站上找到，其中对儿童友好的“问题解决步骤”和“解决方案工具包”值得仔细查看。

从目标设定到干预：在课堂中嵌入支持

刚刚概述的许多想法听起来很合理，因为它们确实能够帮助教师记住在与容易受挫的孩子一起工作时要积极主动（而不是被动反应）。但是班级内充满了忙碌的活动，而且有像布赖恩这样的一两个孩子，事情可能会在几秒钟内升温。这就是为什么它可以帮助教师准备好应对三种可能的情况，正如布赖恩的教师所学的那样。这些场景与自由游戏和户外活动相关，也适用于一日生活中的其他时间段。

设想和为困难做准备：三种情况

毫无疑问，通常一旦布赖恩感到沮丧，他就很难控制自己的情绪。更具体地说，教师注意到他对某些孩子特别失望。“蓝色赛车”事件中的主角安迪就是一个令他感到失望的孩子，他的好朋友萨曼莎是另一个（他俩有爱恨交加的关系）。当布赖恩和这两个孩子中的一个玩时，教师们知道麻烦总会接踵而至。第一种情况是，如果没有成人在场，那么就会出现问题。第二种情况是，当布赖恩或像他这样的孩子开始不安时，问题就会出现。有一个布赖恩可能会接受帮助以获得支持并解决问题的“窗口”，但这个窗口很小。第三种情况是，已经出现了重大问题（最容易被注意到但可能最难处理）。比如：一个孩子被打了一拳，故意扔一个很重的玩具伤害他人，心爱的积木塔被故意撞倒时既伤心又愤怒。

有效的干预需要对这三种情况采取积极的态度。主动练习的一个方面包括“防御区域”、问题解决的帮助和游戏支持的混合使用，这里将以布赖恩的故事为例探讨支持这种组合的策略。[主动练习的另一个方面涉及安全规划，这只与第三种情况有关（我们将在下文中讨论）。]

防御区域

针对布赖恩的冷静计划已经实施几个月了。他真的有进步了：他刚刚和萨曼莎在美工桌旁顺利地画了一段时间的画。他不仅和萨曼莎保持冷静和友好，而且没有因为无法按自己想要的方式画房子而感到沮丧。莉莲站在旁边，看到布赖恩正准备换个区域，她走过去和他聊他的画。“你现在要去哪儿？”她接着问道。“积木区，我想和安迪一起玩汽车。”布赖恩回答。

莉莲扫视了一下教室里的积木区，安迪果然在那里。如果她没有弄错的话，他有一辆警车，这是两个男孩最近争论的焦点。莉莲的一位同事乔在教室的那一边。“布赖恩，在这里待一会儿！”莉莲请求道，“我们先告诉乔，你在这里的工作结束了，准备去积木区！”那正是孩子们和乔一起做的事情。正在指导玩水台旁的孩子的乔抬起头，点了点头。布赖恩朝安迪走去，乔叫他过来。“如果你需要什么就告诉我，”他告诉布赖恩，“我在这里！”

莉莲的“提醒”和乔的回应是行动计划中的一部分。他们正在实践凯瑟琳·勒劳林和托德·里斯利多年前描述的“防御区域”策略（Kathryn LeLaurin，Toddy Risley，1972，p. 226）。也就是说，教室里的教师试图给自己定位，这样就不会有一个“区域”让布赖恩在没有教师的地方玩耍。如果布赖恩离开了一位教师负责的区域（该教师一直默默地注视着他，准备在他需要时提供支持），那么该教师会提醒负责布赖恩将要去的区域的其他教师。乔向莉莲点头示意，表示他知道该轮到他“值班”了。他对布赖恩说“如果你需要什么就告诉我，我在这里”，这在一定程度上提醒布赖恩——当需要帮助时，他可以寻求帮助（这是发展性技能的一个目标）。这也引起了布赖恩的注意——有人会关注他在做什么。因此，布赖恩知道如果他超过了可接受的界限，那么就会有人关注到。这个事实可能既是一种安慰，也是一种警告。安慰的因素可能会让布赖恩比平时更久地保持冷静，警告的信号可能会帮助他在情绪爆发前停下来想一想。

“使用自己的话！”（什么话？）

对于像布赖恩这样的孩子来说，防御区域几乎总是与解决问题的支持相结合。例如，乔和一群孩子在一起，但在第二种情况下，他可能需要迅速地找到布赖恩。他知道，布赖恩仍然在与“僵化”做斗争，如果他不抓住机会就会错过提供帮助的机会，而且布赖恩仍然需要“怎么做”方面的帮助。

我用玩偶来教授“怎么做”，你可能不会用这个工具。但是即使没有毛茸茸的朋友的帮助，玩具也是一个很好的工具。“你当妈妈，我当宝宝怎么样？”我教孩子在和朋友玩耍时提问。“我先去拿警车，你去拿消防车怎么样？”用这种方式说话，孩子们可以开始协商，而不是宣战。在对容易受挫的孩子开展工作时，这种协商可能需要从头到尾的支持（但这只是开始时需要做的）。

“怎么做”是我们为布赖恩这样的孩子提供的解决问题的帮助之一。在有防御区域的情况下，当问题出现时，我们不在孩子的身边，但可以用这些语言来缓解已经开始恶化的情况。然后我们帮助孩子解决眼前的利益冲突。当帮助一个孩子玩游戏或与同龄人交谈时，我们可以在事情朝着紧张的方向发展前支持他使用“怎么办”的策略。这些语言会成为我们支持和发挥榜样作用的一种方式，帮助孩子看到和感受到成功的交流。

需要注意的是，大多数幼儿教师都鼓励孩子“使用自己的话”。如果一个孩子因不开心而寻求帮助，那么成人可能会问：“你使用自己的话了吗？”但是是什么话呢？孩子们在生气时喜欢用的词常常会给他们带来麻烦。“我恨你！”他们说，“你不能来参加我的生日聚会了。”“你是哑巴。”为了促进孩子的发展，我们通常需要提供更大的词汇库，需要帮助不熟练的孩子学会提问，然后成功地帮助他们应对听到的回应，而不是使用成人的语言。

布赖恩和安迪开始玩了，乔决定加入他们。他觉得，在玩水台旁的孩子们做得很好，如果他们需要帮助，那么他们知道在哪里可以找到他。他加入了他们，不出所料，布赖恩已经对安迪拥有警车感到不安。“布赖恩，”乔说，“你想要那辆警车是吗？安迪正在使用它，你感觉不好！”

布赖恩完全同意。“你可以说：‘我想要那个，我可以玩吗？’”乔建议。布赖恩逐字重复乔的话。然而，安迪的回答是明确的“不”，布赖恩被压垮了，乔飞快地说道：“哦，布赖恩，他说‘不’！你很失望！”布赖恩看起来会抢警车，或者把他拿着的红色消防车扔给他的朋友。乔把手搭在布赖恩的肩膀上。“布赖恩，你可以说：‘安迪，你玩完后我可以拿吗？’你为什么不试试呢？”布赖恩照做了，再次重复他所听到的话。

安迪不愿意配合，乔现在自己来谈判了。“安迪，我觉得轮到布赖恩玩是很公平的，这需要多少分钟？”（“这需要多少分钟？”是这个班级里的孩子都知道的问题，他们知道自己的任务是给出一个数字。）安迪回答“5”。

“嘿，布赖恩，安迪说你5分钟后就能拿到警车！时间没有那么长！”乔的声音充满热情。“你可以说：‘谢谢你，安迪！’”布赖恩嘟哝着表示感谢，乔确保安迪以友好的“不客气”来回应。“安迪是个很好的朋友，布赖恩，”乔用明显高兴的语气说道，“昨天你转弯后让他用警车时，你是他的好朋友！现在……接下来会发生什么呢？布赖恩，你现在用什么车？”

乔的工作依赖于干预的几个方面。第一个是“对同情心的强调”（在第九章中首次出现）。“你感觉不好，”他温和地说，“你很失望！”这种强调同情心的方法帮助布赖恩坚持了下来，乔再次使用同样的策略，他把等待描述为“时间没有那么长”，后来又谈到这些男孩正在学习如何成为好朋友。他希望布赖恩能够“拥抱”友谊的框架，而不是感受到一种剥夺。

乔还提供了“借一个伙伴”的游戏支持（见第六章）。当布赖恩忍受挫折的能力达到极限时，乔表现出很强的感知能力。那一刻他不再要求布赖恩做协商，而是给安迪一个提示，告诉他需要让步。一旦安迪这样做了，乔就会转换到让孩子们自己解决问题的最后阶段。在帮助孩子们解决利益冲突后，乔开始向前看。“接下来会发生什么呢？”他问道。他想帮助他们走出冲突，开始结构性游戏。

当建议教师提供这样的支持时，他们有时会告诉我，这听起来很费力。确实是这样，但是多年来我已经意识到，这种支持所需要付出的努力往往比不提供支持时少得多。比起在事发后收拾残局，提前介入并帮助孩子避免崩溃通常需要教师花费更少的时间和精力。此外，这种支持无疑有助于培养孩子的技能。当掌握技能后，他们需要成人帮助的情况就会减少。

对学习产生影响：早来晚走

我有一个支持“借一个伙伴”（即教师短暂地参与幼儿的游戏）的游戏口号——“早来晚走”。在孩子们开始玩耍前就加入他们，这提供了更好的学习机会。当他们想出一个游戏主题时，我们就在场并把自己当成一个“聪明的幼儿”，在遇到令人沮丧的事情时提供想法和选择。我们可以帮助孩子们以一种真正有效的方式使用他们的语言，然后可以在他们的身边停留一段时间，帮助他们扩展和加深成功的经验。这正是乔接下来要做的事情。

作为安迪和布赖恩的警车争端中热心的“聪明的幼儿”，乔提出了自己的一些想法，并和男孩们表演了一个救援故事，他因此感到兴奋。他也承担了成人教练的角色，帮助男孩们在“聪明的幼儿”不能提供支持时设想各种可能性。他鼓励布赖恩，在安迪玩5分钟后提出轮到他玩警车的要求。到那时，孩子们同意另一辆车也可以当警车，所以当把那辆警车给布赖恩时，安迪并没有太难过。

随着游戏继续，乔转向了一个特别重要（和微妙）的“借一个伙伴”游戏：他给布赖恩一个短暂的机会，让他在没有成人帮助的情况下尝试自己慢慢发展技能。看到孩子们都很好，乔找借口去看看玩水台那边发生了什么。

“我很快就回来，孩子们，”乔一边说，一边拍了拍布赖恩，“我想看看在车祸中受伤的人在医院里是否还好。你觉得警察需要给自己弄点吃的吗？他们一直在努力工作！”

当孩子们第一次学会在不失去控制的情况下进行互动时，这种短时间的无人监督的同伴游戏可能效果最好。对于特别有爆发力的孩子，我们还需要考虑：如果提供游戏支持的成人需要开始新的活动，那么该怎么办？幼儿可能需要独自活动，或在有明确空间和材料的桌子旁玩耍。如果一开始就没有成人提供游戏支持，那么情况也是如此。把孩子们放在我们知道他们会失败的场景下是不公平的。也就是说，很多时候将容易受挫的孩子隔离开也是不公平的。如果我们这样做，那么他们将永远学不到成功（社交）所需要的技能。

技能发展至关重要……但还不够

布赖恩的故事还没有结束——团队教师在儿童技能发展方面的工作只是其所需帮助的一个方面。当然，对于其他容易受挫的孩子来说也是如此。下一章将重点介绍对这些孩子进行干预的其他因素。此外，下一章将探讨另一组难以自我调节的孩子——深陷于愤怒和焦虑的幼儿。

第十五章

关于幼儿的“大情绪”

——帮助深陷于愤怒和焦虑的幼儿

虽然布赖恩努力地控制自己的挫败感，但他从未如此失控，他开始破坏教室里的物品，推翻桌子、扔椅子。尽管他不喜欢被人引导到冷静椅，但他总是自己主动过去。在去冷静椅的路上，他没有伤害其他人。在教室另一边的教师则面临更具挑战的情形。她们的小组中有蒂娜（一个只有4岁的孩子），她正强烈地爆发愤怒的情绪，甚至让事情可能变得令人担忧且不安全。

蒂娜一直和梅珍在娃娃家里玩，她们很喜欢娃娃家。像往常一样，蒂娜是“妈妈”，梅珍照顾着很多“宝宝”。蒂娜发出了许多宝宝们必须做的事情的指令，但梅珍（平时是非常随和的人）对蒂娜的军事化指令有些不满。

梅珍的抗议对她来说是一种进步。为她的胆怯而感到担心的教师，一直都尝试着帮助她坚持自己的想法。但是如果没有同盟的话，梅珍在蒂娜面前的坚持将会使事情变糟。尽管主班教师凯特已经以最快的速度冲过去了，但仍然不够快。当凯特朝她们跑过去时，蒂娜已经开始尖叫了。她踢了梅珍的腿，又愤怒地朝婴儿车踢了一脚。

布赖恩不需要安全计划，但是蒂娜需要。她的故事被呈现在这里，如果不研究如何为幼儿的挑战性行为（特别是教师在实施充分的支架和支持行动计划后，幼儿依旧持续发生的挑战性行为）制订计划，那么我们关于如何与有“大情绪”的幼儿相处的探究就没有完成。我将这种行为称为“突破性行为”，它打破了教师对促进能力提升和避免情绪爆炸所做出的努力。毫无疑问，积极的努力是针对易受挫或易怒幼儿的行动计划的核心。事实上，幼儿的表现越激烈，与他们建立联系和快速介入就越重要。然而，对于像蒂娜这样的孩子来说，即使使用最积极的计划也只能在某些时候有效。对于危险行为频发的其他孩子——如阿兰（第二至六章），我们需要先降低危险行为的发生频率，以便有机会促进行为的改变。

很显然，有时考虑安全因素是最重要的。在本章中，我们先看看当这种情况出现时该怎么办。接下来，本章将探索为情绪过载的幼儿提供额外支持的方法，以及与其家庭（有时同样情绪过载）相处的方法。最后，本章将检验和阐明与易受挫幼儿相处的方法如何帮助那些深受焦虑困扰的孩子。

为“突破性行为”而制订的计划

当一个孩子情绪爆发，吓到其他孩子，并且从各个方面来说都不安全时，我们该如何回应？关于这个问题的答案有一个重要的因素：如果在这些时刻没有团队的努力，那么我们的工作将离该取得的成功相去甚远。在提出这些方法时，我们需要考虑何时“向前一步”以及“向后一步”，在第六章中我们讨论过关于平衡的话题。总的来说，我们会在幼儿的一日生活中介入并提供情感支持以及能力建构方面的帮助。但如果面对一个特别易受挫的孩子——像蒂娜那样——那么她需要知道当打、踢或咬人，摔玩具或椅子时，我们会撤出。当出现这种情况时，我们会以恰到好处的权威感来回应，并且会在每一次都以相同的方式来回应。这种特殊的关于介入和撤出的组合不应该是“草率的结合”。我们提供温暖的支持，而不是审判。我们设定清晰的目标，而不是令人困惑的要求。我们始终保持平和与坚定，并且尽量控制自己的挫败感。

凯特和助理教师劳丽一起赶到娃娃家。劳丽蹲在哭泣的梅珍身旁。她卷起梅珍的裤子，查看她的腿。“让我们来冰敷一下吧，”她温柔地说，“看起来很疼！但像蒂娜一样发泄你的愤怒并不合适。凯特会帮助蒂娜平静下来，然后你可以和蒂娜谈一谈。”

与此同时，凯特蹲在蒂娜和梅珍中间。她既没有直接看向蒂娜，也没有抬起她的手臂。她安静地用坚定的语气说道：“在教室里，我们需要安全的脚，蒂娜。梅珍受伤了，该休息一下了。”蒂娜仍在尖叫，但是似乎知道她得跟随凯特离开这里。她也知道自己需要去哪里——教室里的“瑜伽角”。在那里，她会找到为这种情况而准备的垫子、几个柔软的枕头，还有几张贴在墙上的她在教室里做呼吸练习的照片。

蒂娜“扑通”一声把背抵在墙上，双手在胸前合拢，盯着凯特。“没关系的，蒂娜，”凯特温和地说，“你的脚忘记了保持安全，它们会学会的。”她退后一步站着，并在蒂娜喊出“不”时保持沉默。当凯特继续在蒂娜的身边安静地站着时，“不”的声音在教室里回荡。再一次，凯特没有直接看向蒂娜。

几分钟后，蒂娜渐渐表现得平静了，凯特靠近了一些，并且把瑜伽垫铺开。蒂娜以一个几乎看不到的点头来回应。又过了一两分钟，凯特和蒂娜开始一起深呼吸。凯特并没有急于帮蒂娜和已经回到娃娃家的梅珍重归于好。她想，蒂娜可能既没有准备好对伤害过的朋友表示关心和歉意，也没有准备好解决问题。虽然这两件事情都很重要，但还没到合适的时机。

何时？为什么？接下来会发生什么？让我们来做一个ABC分析

在与蒂娜的互动中，凯特找到了一种合理的（明确的）介入和撤出的平衡。她先是撤出，带着明确的要求——关于什么是允许的、什么是不允许的，以及蒂娜由于不安全的情况需要做什么。接下来凯特以“没关系的，蒂娜，你的脚忘记了保持安全”的语言介入。她铺开瑜伽垫，并以陪伴蒂娜深呼吸的方式帮助她平静下来。在这段简短的交流中，并未完全呈现凯特和劳丽为蒂娜量身定制的行动计划。计划中还包括大量的介入支持，例如：在一天中建立更多的联系、基于游戏的支持、放慢问题解决的步骤等。尽管这一计划所蕴含的智慧显而易见，然而还存在一个问题：如果一个孩子总是失去镇静，那么教师应何时提供支持，何时以坚定的态度回应？

这一问题的答案并不简单。通常，弄清楚这件事的第一步需要我们看看幼儿出现问题行为的原因，进行ABC行为分析（我们在第四章中讨论过）。何时幼儿开始这么做？触发点是什么？有没有一些触发点被解决了？成人如何回应幼儿的行为？幼儿的行为是否使她得到想要的东西或避免不想要的东西？幼儿的世界能否被重构，使她既不会以不可预料的方式行事，也不会以非正常的方式被强化？

如果一个孩子总是在午睡前情绪崩溃，那么这是为什么？与睡觉有关的事情是否会吓到她或令她难以承受？还是她其实想要寻求关注？或者说她在逃避睡前放松这件对她来说难以做到的事情？如果是第一种情况，那么我们如何帮助她减少压力？如果是第二种情况，那么我们如何能够既给予她渴望的关注，又不会强化她获取关注的行为？如果是第三种情况，那么她需要学习什么技能才能够在中午时感到身心放松？

对蒂娜的困难行为进行ABC分析是凯特和劳丽理解蒂娜的工作之一。一些有趣的数据是：蒂娜的情绪爆发通常没有明显的触发点，但似乎更容易在她想要表达心中所想却难以找到适合的语言时发生。

对教师们来说，蒂娜的语言加工问题已经很明确了，她也得到了当地学校系统的服务。凯特和她的团队为蒂娜提供了大量的语言支持。但是她们知道自己不可能总陪伴在蒂娜的身边。不仅如此，她们认为事情还有另一面。尽管语言问题可能推动了蒂娜的情绪爆发，但她似乎知道，如果她看上去马上要爆发，那么其他孩子就会放弃坚持想要的东西，让她如愿以偿（这就像她和成人在家里时的相处）。

基于这样的分析，凯特和团队中的其他教师制定了许多目标。她们想要支持蒂娜不断提升交流能力。她们想要帮助蒂娜学会谦让（这是蒂娜很欠缺的一点）。她们也想直击蒂娜达成所愿的方式（即一些既不被接受也毫无益处的行为）。这就是介入和撤出的细微差别所发挥作用的地方。凯特并不想蒂娜觉得自己很糟糕，但是她也不想以默认的回应强化蒂娜的行为表现。默认的回应已经成为家庭和园所中的常用方式。她也不想以消极的注意来强化那些行为。这就是她站在蒂娜的身边却一个字也没说的原因。这也是她在蒂娜最沮丧时没有直直地盯着她的原因。ABC 分析使线索更清晰，当教师在过去做某些强化行为时，蒂娜的行为变得更糟糕。

考虑整间教室的改变

从 ABC 分析中萌发的改变毋庸置疑是有用的。但有时我们过度关注某个特殊幼儿，而没有考虑到教室整体的常规和氛围。如果一个班里有一个或更多在自我调节方面存在困难的孩子，那么思考是否有办法以不同的方式更好地度过一天中的特定时段通常很有用。这也值得考虑——是轻微的混乱，还是集体的情绪蔓延被关注到了？如果很难约束，那么教室里的孩子是否会变得更吵闹和疯狂？孩子们通常能认真倾听吗？他们能否以尊敬的方式对待他人或成人？他们能否尊重教室里的材料？这些问题将我们引到了第十三章中讨论的观点——整间教室都可能会失控，而不仅仅是孩子。在关于蒂娜的故事中，整间教室通常是有组织的、平静的。但是在今年早些时候，从自由游戏到小组活动时间的过渡环节对每个人来说都是危险的。结果，蒂娜的情绪总是被触发。加强对过渡环节的关注——确保蒂娜在过渡环节前有事可做，并且知道事后要去哪里——产生了很大的影响。

如果你担心整间教室的问题，那么邀请同事或主管到教室中进行观察并和你一起头脑风暴很有帮助。有时，我们需要找一个当你需要时认可的权威声音。更多的时候，当其他以常规为重点的改变有序时，你会积极地接纳并以鼓励的方式教授常规。但如果不能循序渐进，那么你可能会陷入无数的严峻挑战或沮丧的情形。那样会让事情变得更糟而不是更好。

支持和支架，还是期待和限制？

一旦ABC分析的结果和教室里的问题得到解决，教师就可以集中精力设定有效的预期了。我的同事和我经常先列出一个我们最关心的行为，然后决定哪些行为可以被忽略，哪些行为需要额外的支持，哪些行为需要以坚定的态度被回应。我们也扪心自问：什么行动会使我们立即撤除支持，并弄清楚孩子的问题行为会如何发展？有时，如果孩子打了同伴但相对温和，那么我们会立即为其提供解决问题的帮助。但有时，我们认为幼儿需要在打人后冷静、休息一会儿。有时，如果一名幼儿坚持大声尖叫，那么她会被要求离开正在做的事，到其他地方重新开始做事。如果一名幼儿一直打人，但是这样的行为对她来说已经是一种进步，那么我们会计划提供额外的支持。

显而易见，凯特和劳丽为蒂娜制订了一个明确的计划。她们知道要陪在蒂娜的身边，提供一个防御区域（见第十四章），并为突破性行为做好准备。当这种行为发生时，她们会有一个无缝衔接地提供帮助的方法。劳丽通常会去找受伤的孩子，凯特则会坚定而温和地控制局面。只有蒂娜恢复镇静后，教师才会和她讨论她哪里做错了，该怎么弥补，以及以后如何改进。

问题是，对于一个特殊幼儿来说，很难让他知道什么是应有的行为。在这种情况下，唯一的选择就是做出“最佳猜测”的决定，并保持一段时间，看看会发生什么。对于需要有明确的限制才能更好地学习应对技能的幼儿来说，一旦有不安全的行为，我们会帮助他们立即离开现场。“我们的班级需要安全的小手！”“我们去舒适的角落吧。”我们会这样声明。我们还会用不同的方式回应：“哦，你的手忘了怎么保持安全。”我们会平静地说：“它们（手）需要一些时间，这样它们才能学会！”

对于有情感问题的孩子、目睹家庭暴力或曾被虐待的受害者来说，他们可能需要一种更温和的方法。在这种情况下，我们可能会让其他孩子离开，以便以一种安静的支持向幼儿传递温和的“停止信息”。“我的工作是保护你和其他孩子的安全，”我们会这样说，“打人是不行的。让我们先坐下来，直到你感觉好些。”或者，我们会引导孩子到教室的“安全空间”，在她平静下来时给她一条毯子或她最喜欢的毛绒玩具。在这种情况下，我们的一部分回应行为被称为“创伤知情”［更多信息参见凯瑟琳·菲茨杰拉德·赖斯和贝齐·麦卡利斯特·格罗夫（Kathleen Fitzgerald Rice & Betsy McAlister Grove）的《希望与治愈：帮助受创伤幼儿的护理者指南》（*Hope and Healing: A Caregiver's Guide to Helping Young Children Affected by Trauma*）］。

无论计划是什么，一致性都至关重要。只有这样，幼儿才会了解什么是被允许的，什么是不被允许的。他们可能需要持续探测自己掌控的界限在哪里。但是，当看到这些界限在一天中保持不变时，他们往往会感到更稳定。事实上，这些年来我一直在深思，这些不受控制的孩子到底多么渴望这样的界限（即使表面上似乎看不出来）。“你能搞定我，”他们也许会这样想，“我不会像吓唬其他人那样吓唬你。”

21天计划：在不稳定的情况下保持稳定

当试图帮助一个情绪不稳定的孩子时，你要知道一致性很重要，它有助于你想出“21天计划”。我想要感谢提出这个想法的人。我所知道的是，在职业生涯的早期我就听过这个想法，并且自此以后一直依赖它。这个想法是这样的：一旦你有一个“最好的预期”计划——对一名特殊幼儿采取不同的做法，至少需要坚持21天。如果你只持续了3天、7天或17天，或者每一两小时改变一次，那么你就不会给她一个稳定的机会。这名幼儿可能会多次测试你对她的新回应方式。结果，事情一开始可能看起来很混乱，也许会更糟一段时间（蒂娜就是这种情况）。在这个时候，如果你想尝试不同的方法，那么将会很危险。

不过，如果你能在这一切中保持稳定，那么孩子最终会相信她能依赖你的回应。只有那时你才能判断新方法是否有希望。并不是说，即使你的直觉告诉你做一些稍微不同和更好的事情，你也不能有所调整。你可以进行调整。此外，有时你会非常确信你所做的回应在某种程度上是有害的。如果是那样的话，那么你应该完全放弃这个计划，并且重新开始。不过，撇开这种情况，21天后你应该对事情的发展有强烈的感觉。那时你可以确定自己是否在正确的轨道上。如果不在，那就另起炉灶；如果在，那么这是一个很好的时机来停止和反思接下来要增加或减少的干预措施。

细节很重要：谁做了什么？他们是如何做的？

保持一致性很重要。要做到这一点，总有一些细节需要处理。例如，当有多位教师参与时，某位教师可能认为当幼儿失控时是最佳的介入时机，而另一位教师可能因为太害怕了，以至于无法以镇定的态度影响幼儿。当然，在这种情况下的问题是，有时关键人物会生病或无暇顾及，或者认为管理失控的幼儿会经常使她的注意力从其他孩子的身上移开。团队教师需要为这种情况制订明确的计划。感到不太舒服的教师会在需要时站出来吗？如果会，那么他们将如何学习这样做？项目负责人或主管会介入吗？如果不会，当情况不容乐观时谁能做后援？

这些问题的答案各不相同，但背后的逻辑是一样的：一旦孩子觉得教室有组织且安全，即使最稳定、最信任的教师不在，他们通常也会表现良好。当成人似乎被幼儿的过激行为弄得不知所措或对幼儿行为的反应差别很大时，幼儿的内心会常常感到不安，致使他们的行为也不那么安全。

思考“安全型教师”的素质很有意思，凯特就以这样的品质被人熟知。像凯特这样的教师会给幼儿提供什么其他人无法提供的支持？我认识一些教师——有的教师说话很温柔，有的教师则脾气暴躁；有的教师有严格期望，有的教师更灵活。共同的因素似乎是，他们既严谨又清晰，并且不传递恐惧。这些教师知道自己想要什么，并且相信自己可以得到。他们的介入速度不会太快，也不会太有侵入性，以免幼儿感到不知所措或被触动情绪。但他们也不会对孩子们的困难“束手束脚”。此外，他们似乎“后脑勺有眼睛”。当幼儿的情绪逐渐高涨时，他们会很快地进入工作状态，在幼儿需要时提供支持或设定限制。此外，在一个孩子感到心烦意乱和即将被限制时，他们会向幼儿传递一种信息——她仍然受到照顾，仍然心地善良。

机构层面的明确性

“何时做什么”这个难题还涉及另一个问题。它涉及机构层面的明确性，即当安全成为问题时，什么是被允许的教育行为。你是否可以牵着孩子的胳膊，把手放在他的背后，然后轻轻地把他带到安全的地方？如果你这样做了，但你或他没有受伤的可能性，那么孩子是不会去的，然后呢？在这种情况下，移动一个失控的幼儿或抱着他的身体（不是压迫性的）是否被允许？如果是这样的话，你的机构是否提供了安全地为所有人做这件事的指导，是否需要召开一次“汇报”会议（以确保以后发生这种情况时，教师会询问是否有可供下次尝试的替代方案）？

我的经验是，一旦对期望有了明确的认识，有了合理的计划，有了始终如一的贯彻执行，很少有孩子不会开始好转。如果教师确保该计划不涉及在无意中强化不良行为，并且含有大量的关系建构和能力建构方面的支持，那么这一点尤其正确。并不是说这些容易被触发的孩子完全不会再心烦意乱，而是说这些困扰通常在强度和频率上都会减少。

如果我在这里不强调最后一点，那么我就是失职。一小部分孩子需要的帮助远远超过非专业机构所能提供的。如果你意识到教室里的孩子面临这种情况，那么也许是时候考虑其他选择了。然而，在你这么做之前，找一个幼儿心理健康顾问来帮忙可能是有用的。我能想到很多这样的案例——我曾经被叫去照看一个似乎无法自我控制的孩子。以全新的视角看待正在发生的事情，有一些基于团队的头脑风暴和一个全面的行动计划，事情往往有很大的改善。

“娃娃家事件”已经过去几个月了，蒂娜和梅珍又在那里玩了。蒂娜的语言进步很慢。梅珍的自信也增强得很慢。劳丽和附近的一群孩子坐在一起，她知道她目前是提供防御区域的人。她可以看出来，像往常一样，蒂娜是专横的一方。

梅珍开始坚持自己的观点。蒂娜把拳头举在空中，脸上流露出愤怒。看起来再一次去瑜伽角的旅程将很快到来。但蒂娜看了一眼劳丽。劳丽给了她一个“不要这样做”的眼神，既坚定又充满爱意。蒂娜举起拳头，把手放在背后，跺着脚。然后她大声说“啊！”。她回头看着劳丽。当劳丽过来帮忙时，她向蒂娜竖起大拇指：“蒂娜，太棒了！”当她到达娃娃家时说道：“你做的和我们练习的一样！你攥了个拳头并放在了背后。你跺脚发出很大的声音。哇！我们晚点把这些告诉凯特，好吗？”

这确实是一个值得庆祝的时刻，一个充满新认知的时刻。该团队通过温和的态度、对建构或发展能力的支持，以及坚定的撤出起了作用。当听到劳丽热情洋溢的话语时，蒂娜可能会（应该会）感到一种自豪感和成就感。她正在学习如何表达强烈的感情而不爆发，如何等待她需要的帮助，以便使用语言而不是拳头，并使爱她的人感到开心，这些学习的成果都包含在这次经历中。

支持情绪表达和治愈

有些与强烈情绪做斗争的孩子需要一个安全计划，更多的孩子需要帮助解决困扰他们的情绪，布赖恩属于后一类。像许多容易受挫的孩子一样，他的家人也需要一些帮助。在之前的章节中，布赖恩的教师团队研究了他的干预计划中基于能力的要素。在这里，其他要素成为中心。第一件事是支持布赖恩，因为他要克服一些深深困扰他的感情。第二件事是和家长合作，这样的家庭变化会让这种感觉减弱。

第九章中提到了帮助孩子将烦恼情绪“嵌入”游戏，而不是在日常生活中表现出来的重要性。它还提出了为情绪脆弱的孩子提供“课程桥梁”的想法，以支持他们的成长和治愈。这两种观念与容易受挫的孩子有很大的相关性。他们认为，当一个孩子在表面上表现出令人不安的行为时，其内心的情绪往往是隆隆作响的。找到帮助孩子表达和克服这些不良情绪的方法是我们工作的关键部分。

一些教师和家长认为，支持孩子们努力通过游戏梳理他们的经历和困惑是游戏治疗师的工作。但事实是，教师可以在教室里做很多事情来帮助完成这项非常重要的工作。因为如果我们关注孩子们的游戏，那么他们正在进行的游戏的主题往往是明确的。无论作为游戏外的见证者，还是作为“聪明的幼儿”加入游戏，我们都可以帮助他们找到情感表达和治愈的机会。例如，在第九章中，克劳迪娅和南希支持汉娜的“猫和狮子”的启发式游戏，帮助这个受创伤的孩子体验柔软的联系和猫科动物的力量。在第十一章中，教师设立了一个“关爱区”，这样伊莎贝尔就可以把她对可怕的疾病的担忧表现出来。这只是两个基于游戏提供支持的例子，游戏不仅是发展能力的工具，也是情感治疗的工具。

在上一章中，乔加入布赖恩和安迪的关于救援的故事，就是一个治疗性游戏支持的例子。从某个角度来说，乔正在帮助布赖恩学习游戏技巧。但他知道布赖恩对权力和脆弱的问题感到困惑，他的内心很容易产生愤怒和受伤的感觉。警察、火灾和医院等主题经常出现在像布赖恩这样的孩子的游戏中，乔和其他教师对这些主题的治愈功能保持敏感。教师团队也意识到建立一个或多个“课程桥梁”的潜力，这将帮助这个男孩解决一些困扰他的情绪问题。

逃离僵尸之地：课程桥梁

1月份，布赖恩的教室里出现了一个新的游戏主题——僵尸。莉莲和乔知道，这个主题源于布赖恩在一个周末和哥哥们一起谈论的事情。教师们猜测他和哥哥们一起看了以僵尸为主题的电视节目或电影。这本身就是一个问题。但现在，他的令人不安的经历在教室里蔓延，一些更活跃、更具攻击性的孩子对僵尸游戏特别感兴趣。几天之内，僵尸和怪物就开始悄悄地出现在室内和室外的活动中。这是一个重要的问题——其他孩子被一小群男孩和女孩所玩耍和谈论的东西吓坏了。但他们并不是唯一感到不知所措的人——游戏的煽动者虽然越来越不安，但他们似乎不得不继续下去。

当这个主题在布赖恩的大脑和教室里都占据主导地位时，他的日子也很难过。他开始只谈论僵尸，并且像僵尸一样在教室里踱来踱去。他在午睡时也不能入睡，因为害怕做被僵尸袭击的噩梦（从他的话来看，似乎他在家里也睡不好，而且做过几次这样的噩梦）。莉莲和乔坐下来参加团队会议，他们需要一个计划。

第二天，通过圆圈时间，教师们引导孩子们谈论他们是如何感到害怕的。有时，我们甚至会做噩梦，梦见那些让我们害怕的事情。莉莲问孩子们是否知道什么是噩梦。孩子们知道。然后她问噩梦是不是真的，孩子们都同意噩梦不是真的，但他们都感觉像是真的。他们承认，怪物和僵尸也不是真的，但看起来有令人不安的真实和可怕。莉莲朗读了默瑟·迈耶（Mercer Meyer）的《我的衣柜里有个噩梦》（*There's a Nightmare in My Closet*），然后邀请孩子们在白纸上画他们的噩梦。

第一天，孩子们被要求用浅色的铅笔画出他们的噩梦。莉莲希望这能帮助他们让脑海中的画面如梦幻般不那么可怕。整个星期，孩子们都在给画涂色。与此同时，班级里开展了很多关于害怕或恐惧的圆圈活动。孩子们还讨论了“勇敢”的含义，并对其进行了头脑风暴。然后他们谈论自己记得的勇敢或充满勇气的经历。最后，他们口述了一些关于这些经历的感受，教师把他们说的话记录在噩梦图画的底部。所有的图画都被挂在墙上，墙的最上面写着“我的衣柜里有个噩梦”。

当孩子们对怪物的兴趣有所减弱时，教师问他们是否可以“关掉脑袋里的电视机”。孩子们带着一种明显的解脱感，同意试一试。他们还约定，当不想再听或玩恐怖的东西时，他们可以告诉同伴。谢天谢地，在两周的时间里，教室里的僵尸游戏渐渐消失了。同样重要的是，布赖恩的痴迷也开始消退，他的午睡情况也有所好转。一座课程桥梁已经建成，孩子们的幸福感也慢慢恢复。

我们能谈谈吗？与家长一起解决问题

在同一时期，莉莲和布赖恩的父母开始了一次重要的谈话。她提出，僵尸电影和节目超出了布赖恩的承受能力，其他暴力题材的电影和节目也可能如此。布赖恩的父母需要一段时间才能与教师展开合作。他们会说，要保护最小的孩子不受哥哥们的影响很困难，尤其是当他只想成为“大男孩”群体中的一部分时。然而，在友好地交换了问题和想法后，布赖恩的父母同意看看他们能做些什么。这像是一个开始，莉莲也很好奇这意味着什么。

谈话的结束只是开始。布赖恩的母亲格雷丝似乎感觉到一扇友好的大门已经打开。她开始要求与莉莲偶尔会面并讨论家里的生活。她解释说，布赖恩的父亲因为工作日程安排，不能参加这些讨论。不过，她会把谈话的内容告诉他。谈话的内容范围很广，涉及在照顾三个男孩的家庭生活中以一种更坚定、更一致的方式设定期望，以及培养布赖恩自我安抚和解决问题的能力（莉莲为格雷丝提供了“雏菊或气球”情绪冷静表，结果证明这很有帮助）。

莉莲和格雷丝还讨论了为布赖恩的哥哥们提供治疗支持的可能性。他们从未有机会谈论或回顾年幼时的艰难时期。这些成人都认为，如果哥哥们的反应不那么强烈，那么布赖恩也会变得更容易。总的来说，格雷丝似乎非常渴望得到一些育儿建议，并渴望做出改变。对于三个热情的儿子和一个温和的母亲来说并不容易，格雷丝有自己的工作要做。最后，莉莲说服格雷丝加入当地社区中心的育儿小组，以便她获得一些咨询。

像莉莲和格雷丝这样的谈话往往会缓慢地推进。我们需要从与幼儿的父母和其他家庭照顾者建立友好的伙伴关系开始。我们应该邀请他们与我们合作，并讲述他们知道什么，而不仅仅是我们担任输出者的角色。然后，我们可以探索如何创建家校网络，帮助容易受挫的孩子茁壮成长。对一些家庭来说，建立这样的网络是相对容易的。家长们也一直存在困扰，渴望与我们合作。而对另一些家庭来说，这要困难得多。面对混乱的、充满不开心或紧张的家庭琐事，他们几乎没有时间和精力来关注家庭动态（这甚至可能是我们所担心的孩子从一开始就挣扎得如此激烈的原因）。在这种情况下，我们一直在努力伸出援手。也许小的改变会给大的改变带来更多的能量。也许我们在学校里提供的帮助将开始在家里产生影响，从而使与特定家庭的合作变得更容易。

布赖恩和蒂娜：学到的经验

布赖恩和蒂娜是两个截然不同的孩子。布赖恩在家里有一段复杂而混乱的经历，不仅需要技能培养方面的帮助，还需要情感支持。此外，如果事情要向前发展，那么他的家庭生活需要被重点关注。到幼儿园的前一年结束时，他的表现好了很多。然后在初夏，就在将上小学的几个月前，他摔倒了。他开始发脾气，自他第一次来到幼儿园以来，这种脾气是教师们从未见过的。他似乎深深地感到不高兴和困扰，并非因对不安全的害怕而暴跳如雷。

每个人都需要一段时间才能明白发生了什么。布赖恩的许多朋友已经离开了这所幼儿园，准备去下一所学校，一些新来的孩子取代了他们的位置。教师们意识到，布赖恩感到困惑和失落。莉莲和乔认为他害怕即将到来的变化。他们猜测他在问一个令自己不安的问题：“当我不在一个即使我做了错事，大家也会理解和爱我的地方时，一切都还会好吗？”是时候建立另一个课程桥梁了，这是一个关于改变、成长，以及和关心你的人说再见后保持联系的桥梁。布赖恩重振精神。看到他觉得自己的成功与一个地方和这里的人有关，而不是与他内心所拥有的东西有关，也不是与他无论走到哪里都能随身携带的东西有关，是令人心酸的。

蒂娜是另一种情况。她的成长比布赖恩更慢、更稳定。蒂娜所在的团队认为，她的困难在本质上源于语言处理的挑战。他们相信，一些生成的新的问题处理模式能够回应蒂娜无法表达自己的挫败感（这种模式在家里也起到了一定的作用，团队工作中涉及家庭的部分在本章中没有探讨）。随着语言能力的进步和这种模式被应用，蒂娜的情绪爆发程度有所下降。取而代之的一个核心问题是她非常需要控制，而且她的游戏刻板且拘束。这些问题可能与她的语言处理问题有关，她仍然很难让他人理解自己，也很难把较长的语言序列和游戏放在一起。她会在幼儿园里待一年，并且将在秋季被分配到莉莲和乔的学前班。他们已经做好了迎接她的准备。他们知道需要构建语言框架，支持深化游戏的可能性，并在教室里培养灵活性和友谊。他们还将继续与蒂娜的父母合作，以确保这个孩子得到足够的支持，并且不会在家里受到太多的负面影响。

支持焦虑情绪高涨的孩子

蒂娜和布赖恩在自我调节方面（包括调节沮丧和愤怒的情绪）发展缓慢。他们在努力自我调节的过程中会有其他的感觉（包括普遍的强烈焦虑）。

从布赖恩和蒂娜的教室往前走，是一间以3岁孩子居多的教室。教室中有两个孩子在9月份来幼儿园时比同龄人有更强烈的分离焦虑。其中叫马娅的孩子现在变得非常害怕偶尔的消防演习，以至于每天都会问很多次是否要进行消防演习。安慰所起到的帮助效果似乎不会持续太久，尽管她现在明白了，因为消防演习吓坏了她，所以她不但会在演习发生前得到提示，而且会有人从一开始就陪伴她。

马娅的同学詹姆斯也很焦虑。最近，他经历了一场强烈的风暴，这场风暴把他家附近的一棵大树刮倒了。没有人受伤。然而，即使有一丝风，他也不想外出。他还不喜欢听风吹教室的窗户。事实上，当有轻微的撞击声时，他会惊慌失措地跑去找老师。安慰似乎对他没有什么帮助（就像对马娅一样）。

就教师们所知，这两个孩子都没有经历过艰难的开始或艰难的时期。但他们似乎都来自有焦虑症史的家庭。因此，他们天生可能会有额外的焦虑。此外，这种焦虑很可能导致幼儿和照顾者之间经常出现某些互动模式。

两种常见的模式，两种相关的方法

这些孩子正在经历的模式与自我安抚的问题有关。马娅不会像布赖恩或蒂娜那样因“大情绪”而暴跳如雷。这是因为她的感受不是愤怒或沮丧，而是恐惧和担忧。也就是说，她不知道如何让自己冷静下来（就像布赖恩和蒂娜在幼儿园里刚开始的经历一样）。如果马娅能够在焦虑时安慰自己，那么她就不会一直寻求安慰了。如果詹姆斯也能这样做的话，那么他就不会在微风习习时坚持说不想外出。这两种模式值得被清楚地描述和了解。

- 第一种模式——寻求安慰：幼儿感到焦虑。幼儿会求助于其他人（通常是成人），并寻求安慰。然后成人提供了她所需要的安慰。随着孩子长大，成人常常会用一些词来解释为什么她不需要担心所焦虑的事情。不管是什么形式，这种安慰可能暂时奏效。但由于孩子不能让自己安心，她的焦虑会再次出现，而且往往很快就会出现。在这时，她就会要求被给予更多的安慰。然而，因为她的自我安抚能力几乎没有增长，所以她对安慰的需求不断增加。最终她和周围的成人会进入“放大循环”的状态。
- 第二种模式——回避：幼儿感到焦虑。有一些事物是他不喜欢的，这个事物可能是狗、特定的商店、电梯，甚至是（在詹姆斯的例子中）风。幼儿会尽己所能地回避令他担心的事情。他拒绝去令他紧张的商店，也拒绝乘坐令他感到封闭和恐惧的电梯。他只不过是想到会遇到狗，就要横穿马路。他不出门，因为怕刮风。不管触发点是什么，他越是回避相关的事情，事情就越变得难以想象地可怕。他并没有像一个寻求安慰的孩子那样学会自我安抚，他陷入的焦虑循环可能也在放大。

解决寻求安慰的问题

虽然有些焦虑的幼儿主要属于一种模式，但也有许多幼儿会在两种模式之间交替。无论属于哪种模式，我们都可以使用一些相对简单的策略来提供帮助。我将针对第一种模式的策略称为“见面和问候，限制和自我容纳”。它旨在增强自我安抚，同时慢慢减少对安慰的需求。它看起来像什么？针对马娅对消防演习的担忧，教师布伦达采取了一些措施。

马娅每天都要问很多次关于火灾警报的事情。自从教师团队召开会议讨论马娅的问题后，主班教师布伦达和她的团队有了一个新的计划。当马娅带着这种担心接近布伦达时，布伦达蹲下来和马娅亲切地聊了一会儿。“哦，马娅，你感到担心了！”“你想知道什么？”马娅问是否会有消防演习，布伦达平静地向她保证，那天没有演习计划。“马娅，我们去找找关于消防演习的故事。如果你愿意，我们可以一起读！”布伦达和马娅找到了教师团队专门为她写的故事（故事在很容易被找到的地方）。这个故事让马娅想起了消防演习。故事讲到一些孩子会发现警报声非常大。它强调了火灾警报的存在使每个人都知道如何保持安全，如果马娅被警报声吓到的话，总会有人牵着她的手。这个故事还提醒她，幼儿园是一个充满快乐的地方，她可以“放下烦恼，开始游戏”，当这样做时，她会很高兴。故事的最后一页是马娅与朋友们玩耍和咧嘴笑的照片。

这个小插曲说明了“见面和问候”。它涉及介入幼儿并给予幼儿充分的关注和支持——一个拥抱、一个解释，甚至一个故事（如果我们愿意的话）。为了让孩子冷静下来，我们会不惜一切代价。接下来是关于“限制和自我容纳”的片段。

布伦达和马娅依偎在一个靠垫上。“马娅，”布伦达读了故事后亲切地说，“我们不谈消防演习了。我们去看看谁在玩！”现在布伦达开始在教室里走来走去，马娅跟在她的身边。她正在寻找一些马娅可能会觉得有趣且想要加入的事情。她在以“人形胶水”的方式努力帮助马娅体验快乐而不是担心。当马娅寻求安慰的行为再次出现时，“见面和问候”的内容会非常简短。“哦，你感到担心吗？它很快就会消失！你想找个地方看看故事，还是想再玩一会儿？”

马娅可以待在布伦达的身边，但布伦达不会就消防演习提供具体的安慰。因为现在马娅需要自我安抚。如果马娅一直寻求安慰，那么布伦达可能会用一只胳膊搂住她的肩膀或牵住她的手，但继续关注教室里发生的趣事。当然，布伦达的目标是减少寻求安慰，帮助马娅学会（可能是慢慢地）独自消化焦虑。布伦达从不刻薄，也从不缺勤，但她显然比当天早些时候提供更少的支持。此外，其他教师也在努力，如果马娅找另一位教师发起类似的对话，那么教师会说，她知道马娅已经和布伦达谈论过消防演习，并询问马娅是想看看故事，还是想继续玩。

解决回避问题

应对第一种模式的方法与应对第二种模式的方法有所不同。但是对于“见面和问候”阶段，针对两种模式的策略可能看起来很相似，因为我们会邀请孩子谈论他所担心的事情，并给出安慰的话作为回应。但是，在“回避”的情况下，我们会帮助孩子逐渐接近让他担心的事情。

当其他幼儿准备和助理教师一起外出时，布伦达明确地表示她要和詹姆斯多待一分钟。她蹲在他的旁边：“让我们听听，詹姆斯！是的，有风！让我们把手放在耳朵上，然后把手放下来。我们数到‘3’，听听是什么声音。然后我们就把手放回耳朵！”詹姆斯对这个主意不满意。然而，布伦达蹲在他的身边，他还是会模仿她的行为。“现在让我们出去再做一次。”布伦达说。他们一起做了，然后往操场走去。“詹姆斯，我们现在来上课。虽然有点风，但这里很安全。我们都不谈论风了。你可以和我待在一起，直到准备好做游戏。你的朋友在等你呢！”

在这样的情况下，我们需要温和地推动幼儿开始自我安抚的工作，抵消阻止他们做这项工作的回避倾向。在不刻薄的情况下，我们也在帮助他们从寻求谈话和烦恼中转移注意力。他们可以在我们的身边，担忧可能仍然困扰着他们。但随着我们的出现和对其强烈焦虑的漠不关心，他们可能会慢慢地开始找到一些策略，让自己有更多的内心自由。

当焦虑有复杂的根源时

刚才描述的方法可能非常有用。然而，它们并不适用于所有的孩子。怎么才能使这些方法适用于其他孩子呢？有些孩子因过去和（或）现在所经历的困难而感到焦虑。许多幼儿将受益于一种治疗环境，在这种环境中，他们可以表达自己的感受和处理自己的情绪。我最近为“开端计划”中的一位心理健康专家提供了指导，他对一个因目睹了姑姑心脏病发作而突然焦虑的孩子有一些困惑。姑姑很快就得到了治疗，身体也逐渐好转，但这个孩子却惊慌失措。他似乎被一些令人不安的问题困扰：任何看起来健康的人都会出现这种状况吗？他的老师？他的父母？他的兄弟姐妹？他的朋友？

6周的短期治疗对这个男孩非常有帮助。对于经历过持续性创伤、严重损失或侵入性医疗的年轻人来说，这样的帮助也可能有益。然而，在这些情况下，孩子们可能需要更长的时间来感受他们所需要的治愈和解脱。简言之，当焦虑日益严重且原因复杂时，教师要想帮助解决问题，没有简单的答案。如果你想了解更多关于焦虑症（尤其是精神创伤和焦虑的幼儿）的知识，附录C中列出了一些很好的参考资料（包括一些向家长推荐的书籍）。家庭是很重要的，因为当面对孩子的焦虑时，我们和成年家庭成员站在同一立场总是一件好事。特别是，我们在家庭和学校里提供类似的支持和遏制的方法会有所帮助。

在大世界里做一个小孩很难

前两章只在表面上触及了我们如何帮助在情绪调节方面有困难的儿童。他们的“情绪”会迅速地变化，迫切需要我们的帮助。如果他们能学会接受这些感觉而不被它们左右，那么当度过幼儿园阶段时，他们的日子会好过得多。有时我们发现，当这些幼儿以自己的方式前行时，我们能够给予他们很大的礼物。布赖恩就是这样。蒂娜、马娅和詹姆斯也很可能是这样，尽管他们至少还有一年才上学前班。这些有“大情绪”的幼儿也会给我们回馈礼物：他们帮助我们学会耐心；他们提醒我们，即使是最暴躁的孩子也有被爱的渴望，这种渴望隐藏在强烈地把我们推开的表象之下；他们帮助我们记住，在一个大世界里做一个小孩很难。

第十六章

聚焦育儿

——帮助家长在家庭中设定有效的期望

五位母亲、三位父亲、一位姑姑和一位外祖母和我围坐在一个长方形的桌子旁。其中一些人把孩子留在家里交给了伴侣或保姆，另一些人把孩子送到楼下免费提供儿童保育服务的房间里。现在是晚餐时间，比萨饼、沙拉和冷饮都放在两个房间里。大概5分钟后，该项目中的一个常规的家庭支持会议就要开始了。

在一个中型城市中该项目有六所幼儿园。坐在我旁边的是园所的一位教师主管——阿米娜，她和我一起主持今晚的会议。今晚会议的主题是“设定合理的期望并知道如何支持它们”。这是关于同一主题的四次会议中的第一次会议。这是因为当参与项目的家庭被问及最想谈论什么时，他们的答案往往与在家里更成功地管理幼儿的困难行为有关。通常，家长并不能仅通过一次谈话就习得如何改变这方面正在发生的事情。

房间里的人喋喋不休，热闹非凡。除了一位母亲正在给婴儿喂奶外，对于许多每天走进家门的人来说，这是一个难得的、无孩子的晚餐交流时间。一些人正在谈论四处传播的胃部病毒或最便宜的尿布采购地，一些人正在讨论他们刚刚发现的新足球活动，或谈论如何平衡孩子和工作压力。换言之，房间里充斥着21世纪的家庭生活中的日常琐事。

我们都在一起：吸引难以接触到的家长

多年来，我一直是这个项目的幼儿咨询师和教师培训师，我们一直提供这样的家长会。然而，我们很早就发现，参加此类会议的成人主要是那些我们最容易接触到的家长。并不是说我们不喜欢和这些成人一起交流，而是我们也想找到那些压力最大、最难被帮助的家长。对于这一难题，我们花了一些时间进行集思广益。因此，我们在每学年的晚些时候提供晚间会议的主题特色活动。在每年秋天的早些时候，我们就开始思考哪些家庭可以得到一些额外的指导。同时，我们考虑哪些家庭可能需要额外的鼓励来加入（参与）支持小组。

为了吸引更多的参与者，我们现在提供晚餐和儿童保育服务。这很有帮助。我们还提供更多的服务。从10月份开始，我们开始“游说”这些小组，尽管他们在1月份才开始提供服务。在非正式聚会和家庭会议上，教师们慢慢地开始提出他们所看到的一些问题。他们开始提道：“你可能喜欢和其他成人谈论这个。分享故事的感觉真好。”

我们也开始做其他事情。其中一些家长是第二年或第三年参加这个项目的老成员，也是这些会议的老成员。也许他们一开始挣扎于在家里设定限制，而对幼儿失败行为的反应却相当不一致。也许他们得到了教师或教师主管的一对一的帮助，也参加了一些家长会。现在他们在处理出现的困难时感到更成功。我们邀请一些老成员加入我们，成为家长导师。我们鼓励他们与新手看护者接触。这对项目的老成员（他们在新的角色上感到有能力）及其支持的看护者来说都是一个真正的福音。这种做法还帮助我们营造了一种感觉——每个幼儿园都是一个家庭，“我们都在一起”——这是许多家庭需要和感激的感觉。我们也喜欢这种感觉。

当家庭生活充满挑战时：提供指导和支持

作为一名教师，你通常知道哪些孩子和家长在家庭中以一种紧张的方式挣扎（你在下车时会看到、在上车时会注意到、在飞机上的对话中会听到，也可以在定期的家长会上听到）。通常，孩子们在家里遇到的困难会以不受欢迎的行为方式渗透到你的教室里。如你所知，如果这些行为是其生活中的主要组成部分，那么这些行为在学校里很难被改变。考虑到这些情况，你和同事可能会想如何帮助这些充满压力的家庭找到新的相处方式。

本章探讨了一些我们可以邀请家长的想法，同时提供了一个选择——育儿小组。毫无疑问，当许多家庭成员在挣扎时，家长培训和支持小组是有用和有效的。然而，并不是所有的项目都有资源来运营这样的小组，也不是所有的项目中都有对此感兴趣的家长。幸运的是，阿米娜和我的团队在指导和支持家长方面的想法可以很容易得到实施，他们喜欢通过阅读获得需要的帮助——至少想从那里开始。在这种情况下，你可以在附录 C 中找到一些很好的建议。

无论你如何选择向需要指导的家长伸出援手，能够分享易于理解的原则和易于使用的策略都会有很大的不同。同样重要的是要记住，你花在支持和指导家长上的时间，对孩子的成长和幸福来说，往往就像银行里的黄金……尽管这段时间可能很难获得。

长期的希望，现在的问题

在对大家表示欢迎后，阿米娜和我确定了今晚的主题。鉴于我们将谈论一些在家里不顺利的事情，我们向房间里的成人提出了一个初步的问题：如果你把你的孩子（或孙子、侄女或侄子）想象成一个青少年，然后想象成一个成人，那么你对他（她）有什么希望？你对他（她）的未来走向有一些深切的愿望吗？

阿米娜和我是在某个特定的晚上问这些问题的，但我们得到的答案似曾相识。我们听到的答案是：我们希望她善良，关心别人，并考虑到他人的需要；我们希望他有耐心，但也能支持自己；我们希望她能学会随机应变，应付生活带来的一切；我们希望他拥有自己所热爱的东西，并且在困难时能够坚持下去；我们希望她对世界充满好奇，热爱学习；我们希望他好好倾听，彬彬有礼——有好朋友，并成为别人的好朋友；我们希望她感到成功、自信和自豪。

当家长们分享对孩子抱有的具有普遍性的希望时，在场的多数人会点头表示同意。尽管围坐在桌子旁的成人来自不同的背景和文化，但整个房间中充斥着共同的目标。现在，阿米娜和我继续讨论看护者的担忧，询问哪些不受欢迎的幼儿行为会让他们感到不安或无助。作为回应，我们开始听到关于公平的抱怨，以及发脾气和冗长的争论。孩子们在倾听别人的要求时遇到的困难——以及他们做出回应的意愿——也经常出现。当发生意想不到的变化时，管理挫折和保持灵活性的困难也经常出现。我们听说有的孩子在吃饭时抗拒吃饭，在睡觉时抗拒睡觉，在上学时抗拒上学。“提供什么就吃什么”和“有什么就穿什么”的诉求也多次出现。

限制并不是目的——它是一种教学工具

在这样的开场后，阿米娜和我一如既往地在希望与担忧的分享和设定限制的角色之间搭建桥梁。我们希望参与者看到，虽然设定限制并不是目的，但它确实在支持儿童发展方面发挥了重要作用。我们会告诉他们，这是家长帮助孩子掌握对幸福至关重要的技能的工具之一。为了明确这一点，我们将重点介绍一些技能，这些技能也被列在会前分发的讲义中。设定并遵循合理的期望有助于孩子们学习：

- 保持灵活性；
- 当事情并非按照希望的方式发展时管理强烈的情绪；
- 接受他人的观点和安排——当成人要求他们做一些改变或他们不情愿做的事情时可以“随波逐流”；
- 对他人的感受和需求充满同理心；
- 做被要求的合理的事情，并且等到轮到自己（即使这很难）；
- 控制自己的冲动和脾气。

阿米娜和我对视了一眼，就好像是我们的家长和我们在一起。我问他们，我们所说的限制在幼儿的发展中是否有意义。好像是有意义的。我们的参与者可以看到推动他们的期望和帮助孩子变得更加成熟、乐于合作和关爱他人之间的联系。不过，在继续往下进行之前，我们还有一点需要补充。以一种让孩子感到被关心而不是被评判的方式来限制其行为会产生积极的影响。要记住一个特殊的孩子是谁，以及她是如何“建立”的。这就是阿米娜说，我们有时会给这些对话加一个标题——“用爱和限制养育孩子”——的原因。

家庭故事，潜在模式

我们下一步要帮助家长探索家里发生了什么，要看看他们所担心的事情背后的互动模式。通过询问家庭生活中发生的事情的具体例子，我们往往很快就能理解这些模式。

阿米娜环顾四周，脸上流露出鼓励的神情。她告诉大家她有一个问题，这个问题回答起来可能有点令人尴尬，那就是：有人考虑分享家庭生活中的关于不太顺利的事情的故事吗？她接着说，她所说的，将涉及每一位家长都能体验到的那种“又来了”的时刻。一位母亲开始谈论早上试图把孩子带出门的事，随之而来的往往是灾难性的叫喊。一位父亲描述了自己每天晚上“开始”洗澡时刻的无助感。随着更多故事的出现，其他人开始点头。这是睡前的随意交流，但是阿米娜和我可以看到他们在思考。这是晚餐时间的事情，或是“我不会，你不能让我”的混乱琐事。越来越多的成人开始举例子。每次，阿米娜和我会花几分钟的时间问一些问题，比如：事情是如何开始的？孩子做了什么？在场的成人有什么反应？接下来发生了什么？

很快，我们就勾勒出当孩子表现不好时，成人看护者可能会陷入的一些常见模式。当这样做时，我们首先注意到模式是什么。然后，我们请在场的人集思广益，讨论当这种交流反复发生时，他们的孩子正在学习什么。最后，我们停止讲故事，以便更仔细地观察谈话过程中出现的四种常见模式。我们梳理出孩子们互相学习的东西。然后，我们考虑这些看护者可以做不同的事情，以支持他们希望看到的行为和技能发展。

下文列出了这些模式以及由此引发的学习，也列出了更有效的关于成人回应的想法。事实上，你接下来看到的内容是我们的家庭支持会议的讲义全文（这就是为什么在开头有一些介绍性文字）。如果你认为它有帮助，那么你也可以和家人一起使用它。

模式和问题：一些常见的错误会让事情变得更糟

我们和孩子很容易陷入一些模式，尽管我们有良好的意图，但这会导致幼儿出现更多我们所关注的问题行为。下文中有一些模式。把它们牢记在心——知道如何避免它们——会有很大的不同。不过，一开始改变它们可能很难！

模式1

你提出一个要求，然后重复三四次。你仍然没有得到你想要的行为，你发出了威胁。你又重复了几次。最后，你进入“大爆发”阶段（这时你可能会大喊大叫、跺脚或完全发脾气）。在你大爆发后，你的孩子终于按照你的要求做了。

你的孩子在学什么？ 在“大爆发”出现前的唠叨和威胁里继续我行我素。

你能做些什么？ 不要设定你没有精力去实现的期望！一旦你决定提出一个要求，那么你就应该：①引起孩子的注意；②设定你的期望值；③给他一点时间来遵守。如果他没有按照你的要求做，那么就用你选择的任何设定限制的方法来回应。

模式2

你喊孩子的名字，然而并没有得到回应，你再一次喊孩子的名字，还是没有得到回应。你再喊一两次。孩子什么也没做。最后，在沮丧中，你用一种很难被忽视的方式喊出来。这时，她抬起头来。

你的孩子在学什么？ 等到你愤怒地喊出她的名字，再回应你的注意提示。

你能做些什么？ 你可以去找她。如果有帮助的话，轻拍她的肩膀。叫她的名字，并等五秒钟。如果需要，请再试一次。当她“突然”想知道你要说什么时，给她一些温暖的愉快回应（如果你发现这很难奏效，那就制订一个令人愉快的计划，帮助她练习在听到别人叫她的名字后突然集中注意力）。

模式3

你的孩子想要一些东西，然后你说“不可以”。他重复自己的要求并哭啼或跺脚，然后你继续说“不可以”。他一直抗议，最后你妥协了。

你的孩子在学什么？ 持续尝试让你改变主意，而不是接受所谓的“不可以”。

你能做些什么？ 如果你要妥协，那么从一开始就这么做。如果你说“不可以”，那就坚持到底。

模式4

你的孩子不太善于集中注意力。在大多数情况下，你只会在你真正想要她集中注意力时才寻求她的关注。这通常是当她正在做你不想让她做的事情，或者你想让她停止做她正在做的感兴趣的事情（如玩玩具），而让她做一些不太有趣的事情（如洗澡）时。

你的孩子在学什么？当我集中注意力时，我会听到一些我并不感兴趣的事情。

你能做些什么？开始注意孩子在什么时候快乐地参与到她喜欢做的事情中。引起她的注意，然后愉快地来回谈论她在做什么，或者谈论一个让你们感觉很好且和你们都有关系的话题。把这看作有集中注意力和快乐时刻相伴的“孕育孩子的每一天”。然后，当你需要她集中注意力去做一些对她来说不那么有趣的事情时，从吸引她的注意力开始。当她专注于即将发生的事情后，你再告诉她该怎么做，“在纠正……或改变方向前先保持你和孩子的关系”。

你能帮助我们改变吗？家长支持的螺母和螺栓

支持家长开始看到这些模式是改变的第一步。帮助他们学习如何改变是第二步。这通常不仅需要一份讲义，还需要一些深入的探索。这种探索的一个例子是“大爆发模式”。正如我在讲义上提到的，大爆发是指在一个成人看护者发出一系列的提醒，然后是一些反复的威胁之后发生的事情。这是给孩子们的提示，他们最好在不好的事情发生之前尽快把事情安排好（因为现在成人真的是认真的）。教师的问题是如何向家长描述这些模式，以及如何帮助他们找到更有效的方法来处理幼儿的不当行为。

找出困难，规划方案

对于理解家长的行为来说，大爆发模式普遍且重要，以至于我有时会画一个它是如何发展的视觉图像［我从拉塞尔·巴克利（Russell Barkley）的作品中学到了这一点，他是《如何养育叛逆孩子》（*Your Defiant Child*）的作者］。无论我是否提供了勾勒这一模式如何发展的“地图”，我都要强调一个重要的事情：任何重复唠叨和威胁都是额外的“噪声”，而不是有效的设定限制。正如讲义所强调的，这种噪声会教会孩子等待大爆发。

这一想法通常对家庭成员有意义。一旦他们听说了这个模式，或者看到它被勾勒出来，那么他们通常会意识到自己是否反复地参与其中。他们也可以描述自己对大爆发的看法。在我们的项目的家庭会议上，因为这些（对大爆发的看法）描述被尴尬地分享，所以经常会有很多沮丧的笑声。

下一步是设想一个替代方案。阿米娜和我告诉家长，他们需要的是一个退出策略。我们强调，这一策略必须在提出要求后立即实施。家长需要一个计划——如果你没有得到你所要求的，那么你将要做什么，你必须准备好在必要时遵循它。因此，如果你不确定是否要贯彻执行，请不要在第一时间发出请求。这意味着，在要求孩子做（或不做）某事前，你必须给自己一分钟的思考时间。策略“可软可硬”。如果你要妥协，那就在前期微笑着去做。如果你想要求一些事情，那就坚持不懈，一以贯之。

幼儿的父母和其他照顾者通常都能理解这一点。正是这样做才具有挑战性。这就是阿米娜和我的支持和“啦啦队”的用武之地——团队成员和啦啦队可以发挥如此强大的作用。一些书面材料也有助于支持我们的建议。下文是阿米娜和我在会议上提供的另一份讲义。你也可以使用这个。

在家庭中设定有效的期望

如果你觉得孩子表现不好，你可能会大喊大叫、说教，甚至更多地打孩子。你也可能已经厌倦了在家里与类似的事情做斗争，以至于你经常说“不”，但最终你妥协了。下文的提示可以帮助你让事情朝着更好的方向发展。

- 只设定你完全确定想要支持的限制。如果你预感到你最终会妥协，那就不要一开始说“不”。

- 可软可硬。对所有你觉得最终会妥协的小事都高兴地说“是”，然后对真正重要的大事坚守底线。确保“不”就是“不”，“是”就是“是”，不要担心，以后你会变得更灵活。
- 找到一个简单的、核心的、适合你的管控策略。有很多方法很有效。托马斯·费伦的书《1-2-3魔术》（*1-2-3 Magic*，Thomas Phelan，2010）提供了一个选择。林恩·克拉克的《父母的SOS帮助》（*SOS Help for Parents*，Lynn Clark，2005）提供了其他的帮助。如果你想要更多的建议或推荐，可以问孩子的老师。
- 尽量减少言语和情绪。当你找到一套适合自己的限制策略时，尽量不要用太多的词，尽量保持冷静——关注行为和结果，而不是道德和失望。随时准备各种限制设定策略。“主动忽视”（见《父母的SOS帮助》）、暂停、“如果—那么”后果法，以及当孩子变得脾气暴躁且似乎无法自我扭转时的“时间流逝法”都能够很好地协同工作。
- 不要只依赖于限制。限制并不能帮助孩子学会合理行事。如果一个孩子对压力和挫折只有一种反应方式——发疯和大发雷霆，那么限制肯定会帮助他更好地控制自己。但他仍然需要通过持续不断的支持来学习如何冷静并解决问题。他需要感觉到你喜欢和爱护他。

找到权威的声音——一个基本要素

即使有了最好的策略来武装自己，许多家长也需要帮助来学习如何对自己的期望发出冷静而明确的指示。在家长会议上，我和阿米娜经常邀请志愿者来尝试我们所说的友好但坚定的“权威之声”。许多家长发现，他们的声音要么因对自己想要的东西变得认真而带有明显的愤怒，要么因语气不足而不够强劲有力。

如前所述，我们的团队通常包括前几年参加训练的老成员，我们邀请他们作为经验丰富的“家长导师”。当这些导师第一次在家庭中承担改变模式的任务时，他们经常谈到试图找到权威之声的经历。他们描述在开始之前自己的声音可能听起来的样子，并分享他们学到的不同做法。由于这个会议是在晚上召开的（涉及我是否愿意感到尴尬），这个话题可能会让我谈论我在大学毕业后的第一份工作。我需要管理一个非常有挑战性的男生住所，他们的激烈行为（和困难的家庭环境）使他们无法在家庭中生活——至少有一段时间。我对小组成员说，在做那份工作的第一周，我吼得太厉害了，以至于嗓子哑了一个星期。

我分享这个故事是有原因的。我想让参与者知道我最终学到了什么：作为一个说话温和的年轻女性，我的权威之声比我通常使用的声音要低沉和平静——而不是像我认为的那样高昂和激烈。但我强调，尽管声音很平静，但我还是找到了一种方法，让那个声音的中间有一根“铁棍”。我打磨了这个声音，直到它发展成今天的样子——低沉、平静、有点严厉，但并不刻薄。这听起来并不是生气（至少在我状态最好的时候），只是完全清楚。当我使用它时，我也会比平常说得慢一点，这就给我传递的信息增添了额外的魅力。现在，我告诉小组成员，当我觉得一个孩子需要知道“谁在负责”的安慰时，我会在幼儿园的教室里使用权威之声——“是我，而不是他”。当然，这并不总是有效。但距离大学毕业后的第一份工作近40年，我仍然惊讶于孩子们经常会停下来，听我说，并且做我要求的事情。

帮助孩子倾听和遵守基本要求

一旦家长对自己的权威之声有了感觉——对每个人有效的方法会有所不同——我们就可以帮助他们了解如何使用它。阿米娜和我经常梳理其中所涉及的内容，下文的清单对此进行了总结。这份清单上的想法来自林恩·克拉克的《父母的SOS帮助》，这是我多次推荐给家长的一本书。

首先……

- 找到一个权威的声音——一个能传达你正在负责并期望被倾听的声音。它不需要是大声，也不应该不友好，但它确实需要有一个“我是认真的”特质。
- 在说话前提醒自己不要把你的要求当作一个问题。这意味着你的要求不能包括“好吗？”。

然后，一旦你心里有了这些原则……

- 靠近你的孩子。
- 叫他（她）的名字。
- 得到并保持眼神互动或联系。
- 使用一种坚定的语气。
- 给出直接、简单、清晰的命令。
- 如果没有得到想要的回应，那就准备用一个限制来支持你的命令。（改编自：Clark，2005，p. 19）

家长有助于养育，孩子也有助于养育

改变刚才概述的方向，以及本章中提供的其他方向，可以对儿童的行为产生深刻而积极的影响。但是，对这一点的探索可能会让人觉得家长对他们和孩子之间发生的事情负全部责任。在某种程度上，家长确该如此。他们是家里的成人，就像你（教师）在教室里一样。从你与孩子相处的经历中，你知道你在试图帮助他们，他们在有问题的模式中可能是强有力的参与者。他们的脾气、发育弱点，甚至睡眠问题，都与所发生的事情关系很大。我经常在与家长的谈话中听到孩子对互动模式有“贡献”的证据。我曾与许多人交谈过，他们设法对一些孩子设定有效的期望，但很难弄清楚如何正确对待某个孩子。我可能会听说，“这个孩子的情绪总是很紧张，很难集中注意力，或者天生就不灵活且很难获得发展。这个孩子把我们难住了”。

这是非常清楚的：与生俱来的特质在这些问题模式中尤为突出，发展的脆弱性和技能缺陷也是如此。困难时期也可能如此。有时一个家庭中发生的事情太多了，基本的东西都丢失了。因此，孩子的行为——以及确保这种行为的互动模式——发生了可以理解的恶化。

最后的一些想法

基于家庭的复杂性和孩子之间的差异，帮助成年家庭成员学会设定有效的期望不可能是为了让事情变得更好而提供“一刀切”的模板。相反，它往往涉及了解一个孩子的独特天性和一个家庭的特殊情况。这个想法引出了一个最终清单，这个清单提供了邀请家长参与改变家庭模式的总体思路。这些想法不只适用于阿米娜和我在育儿小组中做的工作。它们为你和你的同事帮助任何环境下的家长学会在家里设定有效的期望提供了可能性。

- 考虑从兴趣开始，而不是解决问题。通过对家长的希望和担忧、经历和故事的好奇，打开探索和学习的大门。分享你自己的故事（如果你有故事且不介意分享）。让这些“人性化”的困境填满你的房间，以至于让家长感受到他们的困难是多么普遍的。
- 提供一幅充满希望的发展图景以及做出改变的原因。
- 探索模式的力量以及可能出现的特定（和有问题的）模式。使用视觉资料、讲义以及有助于家长看到互动循环的材料，并促使他们意识到自己处于互动循环的核心位置。这是迈向变革的第一步。
- 提供解释“混乱”的简单语言和使事情变得更好的简单想法。
- 探索替代方案。帮助家长制订一个循序渐进的计划，让他们可以尝试不同的做法。
- 坚持下去。在未来的旅程中，支持总是必要的！
- 如果这些想法在你所面临的情况下有效，那就考虑展开小组对话和学习的可能性。当看到自己和别人在同一条船上时，家长会感觉好些。当看到其他人努力做出改变时，他们更能做出缓慢的改变。

还有最后一点，我想把它与其他内容分开，因为它也许是最重要的。伸出手，伸出手，再伸出手。很多难以参与的家长——就像我们难以接触的孩子一样——最需要我们的帮助。

第四部分

整合所有信息

>>

当一名幼儿不能完全被归入一个或另一个类别时，本书中已描述的许多策略该如何结合起来呢？毕竟，许多最令人困惑和最具挑战性的幼儿并不能被归入某个单一的类别。例如：一名幼儿有语言处理问题，同时很容易受挫；另一名幼儿情绪起伏不定，并且有明显的焦虑；第三名幼儿很矜持，解决问题的能力很差。在这些情况下，弄清楚如何以特定的方式提供混合方法是干预的一个重要方面。

第十七章通过萨姆的故事来讨论这个非常重要的话题。萨姆是一个聪明而富有创造力的男孩，有一些不易被察觉的先天弱点。该章中有一封写给萨姆的教师和家长的信，在信中我友好地描述了正在发生的事情，以及关于如何支持萨姆成长的想法。我在信中有意识地不给萨姆做诊断。它描绘了一幅幼儿特定的肖像，能够激励教师对幼儿所做的工作。

我写这封信是为了达到两个目的。一个目的是提供一些关于天生难以成为灵活的学习者、朋友和家庭成员的幼儿的观点。另一个目的是提供一幅综合图景——关于我们如何描述和提供干预，以帮助那些需要从照顾他们的成人那里获得额外支持和帮助、令我们感到困惑和担心、挑战我们成为有思想和有创造力的问题解决者的幼儿。以这幅图景为基调，本书的最后一章反映了陪伴这些幼儿的旅程。

>>>

第十七章

一封关于萨姆的信

——帮助面临多重挑战的幼儿

在10月中旬的一个寒冷日子里，琳达和彼得坐在我的办公室里，这是他们第一次来访。当他们开始描述3岁的儿子萨姆时，我听到了一个“出色、可爱、坚强”的男孩的故事。“萨姆聪明、好奇、充满活力”，他们叙述道。他喜欢建造东西，喜欢探索自然世界。一个对火车和恐龙特别感兴趣的幼儿，会尽己所能地描述这两种东西，换言之，这显现出他在沟通方面的困难。

这对父母告诉我，萨姆是可爱的。然而，对他来说，顺其自然和不让自己每天都心烦意乱很难。他也很难和父母的朋友的孩子一起玩。长期以来，这些困难一直是家庭生活的一部分。彼得认为萨姆需要更多的（来自成人的）坚定和更多的时间去成长，才能表现得更理性。琳达也同意，他们还没有找到一种方法来持续地养育萨姆，再过一年左右，他可能会更好地管理自己。她说，他已经成熟了很多。但她也觉得自己的儿子在某种程度上“有些不同”，这让人难以理解。

基于琳达的担忧，在去年春天，这对父母让早期教育机构对萨姆进行了评估。他有资格进入学前教育全纳项目。参加这个项目的有“正常发展”的幼儿和有挑战性的幼儿。萨姆属于有挑战性的幼儿，部分原因在于他的语言发育迟缓。现在，萨姆已经开学6周了，琳达和彼得很担心。萨姆加入这个项目非常困难。他每天早上一到学校就会发很长时间的脾气。他每天都会崩溃，扔玩具，踢其他幼儿，或者试图跑出教室。此外，他曾咬伤一位教师，导致她不得不离开学校去就医。

萨姆还没有学会如厕，并且对学习如厕非常抵触。经过几次尝试后，琳达和彼得决定再等一段时间。在学校里，当他弄脏了自己穿的尿布而被要求去厕所换尿布时，他就像一只被关在笼子里的动物。最近，教师们一直在给琳达打电话，让她在这种时候来帮忙。幸运的是，她居家工作，可以在需要的时候出现。不过，她希望今年这种情况不再继续下去——这对她的职业生涯造成了相当大的影响。

琳达和彼得强调，这个项目不会放弃萨姆。但项目主管建议他们就家庭问题进行一些咨询。主管还问我是否可以去课堂观察萨姆，然后和她的教学团队合作。我曾参与过这个社区的早期教育项目，当工作人员无法提供帮助时，我会为家长提供额外的指导。该项目在社区中备受尊重，这是有原因的：它的工作人员尽职尽责，技术娴熟，而且非常支持幼儿和家庭。事实上，它的主管希望我提供“一双额外的眼睛”——她很少这样要求，并且她的教师也很少需要——这表明，琳达关于萨姆难以被理解的看法是正确的。

琳达和彼得在我们开会前送来了一大堆报告。萨姆已经接受了该项目中的行为顾问、语言专家、专业治疗师和心理专家的评估。因此，我现在读到了关于萨姆的描述——“多变的注意力”“处理感知觉的挑战”“语言能力和视觉 / 知觉推理技能下降”（这些是直接引用）。有一份报告提到了萨姆“抑制冲动反应、适应日常变化、调节情绪、维持工作记忆、参与计划和组织问题解决方法”的能力。该报告的结论是，“虽然萨姆年龄小，但他的情况符合注意缺陷多动障碍的诊断，并伴有相关的执行功能缺陷”。我只能想象琳达和彼得在阅读这些聚焦问题的详细报告后的感受。我发现他们感到不知所措，而我经常遇到这样的描述。

现在我们坐在一起聊天。当听到这对父母描述聪明、开朗但富有挑战性的萨姆时，我觉得到这个项目中看看他的行为确实有意义。

在“差异”的大陆上

从报告来看，很明显，萨姆有各种各样的困难。如果说他最容易被归入一个类别，那就是“发展差异”。根据以往的经验，你可能了解符合这种描述的幼儿有广泛的存在方式。一些人在发展问题上面临重大的障碍，而另一些人在快速响应专业帮助方面有轻微的困难。一些人在小学和中学阶段一直面临挑战，而另一些人最终会看起来非常像教室里“发展正常”的学生。事实上，发展差异常常让人感觉不像是统一的类别，而是一片布满了独特魅力的国家的大陆，同时每个国家都有自己的文化。

生活在这片有趣的大陆上的一些幼儿最终可能会被诊断为阿斯伯格综合征、非语言学习障碍、广泛性发展障碍、社会交流障碍等。还有一些幼儿会被诊断为患有语言处理问题和（或）注意缺陷多动障碍。许多人可能觉得用“古怪”（Klass & Costello，2004）、“另类”、“有天赋但死板”（Hirschland，2008，p. 229）来形容他们最为贴切。但是不管我们给他们贴什么标签，这样的幼儿都很难被理解、养育和教导。

处于深轨的幼儿：一个统一的概念

作为临床医生和咨询师，我接触过许多这样的幼儿。其中很多幼儿在与他人交往的兴趣和灵活性方面有困难，萨姆也是如此。萨姆被他正在玩、讨论或学习的东西深深吸引。对他来说，要跳出自己的内心世界去倾听别人的想法确实很难。他也很难分享自己在特定时刻使用的材料或玩具。对他来说，改变思维模式是一项挑战——改变他正在做的事情，以回应另一个人的要求。当被要求做这些事情时，他往往会崩溃。尖叫、咬人、打人、逃跑往往会接踵而至。

一些理论家将像萨姆这样的幼儿描述为难以进入一种“联合注意”的状态——“两个人都注意到对方并对对方的存在做出反应的状态”。我们也可以把这些幼儿看作“处于深轨”——这是我几年前想到的一个短语。当向教师或家长描述“处于深轨”时，我是这样说的：

“你看过冬季奥运会的无舵雪橇比赛吗？它看起来真的很奇怪。运动员仰卧在雪橇上。然后，他们在一条两侧高起来的冰轨上比赛——这条轨道只适合一个雪橇，朝一个方向冲，最后停在一个地方。类似地，‘处于深轨’的幼儿大部分时间都在狭窄且两侧高的轨道上度过。他们知道这条轨道的方向，而它的目的地是他们唯一想去的地方。对他们来说，拓宽轨道让另一个人和他们在一起真的很难。对他们来说，改变轨道——完全朝不同的方向走就更难了。帮助他们学会拓宽和改变轨道是很重要的。但我们必须理解其中的原因。通常，我们会从加入他们的轨道开始。我们通过对他们的兴趣感兴趣的方式，帮助他们感觉与我们联系在一起——而不是仅仅与他们自己和强迫他们的要求相联系。然后，我们一步一步地扎实工作，帮助他们体验愉悦的互动是怎样的。我们的目标还包括开发幼儿的灵活性——尽管这方面的工作通常要经过一段时间才能完成。要达到这些目标需要一段时间，因为幼儿的成长轨道如此之深。”

处于深轨幼儿的问题模式

处于深轨的幼儿经常让家长和教师陷入担忧的模式，这是可以理解的。试图让这些幼儿参与刚才描述的那种有来有往的交流会令人沮丧，就像坚持让他们屈服于他人的需求一样。他们有时会拒绝大多数联系和交流的邀请。他们也可能有一种似乎永无止境的控制需求。因此，在多次尝试将事情转到更具参与性和互动性的方向后，照顾这样的幼儿的成人可能会无奈地放弃。他们可能会这样想："我就不打扰她了。""她看起来一个人挺好的……当我请她来时，事情就变得很糟糕了。"幼儿也可能有类似的反应。有时，他们留下处于深轨的同龄人，让她自得其乐。有时——尤其是当同伴有有趣的游戏想法时——他们会屈服于她的控制需求。

无论是在成人和幼儿之间，还是幼儿和幼儿之间，这些常见的模式都可能产生一个不幸的结果：它们放大了幼儿的自然倾向。因此，我们开始看到更多的深轨时刻，他们会更刻板，在面对灵活性的需求时更沮丧。因此，我们的干预目标必须面向持续互动的本质。在我与萨姆家长的合作中，这一点是千真万确的，这可能也是项目主管鼓励他们寻求帮助的原因。正如琳达和彼得所指出的，面对萨姆的紧张情绪，他们很难保持一致。就像许多处于深轨幼儿的家庭成员一样，考虑到幼儿的独特挑战，他们需要帮助来了解应该怎样保持一致性。（更多关于处于深轨幼儿的家长工作请参见：Hirschland，2008，pp. 229–250。）

处于深轨幼儿的诊断难题

众所周知，有发展差异的幼儿难以被诊断。这是因为他们的大脑以独特的方式工作。因此，他们经常经历多重交织的挑战。诊断标签并不擅长捕捉这种复杂性。佩里·克拉斯和埃伦·科斯特洛在《怪孩子》（*Quirky Kids*）中写了一章名为"专家、标签和字母汤：得到诊断"的内容（Perri Klass & Ellen Costello，2004，pp. 31–62）。在该章中，他们强调同一个"古怪"的孩子最终可能会被不同的专家以截然不同的方式看待和诊断。这个困境把我带回了关于个性化肖像的想法。这样的肖像总是有用的，当帮助我们完全了解一个"发展差异"幼儿的经历时，它们就更有用了。在研究的过程中，我们致力于解决一系列问题：对幼儿来说什么问题是困难的？什么问题是简单的？什么打击她的兴趣？她能容忍怎样的输入？我们看到的哪一部分与她的气质有关？哪些方面与她处理信息的能力有关？我们应该如何考虑家庭和学校生活中的因素？

观察和了解

在11月的一个早晨，当走进萨姆的教室时，我的脑海中有很多问题。他还没有到。我已经准备好迎接他的到来，因为据我所知，从家庭过渡到学校对他来说仍然是一个挑战。我很高兴地发现我错了。

萨姆牵着琳达的手走进教室，得到了主班教师菲莉丝的热情问候。他欣然签到，拥抱了妈妈几下，就和妈妈分开了，然后在菲莉丝读一本关于恐龙的书时依偎在她的身边。他目不转睛地盯着那些他似乎见过很多次的图片，当教师读这本书时，他会唱出书中的部分内容。当菲莉丝问他关于其中一只恐龙的问题时，他低声回答了半句。我开始明白为什么我读到的报告中说沟通是萨姆的一个弱项。

读完书后，菲莉丝陪萨姆找他的选择板。萨姆决定他要玩教室里的火车，并在板子上贴了一张火车的图片。在那之后，他答应他会找菲莉丝或其他教师做另一个选择。萨姆似乎只是勉强接受使用选择板的惯例：他的眼睛没有聚焦，身体焦躁不安。菲莉丝正在努力保持与萨姆之间脆弱的关系。即便如此，他们能相对容易地来到玩火车的桌子旁。

萨姆刚到那儿时没有和其他在那张桌子旁玩的幼儿互动。在一些情况下，他试图告诉那些幼儿他在做什么。然而，他不会等得到他们注意后开口说话。此外，他开始讲话时就好像在谈一个观点——他似乎不知道如何吸引听众。当桌子旁没有人回应时，萨姆似乎并不介意，甚至可能没有注意到。

从早晨开始便困难重重。萨姆拒绝加入圆圈时间，也不愿意找一些安静的事情来做。当他变得越来越狂野和愤怒时，助理教师试图引导他到一个他可以玩的地方。他把一个枕头扔向她，并开始尖叫。在场的成人都没有注意到这种骚动。其他幼儿对此也不太在意——我怀疑他们已经习惯了他的不安。最终，萨姆安定了下来。

在集体去操场的路上，更多的问题出现了。萨姆不想排队，不想等其他幼儿都准备好再出去，而且一旦出去，他就不想遵守规则。他把球扔出操场的围栏，然后勇敢地（几乎成功地）努力去接球。他把球拿回来后就不会分享给别人。后来，他拒绝回到屋里，菲莉丝花了将近5分钟的时间来哄他。

还有其他值得注意的要素。正如我所听说的那样，当萨姆弄脏尿布时，他很难控制自己。当想让其他幼儿看到他在做什么时，他坐在橡皮泥桌前但几乎无法引起他们的注意。在回家前，他挣扎地度过了圆圈活动。总的来说，我感觉萨姆已经适应了课堂常规，不再像以前那样畏缩不前了。但除了开始遵循课堂惯例外，他没有参与更多的活动。他似乎不知道该怎么做。

当天晚些时候，我与萨姆的教学团队及该项目中的专家坐在一起。我们聊了很多话题，包括：萨姆是谁，为什么生活对他来说是一个挑战，以及如何支持他的成长。作为团队的外部顾问，我试图提供一个具有凝聚性的画面，将我读过的不同报告和观察到的一系列行为相结合。我还推动了教师团队在学校里所做的工作如何支持家长工作的讨论，反之亦然。

会议结束几天后，我给教师团队写了一封信，我也将信寄给萨姆的父母。它不是提供一套正式的评估或诊断，而是勾勒出萨姆的个性化肖像。然后它指出了成长目标和一些实现这些目标的策略。信中的一些内容重复了本书前几章中的观点，也有本章中的一些观点。我强调的是我写这封信的形式，其中包括“观察—思考—行动”这样显而易见的重复。这种方式可以说明在信中提到的观念如何在课堂中存在和使用——同时可以被家庭使用。

一封关于萨姆的信

大家好！

很高兴我能观察萨姆，然后在周二与大家见面。你们的项目给我留下了深刻的印象，看到萨姆取得显著的进步真是太好了。我知道我在一个美好的日子里看到了他，但他能有这样的一天真是太棒了。他的成长归功于你们在学校里给予他的有技巧的支持，以及琳达和彼得在家里所做出的努力和友爱的工作。这同样归功于萨姆自己，他一直在付出努力。

当思考下一步时，我们似乎都站在同一条战线上，这很好。我想，写下我们讨论过的一些事情对我来说可能是有用的——包括我们如何想象是什么导致了萨姆的困难，以及我们认为应该在哪里进行干预。我有时会将写这样的信作为撰写正式报告的替代方法。它们能够帮助我在富有成效的会议后澄清想法。有时，它们也是家校团队在帮助幼儿茁壮成长时所承担工作的指导方针。因此，考虑到这些目的，这里有一些关于萨姆的问题和可能有助于工作向前发展的初步答案。

什么驱动萨姆的行为？

在我们的会议上，我提到过，从思考萨姆的最佳框架来看，注意缺陷多动障碍的诊断是"不正确的"。这并不是说它是错误的，至少在某些时候，他的行为符合诊断标准。但随着我对他的观察和了解越多，我就越认为他是一个在一系列发展系统中存在延迟的人，其中两个核心挑战领域涉及沟通（接受和表达）和互动能力。如你们所知，后者与令人舒适的互动有关，它允许幼儿接受其他人的输入，然后对他们所看到或听到的做出反应。

我的猜测是，萨姆的注意力不集中和冲动来自这两方面的挑战（这就是为什么尽管它们很重要，但我不认为它们是诊断的首要问题）。此外，萨姆似乎有一些感官问题，一些运动规划问题（让他的身体做他想象的事情），以及管理强烈情绪的困难。这听起来像是一长串挑战，事实也的确如此。但是，正如我们这些长期从事幼儿工作的人所知道的，在良好的帮助下，很多幼儿一开始发育迟缓，但从长远来看，他们最终表现很好。

不管萨姆的诊断如何，我们需要记住什么？

（1）萨姆已经取得了很大的进步，但仍然难以注意和回应他人接触和关注的请求。即使得到"提示"，他也不总是以与得到的输入相匹配的方式回应。所以，我们都知道，他仍然需要大量的帮助才能融入他人的世界——他们的问题，他们的想法，他们对他的兴趣，以及他们改变行为或活动的需求。这就是一些人所说的进入"联合注意"状态的能力。这一领域的挑战会阻碍幼儿的学习和社交。这就是为什么当我们考虑如何帮助萨姆时，要把工作的重心放在这个能力上。

在会议中，我提到我喜欢把像萨姆这样的幼儿视为"处于深轨"，这是另一种描述进入联合注意状态困难的方式。就好像这个群体中的幼儿生活在一条两侧高起来的深轨里，他们知道自己想去哪里、如何去并充满热情地向前冲。但是他们并不总是轻松地让他人“加入他们的轨道”，也不知道如何“拓宽轨道”来纳入他人的想法和需求。此外，当周围的世界要求他们改变正在做的事情或想法时，他们很难“改变轨道”。

这个观点可以帮助我们理解，一旦萨姆适应了日常生活（这需要一段时间），他会如何茁壮成长，但当计划或活动发生微小的变化时，他就会退缩。这也解释了为什么他总是不回应，或者对他人的意见所做的回应并不总是遵循被问到的问题或某人发表的评论。此外，这可能有助于我们理解为什么尽管他在行为方面（对其他幼儿）的麻烦少了，但他在课堂上（作为玩伴）还没有达到备受欢迎的程度——目前，他只是没有足够的交往技巧来做出让步和妥协，以成为一个完全成功的伙伴。

（2）萨姆很难用语言来扩展自己的想法。他所说的话在语言结构上可能非常简单。有时，他会一遍又一遍地重复基本的想法。这符合前面概述的沟通挑战，他可能还不能想出一个想法并将其与另一个联系起来，因此只能想出越来越长的故事、游戏叙事，以及对当下兴趣的描述等。

在我进行观察的那天，萨姆一直在重复（手里拿着橡皮泥）：“这是一个纸杯蛋糕！”我真的很震惊，他在对着空气说话——这与他没有完全“获得”人际关系和沟通能力有关——而且当他终于改变自己要说的话时，他只是将其换成了“这是比萨饼”。对一个聪明伶俐、口齿清晰的幼儿来说，这样的故事情节可不怎么样！我的猜测是：所有的想法都在萨姆的脑海里，然后他对一些想法进行组织和排序，引起他想交流的人的注意并表达自己的想法，然后等待对方的回应——只是重新经历整个过程——现在这对他来说是一项艰巨的任务。

（3）通过这些问题——沟通障碍和挖掘他的“深轨”——我们看到了一些困难，以及他在灵活性方面的真正延迟。萨姆不像以前那么爱发火了，这对他和所有关心他的人来说都是件好事！但他仍然有他的“困难”时刻，并且有很长的路要走，这样他才能真正熟练地处理想要某种东西却得不到的沮丧情绪。

（4）萨姆在感觉统合方面有问题。他的身心联系有时似乎有点不正常。他在某些方面有很好的协调能力，但可能会在空间中显得不协调或移动方式有点不平衡。他似乎需要大量的感官输入来让身体感到舒适。（正如我们之前所看到的，这类挑战对于像萨姆这样在各个发展系统中都有弱点的幼儿来说并不罕见。）正是由于这些身心/感官问题（再加上萨姆的顽固），他不能意识到和回应成人的日常期望——可能这就是我们所看到的他存在如厕困难的原因。

（5）如厕是萨姆目前的焦点问题。每个人似乎都同意，萨姆对排便的困惑或犹豫阻碍了他的自在感。当开始对上学感到不适时，他的行为很快就会走下坡路。

（6）萨姆的身上还有一些美妙的东西——好奇心、聪明才智、创造力、幽默，以及愿意接受帮助。最重要的是，萨姆得到的帮助越多，他的发展进步就越大，这些优秀的品质就越闪耀。

我们现阶段的目标是什么？

（1）获取关于联合注意的更多经验和成功：萨姆将更好地注意到和回应成人的关注请求，以及成人和幼儿提出的接触、交谈或游戏的邀请。

（2）与群体交往的关系持续增进：萨姆将能够更好地容忍和遵守规则，在面对变化时更灵活，并且在家庭和幼儿园里都能轻松地管理日常事务和期望。

（3）提高坚持有来有回的对话的能力：萨姆将在发起和回应建立关系和对话方面做得更好，也将在成功地抛出或接住“对话球”方面做得更好。这种不断增强的对话能力包括：萨姆越来越擅长成功地构建他的想法，坚持一个谈话或游戏的话题，并善于阐述更有深度和复杂的想法（见下一条）。

（4）提高将一系列想法串联在一起或扩展想法的能力：萨姆将在初期更好地开始（而不是在中途，有时他会这样做！），整理他的想法，并在试图提供更多的信息和更深入的思考时坚持下去。他是一个非常有创造力的孩子，但总是不能让我们（甚至他自己）完整地了解他丰富的内心生活。

（5）成功地在家庭和幼儿园里如厕：这个目标不但针对萨姆读取身体信号并如厕的能力，而且针对他在如厕时越来越放松的感觉。

（6）在家庭和幼儿园里与同龄人一起获得更多愉快的、双方都满意的体验（包括共享叙事游戏）。

在家庭和学校里，我们可以使用什么方法和策略来实现目标？

上文列出的大多数策略都涉及你们已经在做的事情。所以这里的想法是提醒和调整已经存在的东西。

目标

支持联合注意，并帮助萨姆延伸参与有来有往的交流和游戏的能力。

策略

（1）我们在会议上谈到要用一些非常温和的“肌肉”“力量”来帮助萨姆调整关注和联系的请求。当他对着空气说话时，成人可以帮助他直接对某个人说话。当有人问他问题时，成人可以帮助他确定方向并做出反应。

（2）同样重要的是，我们现在可以更加专注——因为萨姆在其他领域取得了很多成就——为他和其他幼儿的联系与交流提供成人支架，从而帮助他抛出或接住对话（和叙事游戏）球。他正处于能够做到这一点的边缘（他现在刚刚能做到这一点），但他自己还不能经常做到这一点。好消息是，随着越来越擅长遵循常规和指导，他将需要更少的针对基本行为依从性的帮助，因此他会有更多的时间来获得更友好的帮助。

发展精神病学家斯坦利·格林斯潘对抛出和接住对话球有一个很好的描述——他谈到了打开和关闭“沟通圆环”。格林斯潘的想法是一个人发起或打开联系（通常使用语言和手势），下一个人回应，然后第一个人关闭循环。随着幼儿进入幼儿园，我们希望他们能够同时打开和关闭许多沟通圆环。现在萨姆只能在表现好的日子里打开和关闭几个沟通圆环。我们在这里谈论的支架不仅能够帮助他更频繁地参与沟通，还能够帮助他更长时间地参与交流。

我把这种支架式学习称为“‘借一个伙伴’游戏”。它描述了家长和教师如何在幼儿感兴趣的领域（无论是对话，还是玩耍）中加入幼儿，做一些帮助幼儿与同龄人建立联系和对话的工作，然后随着幼儿的沟通技能变得更加熟练，慢慢地支持其完全控制沟通圆环。在萨姆的案例中，这种支持的时间和耐心似乎是值得的。因为我感觉他会是一个愿意合作的人，而为玩耍和联系提供脚手架对每个人来说都是一种乐趣。

目标

帮助萨姆组织、排列和扩展他的想法。

策略

实现这一目标的工作将涉及成人支架，因为我们需要帮助萨姆坚持一个主题，从头开始提出问题以深化和扩展内容，最终把单一的想法发展成将兴趣和快乐相联系的多个内容单元。萨姆在这方面展示了很多新兴的技能，我猜他会很舒服地加入我们尝试努力的行列。只要他达到极限并全力以赴，他就可以休息一下。

目标

帮助萨姆在满足基本期望和顺其自然方面取得越来越大的成功。

策略

明确课堂惯例和期望对这个目标有很大的帮助，预览任何预期的变化或期望（包括你对可视化时间表的使用等）将继续在学校里支持萨姆。事实上，我的猜测是，这一目标主要需要他在家里得到更多的关注——家庭生活通常比学校生活更难预测和保持一致。琳达、彼得和我已经讨论了很多关于预估期望、保持事情简单、友好和坚定（包括不要对萨姆感到非常沮丧，让“限制发挥作用”）的策略。当萨姆能够成为一个灵活、负责任的家庭成员时，他们会表现出真正的快乐。我们会在家庭会议上继续讨论这个问题——这是一个持续的过程。

目标

当萨姆需要如厕时，帮助他感到舒适和有成就感。

策略

琳达会发一封邮件来详细说明这件事。她、彼得和我想出了一个解决如厕问题的明智计划，他们很快就会开始实施这个计划。对萨姆来说，如厕显然是一件很困难的事情，但我猜他现在准备得比他意识到的要好。在家庭中保持一致、友好的方式可能会奏效。琳达和彼得知道他们需要坚持计划，并且在向萨姆介绍计划时使用一些好的语言。他们打算保持坚定的态度，同时非常友好地提供支持，并愿意把执行这个计划作为首要任务——包括在必要时更改他们首选的日程安排。这样他们就能确保常规稳定，同时萨姆能掌握技能，感觉更有能力，更放松。

现在就写到这里。我希望我在这里所写的内容能够为今后的工作提供一个大纲。我会把这封信通过电子邮件发给琳达和彼得，以及学校团队中的每一个人，以便为萨姆的挑战提供语言描述并描绘我们的工作图景。我真的希望你们将其视为正在进行的工作，在合适时添加它并改变任何不合适的内容。在我和你们或你们和我联系前，我希望你们知道我很幸运能与这么有天赋的学校团队和这么有爱心的家长一起工作，并有机会看到萨姆“腾飞”！

向大家致以热切的问候！

德博拉

故事的延续

这封信提供了一张“快照”——一个充满关注和希望的时刻。在接下来的几个月里，萨姆取得了显著的进步。到年底，他不再被认为是班上最难教的幼儿。相反，他的故事已成为该园所引人注目的成功的教育故事之一。他能成功地遵循常规，并在小组时间里提出简单的想法。他能够成功地和同伴一起打球（至少在短时间内是这样的）。他能够如厕，这对他和关心他的成人来说都是一个巨大的安慰。这些惊人的进步并没有让萨姆的教师和家长相信他会顺利地度过幼儿园的最后一年。有发展差异的幼儿不会突然改变他们的基因，成人也清楚地意识到未来还有更多的挑战。

在过去的几年中，我很幸运地与萨姆的父母保持着联系——萨姆即将上四年级。他们一直陪伴在他的身边，对他充满了爱，定期感受到挫折，但坚定地承诺提供他所需要的帮助。这对父母不仅致力于儿子的成长，也强烈地想帮助那些面对同样问题的家长和教师。当问及我是否可以把你刚刚读的这封信用在教师培训中时，他们的回答是：“当然可以。我们能做些什么来帮助人们了解像萨姆这样的幼儿是值得的。”最近，当我发电子邮件询问是否可以将这封信加入本书时，得到的答复又是一个响亮的“可以”。琳达随附的写有“可以”的便条令人感伤。下一章延续了萨姆的故事。

第十八章

当幼儿需要帮助时

——大改变始于小步子

当我给萨姆的母亲琳达发送电子邮件时，我们已经很多年没有交谈了。我告诉她，我有几个问题：她和彼得如何看待我在为幼儿教育工作者写的书中使用写给幼儿园团队的信？萨姆怎么样了？我们有段时间没有联系了，我接着说，我一直在想着他们。我收到了一封很棒的回信（写于萨姆在三年级时的夏日午后）。

德博拉：

您好！

很高兴收到您的来信。接下来回答您的问题——萨姆做得很好。现在，我们度过了一个极其坎坷的早春，这是他的发展规律。他往往在三四月份会“脱轨”。今年有点令人震惊，发生了几件特别引人注目的事情，包括他把自己锁在学习中心的浴室里，把油漆倒在自己的身上，也洒在整个浴室里。回想起来有点好笑，我的一个朋友说，有时她想做同样的事情。还有其他的时刻。这对每个人来说都是一种难以置信的压力，我相信对他来说也是如此。

最终，我们求助于药物，他一直在服用择思达（一种针对注意力和专注力的药物）。去年春天，我们尝试了其他药物，因为他的面部蠕虫问题复发，所以我们停止用药了。今年的情况变得非常糟糕——他非常沮丧，非常不开心，变得不可预测——以至于又开始服药。

择思达似乎起作用了。他现在真的非常好。除了学校里的一切都在改善外，我注意到的一个标志是他的幽默感变得更明显了，就好像他的头脑能够放松到足以处理他想说的话，他可以不慌不忙地明确表达非常有趣的想法。虽然仍然有偶尔爆发的事件，但数量要少得多——而且时间更短，也不那么极端。他能够识别自己的行为并更快地让自己平静下来。当知道自己不讲道理时，他甚至会主动道歉（然后我们也会道歉，因为我们的行为也不总是很出色）。

虽然他在社交线索和社交空间方面仍有一些问题，但他在这些方面也取得了进步。我们当然梦想有一颗可以让一切变得更好的灵丹妙药，但他真的是一个很棒的孩子。他现在是一个鼓手、一个艺术家，他喜欢阅读。（他直到二年级才开始学习，这让我非常担心。）他仍然很难处理一些精细的动作，并且非常不喜欢书写，但不管怎样，计算机也许会使这些技能变得（有些）过时。

所以，总而言之，我们很乐意您将关于他的信加入书中。娜奥米（一名幼儿教师）今年辅导他的数学。有一次，她在谈到他时说道：“我真的从萨姆那里学到了很多。”我告诉她，我更希望我的孩子能让教师们少学点东西。他在二年级时的教师说过类似的话，我说我希望他能轻松些——为了他自己和其他人的舒适。如果他是一个能向其他人学习而不是充当教学案例的孩子该多好。但他如此特别、如此卓越，我真的希望（并开始相信）他的天赋是被认可的。他是一个很有魅力且很有创造力的孩子。我只是希望我们能跟上他的步伐，不要试图把他放在孩子们的周围很容易构建的高成就的“盒子”里。

琳达的话语充满了爱与幽默、疲惫与忧虑。她娓娓道出，萨姆取得了惊人的进步，但进步是循序渐进的，有起有落。她试图从长远的角度来看问题，相信萨姆有能力茁壮成长，并从陪伴他的成人那里得到所需要的帮助。现在他长大了，她和彼得也适应了让他接受药物治疗的想法（尽管她知道这只是一个大难题的一小部分）。她想让萨姆成为他命中注定要成为的出色且有创造力的人，而不是被过于进取的世界所期待的人。她和彼得爱他，也对他发脾气。当做错事情时，他们会努力改正、道歉，然后继续前进。他也是如此，他正在学习。

琳达所传达的很多东西都是良好教育与养育的核心。我们如何重视幼儿的价值并在挑战领域支持他们？尽管他们现在挣扎，我们如何相信他们的未来？当失去耐心，但知道他们迫切需要我们的善意时，我们如何重新振作？这些确实是艰巨的任务，与教学领域中的任务一样重要。

一些悬而未决的问题

没有一本书能在相同程度上涵盖所有的话题。我在这里提出的是一种全面的思考方式，同时详细地介绍了针对一系列困难的干预方法。我还没有探讨：当你觉得教学团队没有发挥应有的作用时，你能做些什么？虽然我在这里没有回答这个问题，但这是一个很重要的问题——尤其是棘手的幼儿会分裂一个团队，同时一个分裂的团队会导致幼儿变得棘手。我没有写教师如何才能最有效地与专家合作，也没有写家校合作伙伴如何考虑与药物干预相关的棘手问题。

最后一个问题值得我们深思。在一般情况下（尤其是在幼儿的早期阶段）这是正确的——幼儿的大脑正在快速发育，我们通常不知道药物将如何影响这种发育。在很大程度上，我相信等待，就像彼得和琳达做的那样，如果有必要，可以考虑让孩子在小学时期接受药物治疗。即便如此，我对药物的使用仍持保守态度。我有时觉得，如果其他类型的干预和支持已被充分地尝试，而且幼儿仍然可以使用额外的支持，那么这是一个不错的选择。即便如此，正如你在琳达的电子邮件中看到的，药物从来不是灵丹妙药。相反，它偶尔会让幼儿更容易地使用他们得到的帮助。

还有一个领域——就是每个人全身心地投入幼儿工作的方式——我只提到了一点。我们和所关心的幼儿一样，都不是白板。他们把自身的经历和气质带给我们，我们也把自身的经历和气质带给他们。这些经历和气质会接近我们、干扰我们，让我们感受到自己曾经感受过的且再也不想感受的东西。有时我们会对幼儿过度保护，有时我们会非常生气，有时一个特定的幼儿会让我们长期感到烦恼，甚至完全不想干涉。这些内在体验总是有原因的，并且值得关注。

总　结

作为一名作家和从业者，我发现很难不去解决这些问题。但本书不可能探索所有的内容，其他内容可以优先考虑。我希望通过这些章节，能为支持难以被帮助的幼儿和与经常不知所措的家长合作点燃能量和灵感。我也愿意相信，我已经提供了一幅关于幼儿如何学习和成长的现实图景。如果有人把幼儿的进步描述为“神奇的速度”或“天衣无缝”，那就是把事情描述得太理想了。幼儿先进步，再跌倒，或者以令人鼓舞的方式前进，然后到达一个看似无止境的高原。家长也以同样的轨迹成长。你有多少次看到家长学习用更多的技巧来支持他们的孩子，然后随着精力下降，他们的注意力开始分散，或者因遇到困难时期而迷失方向？

琳达曾经用语言描述过在遇到这些问题时的感受。那是萨姆在幼儿园里的第二年——在她、彼得和我第一次交谈的一年后。彼得没能参加我们的聚会，但琳达来了。当我最后一次见到这对父母时，萨姆的情况还不错，琳达能够带他去游乐场或社区活动。当萨姆崩溃时，她第一次感觉到，没有人用评判的眼光盯着她，这对她来说是一种惊人的快乐。现在他正在经历一段艰难的时期，她感到非常沮丧。为什么萨姆表现不好，她烦躁不安？为什么他不能像其他孩子一样照顾自己？在面对他的挣扎时，为什么她不能像理想中的家长那样始终如一地提供支持？我们谈到了迄今为止的旅程和未来的旅程，谈到了萨姆退回曾经的状态。当她再次找到自己的定位时——这是一项与萨姆这样的幼儿相处的挑战性任务——琳达说了一些有见地的话：

“当事情一直很顺利，但你的孩子却犯了错误时，要记住那些有效的技巧就更难了。”因为自从事情开始好转后，你就不需要一直使用它们了。你很快就会失去耐心。你会感到沮丧，因为你觉得自己已经取得了进步，但现在你却在倒退。即使你没有，你也会觉得自己失去了阵地。然后每个人都会遭殃。你必须问问自己：“我对成功的定义是什么？”

或许，通过阅读这本书，您对成功的定义已经稍有改变。也许我提供的内容将帮助您向工具箱中添加更多的工具，并记住大改变总是始于小步子。我希望如此。我也希望，通过阅读我所分享的故事和想法，您每天所做的工作会大放异彩。教育和照顾幼儿的工作与其他工作一样有意义、有影响。与一些幼儿在一起的旅程可能是漫长而费力的，但是您可能改变他们及其家人的一生。

附录A　寻求清晰——有用的表格

小组讨论的问题和行动计划

收集观察情况和相关信息：我们看到/发现了什么？

我们担心的行为和问题是什么？

幼儿有哪些长处或强项？我们欣赏或喜欢他（她）的什么？

我们关心的行为和问题会在什么地方和什么时间出现？然后我们看到 / 发现了什么？

我们注意到游戏中有哪些挑战（包括幼儿在游戏中所做的我们担心的事情，以及幼儿不做的我们希望看到的事情）？幼儿的长处或强项如何在游戏中表现出来？

当幼儿表现很好时，我们注意到当时的时间和情况了吗？当他（她）表现得很挣扎或艰难时，我们需要关注什么？

当事情发生时，我们应用 ABC 分析了吗？如果没有，那么我们应该用吗？如果有，那么我们从 ABC 分析的过程中发现了什么？幼儿因自己的行为导致或避免了哪些事情的发生呢？

我们注意到与幼儿之间关系的质量了吗？我们之间有一种热切的亲密感吗？我们看到的行为是否导致我们（或我们中的一些人）对他（她）感到愤怒和（或）沮丧？我们清楚幼儿的家庭关系中是否存在令人担忧的紧张吗？

理解幼儿的行为和感受：我们思考什么？

我们对幼儿在温馨和信任的关系中的参与能力有什么理解？

基于幼儿的年龄，哪些方面的发展或行为技能远远达不到我们的期望？检查可以从技能培养中受益的领域：

□成功地交流和沟通

□对提示做出回应

□集中并保持注意力

□管理精力

□管理强烈的情绪（如沮丧、愤怒、悲伤和焦虑）

□改变轨迹并保持灵活性

□分享空间、观点和材料

□与朋友互谅互让

□控制冲动

□等待

□解决问题

□参与具有年龄适宜性的游戏（包括在游戏中发展故事）

□其他______________________________

我们如何认识幼儿的情感体验——他（她）对自我的体验，对世界的感受和（或）对处理人生起伏的信心？

对于幼儿天生的语言与信息处理气质和能力，我们的理解是什么？游戏中是否出现了感觉统合问题？

我们知道幼儿在最初的几年里是否有一个特别"艰难的开始"吗？如果有，我们对发生的事情了解多少？

我们了解幼儿在家里的艰难时刻吗？家庭生活造成了重大的压力吗？如果是，我们对这些压力源了解多少？是经济或住房问题吗？是兄弟姐妹或婚姻问题吗？是心理健康或药物滥用问题吗？是否有其他与家庭有关的情况？

幼儿的父母出生于哪里？家庭生活的核心文化准则是什么？幼儿的父母在家里讲英语吗？他（她）是第二语言学习者吗？是否有使家庭成员的生活特别紧张的移民问题？

幼儿的成长史中有已知的心理创伤或家庭暴力经历吗？他（她）有没有随时被从家里带走？

设计一个行动计划：我们应该做什么？

步骤一：设定目标

Ⅰ．加强成人与幼儿的关系的目标：

Ⅱ．发展性技能的目标：

Ⅲ．情绪健康的目标：

Ⅳ．改变有问题的互动模式的目标：

Ⅴ．当幼儿的行为不可接受和不安全时，提高反应的清晰性和一致性的目标：

Ⅵ．与幼儿的家庭合作并提供支持的目标：

Ⅶ．为幼儿和（或）家庭获取评价和额外支持与服务的目标：

步骤二：完善目标，选择策略并制订行动计划

支持温馨的关系、发展性技能和情绪健康的策略：

目标______________________________

课堂教学策略：

个人中心策略：

目标______________________________

课堂教学策略：

个人中心策略：

目标______________________________

课堂教学策略：

个人中心策略：

目标______________________________

课堂教学策略：

个人中心策略：

目标________________________________

课堂教学策略：

个人中心策略：

与目标和策略相关的补充性说明（包括互动模式）：

当预防或技能培养策略不足以应对不可接受或不安全的行为时，基于团队的冷静、一致性和统一的应对计划：

与幼儿的家庭接触和合作的计划：

如果合适，获得评价和（或）额外服务的计划：

步骤三：询问和回答最后一组问题

我们如何才能像一个团队站在同一个角度？谁来做什么？

我们的时间框架是什么？我们需要多长时间才能再次核对？

创建行动计划的预告：需要考虑的领域

检查可能适用于未来行动的领域，并回顾可能性。

____ **用关系孕育每一天：**我们怎么做？什么对幼儿有用？什么能帮助他（她）感到被一种稳定的方式珍视、关注和喜欢？

____ **对行为清晰、合理和一致的期望：**在班级内如何以一种积极的、清晰的和友好的方式让幼儿知道教师的期待？如何以一种专门指向特殊幼儿的方式行事？我们如何确定何时阻止行为或支持技能发展，而不是设定限制？我们如何设定期望让所有的幼儿都提前知道后果，然后让他们理解限制？一旦“惩罚”结束，我们如何确保他（她）觉得回到团队是受欢迎的呢？

____ **儿童友好的常规活动、过渡环节和课堂结构：**如何使课堂活动和时间表可预测、具有一致性且令人放心？我们是否需要张贴一些容易看到的视觉资料以提醒幼儿什么时候会发生什么？我们的圆圈活动和（或）小组指导是在一个可预测的时间发生的吗？内容对幼儿（特别是第二语言学习者，或处理信息有困难、难以集中注意力的幼儿）有吸引力吗？如果我们的小组指导时间超出了幼儿的承受能力，是否有一个儿童友好计划（包括让幼儿在挑衅性行为成为问题前休息一下）？幼儿是否需要一套个性化视觉材料或额外的方式来预览即将发生的事情？在小组活动期间要拿些什么？让他（她）度过过渡期是一项特殊的工作吗？有为他（她）的身体提供额外支持的特殊椅子或座位吗？有一张“我需要休息”的卡片吗？

____ **在提示回应性行为的支持中工作：**我们需要一个基于提示的课堂教学策略和个人中心策略吗？它将有助于我们记住90–10规则吗？我们如何通过积极的互动支持提示回应？

____ **在沟通和支持对话方面的工作：**为了更充分地理解他人和更成功地沟通，幼儿可能需要什么帮助？

____ **关于理解和表达情感的小组/个人工作：**我们如何帮助幼儿感到被看见和被理解，并支持他（她）找到合理的方式来表达情感和（或）将其嵌入游戏？我们能利用情绪温度计、儿童文学、课程桥梁、脚本故事、玩偶作品、情绪表和（或）

角色扮演吗？有没有对幼儿特别有用的其他与情感相关的工具？

____ **强烈情绪管理的小组/个人工作：**我们可以使用哪些技能培养工具来帮助整个小组的幼儿学习“结束”强烈情绪并继续前进？什么循序渐进的策略和视觉资料可以帮助特殊幼儿发展他（她）需要增进的自我安抚技能？我们是否需要调整与幼儿相处的惯用方式，以帮助年轻人接受支持并利用帮助？玩偶能成为我们的盟友吗？脚本故事能提供指导吗？儿童文学能为幼儿努力获得自制力提供帮助吗？

____ **控制冲动的小组/个人工作：**我们如何将冲动控制分解到整个小组活动的各个部分中？我们能用“停（Stop）—想（Think）—问（Ask）—答（Respond）”的过程来启动学习吗？玩偶作品是否有助于解释和强化这些步骤？角色扮演怎么样？我们怎样主动支持冲动控制，从而减少设定限制的次数？随着幼儿技能的提高和行为的慢慢改善，我们怎样保持积极和鼓励？

____ **作为社区成员的小组/个人工作：**我们如何创造一个儿童友好型课堂环境，让每个人都致力于为整个小组的福祉做出贡献？我们能否让幼儿学会分享并对此感到高兴，因为这样做对每个人都有益？贴在墙上的“我们是一个伟大的团队”的便签会有帮助吗？装在罐里的橡皮糖满了，是不是就可以庆祝了？有没有一个幼儿粘贴分享和互助的照片的地方（照片在小组活动时凸显）？当特殊幼儿的参与让每个人都过得更好时，我们如何强调在整体中发挥积极作用时的自豪感和快乐？

____ **关于等待的小组/个人工作：**我们如何一步一步地分解等待的内容，然后提供一种儿童友好的方式来规划其步骤？我们如何在整个团队中培养等待的能力，并在个性化互动中支持等待能力的进一步发展？

____ **小组/个人分享工作或后续分享：**我们如何将分享分解成不同的部分？我们怎样以一种儿童友好的方式来教它呢？我们应该如何处理它、谈论它、在整个团队中探索它，以及在个人和小组互动中支持它？脚本故事、儿童文学、角色扮演和（或）玩偶作品可能会有帮助吗？

____ **小组/个人问题解决工作或跟进问题解决的步骤：**我们是否需要一个故事、一张图和（或）表、一个玩偶、一个计划和（或）课堂教学语言（如“问题解决时间”）？为了阻止大发雷霆并寻找合理的解决方案，幼儿需要做什么？

____ **支持性游戏的小组和（或）个性化工作：**幼儿在游戏技能方面的发展情况如何？他（她）知道游戏的基本知识吗？如果不知道，那么我们需要从哪里开始？幼儿需要帮助创作和扩展故事吗？

____ **基于团队的不可接受行为的计划：**如果我们所有的主动/预防策略都不起作用，并且幼儿的行为方式不可被接受，那么该怎么办？我们将在何处划定界限，以确定何时提供技能培养支持以及设定限制？如果幼儿失控或不安全，我们该怎么办？如果他（她）拒绝听从我们的指示，又不能被重新引导，我们该怎么办？（尤其是，谁在这种情况下会做什么？）当幼儿恢复镇定时，我们将如何帮助他（她）重新加入团队？什么时候需要外部支持？什么时候需要通知家长？

附录B 坚持正轨——干预的原则

干预的原则

当某个幼儿特别烦躁或充满挑战性时，提醒自己回顾针对所有幼儿的总体干预原则是有帮助的。在更多的时候，重新联系这些原则——以及它们促进的充满同情心的反思和干预——可以让我们在困难时找到一条通向成长的道路。

寻找伙伴和视角

- 向家长伸出援手：与家长合作的工作——与他们共享信息，向他们学习，为他们提供支持和引导——是推动事情向前发展的一个重要因素。
- 为改变而合作：我们的目标是让家庭成员、教师和现场专家分享这些方法。当幼儿在不同的场所面对相似的策略时，变化会更快、更充分。
- 在开始工作前了解清楚：在提出帮助幼儿的想法前，我们必须有清晰的图景，即必须清楚地了解造成幼儿困难的原因。
- 制定总体发展目标：一旦对正在发生的事情的“最佳猜测”想法感到满意，我们就可以把它作为制定长期目标的基础。

建立在关系的力量和中心地位之上

- 记住关系的重要性：无论我们的目标是什么——以及我们将采用什么策略来实现这些目标——我们都要提醒自己，幼儿与照顾者之间的温暖而充满爱的关系是干预的最重要因素。
- 在纠正或改变方向前关注关系：当我们需要帮助幼儿停止正在做的事情，以便他们做一些更容易被接受的事情时，重要的是要记住，当我们的输入从温暖的关系开始时效果最好。
- 在可能的情况下，与幼儿保持眼神接触：蹲下来与幼儿齐平——这样我们就可以很容易地看到他（她）的眼睛——可以促进他（她）与他人的关系，也可以增加我们所提供的帮助或支持的力量。

降低发展预期

- 从幼儿所在的地方开始，而不是从我们希望他在的地方开始：从幼儿处于的特定发展“阶梯”开始工作，并以“一步一步”的方式开始构建——而不是设定我们所希望的与其年龄相适宜的期望。
- 一次选择一小部分目标领域：不要同时针对太多的行为和发展目标，否则往往适得其反。我们应该暂时放弃一些目标，当幼儿在一小部分目标领域中表现出掌握的迹象后，再将之前放弃的目标重新提上日程。
- 一步一步地工作以实现行为目标：我们应该把对改变的期望分解成一点一点。这样，幼儿和照顾者都能感到成功。

培养准备的姿态

- 有“基本规则”的地方：我们依靠良好的教室设计、良好的教学、稳定运行的例行程序、合理的规则、可接受的行为，以及对尊重他人的整体关注，来提升教室内的平静感和友好感。课堂上的基本规则有助于防止一些问题行为和“群体传染”问题（这些问题会给幼儿和教师的生活带来困难）。
- 提前思考，以便做好应对准备：我们期待当令人担忧的行为发生时，我们已经有准备好的应对策略。如果我们确信幼儿在处理即将面对的情况时会遇到困难，那么我们会在其陷入困境前与其合作，并帮助其成功地解决问题。换句话说，我们是“主动出击，而不是被动应对”。
- 知道什么时候该向前一步，什么时候该向后一步：我们需要寻求情感支持和技能培养帮助（向前一步）的结合，以及对行为的明确期望（向后一步）。我们的目标是“干净”而不是“邋遢”，保持耐心和友好，为幼儿提供其在大部分时间中需要的技能培养帮助，同时在必要时冷静而坚定地设定限制。

- 寻求“最大的回报”：只要有可能，我们应该依赖于一种针对多个目标的方法，从而使我们的工作更轻松，对幼儿发展的影响更强。

使用多种方法来支持能力发展

- 借一个伙伴来支持学习：针对一个或多个技能的发展，我们和幼儿一起进行有趣的活动（包括一对一的活动和他与伙伴们一起的活动）。然后，在为其提供友好陪伴的同时，提供技能培养的支持和支架，以应对其在挑战领域的能力的缓慢发展。
- 依靠游戏的力量和乐趣：记住游戏是一种很好的干预媒介，我们考察幼儿在“游戏中”的挑战是如何发挥作用的。然后，考虑到幼儿的成长目标，我们从游戏外部（作为游戏观察员或游戏教练）或从游戏内部（作为“聪明的幼儿”）提供基于游戏的支持。
- 利用幼儿的优势应对挑战：当幼儿的积极性很高时，他更有可能成为我们努力促进其在困难领域发展的自愿伙伴。这就是为什么我们能在幼儿的兴趣和优势上以一种让其感觉良好的方式支持其技能获得发展。
- 鼓励安全、健康地表达情绪和情感：如果我们希望幼儿在面对困难的情绪和情感时表现得更理智，那么我们会帮助他找到安全的地方来表达这些情绪和情感。对于一些年轻人来说，这种帮助可能包括定期与治疗师在一起。对其他人来说，它可以只在家庭和学校里提供。
- 支持稳定练习的机会：面对行为、情感和发展挑战的幼儿需要比其他人花更长的时间来学习对他们来说最难的技能。这就是我们为幼儿寻找许多不显眼的机会来练习其所缺乏的技能的原因——正是这种练习帮助幼儿成长。

监控和行为反馈循环

- 支持能力的发展，而不是困难：我们“寻找闪光点”，这是能力发展的迹象，显示幼儿正开始步入正轨。然后，我们要用温暖和快乐的反应面对这些表现。同时，我们通过观察来确保幼儿因不良行为而受到的负面关注没有发挥作用——强化这种不良行为（尽管每个人都出于好意）。

- 寻求一种乐观、友好的语气：当幼儿觉得成人很容易生气、愤怒或挑剔时，他不太可能想取悦别人（或变得开心）。因此，当注意到一个年轻人已经被“藏在我们的皮肤下”时，我们要尽可能地保持积极乐观。这可能是一个挑战，有时需要一些富有同情心的朋友或同事的额外支持。但是，我们减轻情绪反应会对每个人都产生很大的影响。

追踪和修改方法

- 密切关注成功和失败：一旦找到了一种方法，我们就需要仔细观察什么是有效的，什么是无效的。在必要的时候，我们需要利用所注意到的关于幼儿越来越成功和持续不断的困难的信息来找出如何调整、改变或增加我们正在做的事情。
- 确保策略为相关人员量身定做：策略不是“放之四海而皆准”的工具包。这就是为什么尽管找到一种与我们的理解相吻合的方法很重要，但我们所使用的具体技术要让所有相关人员都感到舒服。
- 寻求进一步的咨询、测试和（或）服务：有时家长和教师提供的帮助不足以支持幼儿的成长。在这一过程中的测试、额外的咨询和（或）专家的直接服务都可能是有用的。如果是这样的话，那么找到符合幼儿和家庭风格（以及家庭的经济和后勤需求）的外部专家是非常重要的。
- 获得额外的家庭支持：治疗性支持或增加的服务在家庭遭受创伤、暴力或重大冲突时非常有用。当家长情绪失控、与药物滥用做斗争、处理重大的医疗问题或面临严重的经济和住房压力时，情况也是如此。支持家庭获得此类服务有时是我们工作的重要部分。

照顾好自己

- 找时间反思：为谈话、反思和支持创造机会有助于我们走上正轨。当教师有了联系网和知识网并振作精神时，他们在支持有挑战性的幼儿方面总能做得更好。

- 寻找脱身的机会、乐趣和幽默感：教师有时觉得自己需要休息，这是理所当然的（家长也需要休息）。找时间休息，玩得开心，与其他成人重新建立关系，可以给与令人担忧的儿童打交道的人带来真正的动力。（改编自：Hirschland，2008，pp. 98-102）

附录C　学习更多——工具和资源

基于主题的工具和资源

儿童的“天性”

强调气质的书籍

- *The Challenging Child: Understanding, Raising, and Enjoying the Five “Difficult” Types of Children*, Stanley Greenspan with Jacqueline Salmon（Da Capo Press, 1996）
- *The Difficult Child: Understanding and Managing Hard-to-Raise Children*, Stanley Turecki with Leslie Tonner（Bantam Books, 2000）
- *Temperament in the Classroom: Understanding Individual Differences*, Barbara Keogh（Brookes Publishing, 2002）

关注信息加工和（或）全纳教育的书籍

- *The Child with Special Needs: Encouraging Intellectual and Emotional Growth*, Stanley Greenspan and Serena Wieder（Perseus Books, 1998）
- *Collaborative Intervention in Early Childhood: Consulting with Parents and Teachers of 3- to 7-Year-Olds*, Deborah Hirschland（Oxford University Press, 2008）
- *Including One, Including All: A Guide to Relationship-Based Early Childhood Inclusion*, Leslie Roffiman and Todd Wanerman with Cassandra Britton（Redleaf Press, 2011）
- *A Mind at a Time*, Mel Levine（Simon and Schuster, 2002）

关于感官信息加工问题的书籍

- *Building Sensory Friendly Classrooms*, Rebecca Moyes（Sensory World, 2010）
- *The Out-Of-Sync Child Has Fun: Activities for Kids with Sensory Integration Dysfunction*, Carol Stock Kranovitz（Perigree, 2003）
- *The Out-Of-Sync Child: Recognizing and Coping with Sensory Integration Dysfunction*, Carol Stock Kranovitz（Perigree, 2006）
- *Sensory Integration: A Guide for Preschool Teachers*, Christy Isbell and Rebecca Isbell（Gryphon House, 2009）

主动教学实践

- *Creating the School Family: Bully-Proofing Classrooms through Emotional Intelligence*, Becky Bailey（Loving Guidance, 2011）
- Center for the Social and Emotional Foundations of Early Learning（CSEFEL）(See, in particular, the home page sidebar that links to CSEFEL's "What Works Briefs." Included are briefs on routines and schedules, transition time supports, and environmental strategies, among others.)
- *Designs for Living and Learning: Transforming Early Childhood Environments*, Deb Curtis and Margie Carter（Redleaf Press, 2003）
- *Inspiring Spaces for Young Children*, Jessica DeViney, Sandra Duncan, Sara Harris, Mary Ann Rody, and Lois Rosenberry（Gryphon House, 2010）
- *Transition Magician: Strategies for Guiding Young Children in Early Childhood Programs*, Nola Larson, Mary Henthorne, and Barbara Plum（Redleaf Press, 2002）

游戏和游戏支持

- *A Child's Work: The Importance of Fantasy Play*, Vivian Gussin Paley (University of Chicago Press, 2004)
- *The House of Make Believe: Children's Play and the Developing Imagination*, Dorothy and Jerome Singer (Harvard University Press, 1990)
- *Magic Capes, Amazing Powers: Transforming Superhero Play in the Classroom*, Eric Hoffman (Redleaf Press, 2004)
- *Play: The Pathway from Theory to Practice*, Sandra Heidemann and Deborah Hewitt (Redleaf Press, 2010)
- *The Play's the Thing: Teachers Roles in Children's Play*, Elizabeth Jones and Gretchen Reynolds (Teachers College Press, 2011)
- *The Power of Play: Learning What Comes Naturally*, David Elkind (Da Capo Press, 2007)

自我调节

书籍和手册

- *Beyond Behavior Management: The Six Life Skills Kids Need*, Jenna Bilmes (Redleaf Press, 2012)
- *Challenging Behavior in Young Children: Understanding, Preventing, and Responding Effectively*, Barbara Kaiser and Judy Sklar Rasminsky (Pearson, 2012)
- *The Explosive Child: A New Approach for Understanding and Parenting Easily Frustrated, "Chronically Inflexible" Children*, Ross Greene (Harper Collins Publishers, 2010)
- *Freeing Your Child from Anxiety: Powerful, Practical Solutions to Overcome Your Child's Fears, Worries, and Phobias*, Tamar E. Chansky (Broadway Books, 2004)
- *Helping Your Anxious Child: A Step-by-Step Guide for Parents*, Ronald

Rapee, Ann Wignall, Susan H. Spence, Vanessa Cobham, and Heidi Lyneham (New Harbinger Publications, 2008)

- *How Does Your Engine Run? A Leader's Guide to the Alert Program for Self-Regulation*, Mary Sue Williams and Sherry Shellenberger (TherapyWorks, 1996)
- *Lost at School: Why Our Kids with Behavioral Challenges are Falling through the Cracks and How We Can Help Them*, Ross Greene (Scribner, 2008)
- *Seven Steps to Help Your Child Worry Less: A Family Guide*, Sam Goldstein, Kristy Hagar, and Robert Brooks (Specialty Press, 2002)
- *Trouble in the Classroom: Managing the Behavior Problems of Young Children*, W. George Scarlett and Associates (Jossey-Bass, 1998)

网站

- Center for Early Childhood Mental Health Consultation at Georgetown University (See, in particular, "Teaching Tools for Young Children.")
- Center for the Social and Emotional Foundations for Early Learning (CSEFEL) (See, in particular, the sidebar that links to a page titled "Practical Strategies.")

促进能力发展的工具

- Books about feelings
- Calming bottle
- Emotional thermometer
- Feelings charts
- Problem-solving steps and solution kits
- Puppets: "Tips for Using Puppets to Promote Preschool Children's Social and Emotional Development" by Carolyn Webster-Stratton (The Incredible Years)
- Scripted stories for social situations, including "*Tucker Turtle Takes Time*

to Tuck and Think" and "*I Can Be a Super Friend*"

- S-T-A-R Technique（adapted from the STAR Parenting Program）

家庭行为管理

- *1-2-3 Magic: Effective Discipline for Children 2–12*, Thomas Phelan（Parent Magic, 2010）
- *Parenting the Strong-Willed Child*, Rex Forehand and Nicholas Long（McGraw Hill, 2010）
- *SOS Help for Parents: A Practical Guide for Handling Common Everyday Behavior Problems*, Lynn Clark（SOS Programs and Parents Press, 2005）

屏幕时间（和过度曝光）

- *The Big Disconnect: Protecting Childhood and Family Relationships in the Digital Age*, Catherine Steiner-Adair with Teresa Barker（Harper Collins, 2013）
- *Imagination and Play in the Electronic Age*, Dorothy and Jerome Singer（Harvard University Press, 2005）
- "*Media and Children*," Recommendations and Resources from the American Academy of Pediatrics
- *Taking Back Childhood: Helping Your Kids Thrive in a Fast-Paced, Media-Saturated, Violence-Filled World,* Nancy Carlsson-Paige（Hudson Street Press, 2008）

精神创伤和家庭暴力

- *Children Who See Too Much: Lessons from the Child Witness to Violence Program*, Betsy McAlister Groves（Beacon Press, 2002）
- *Hope and Healing: A Caregiver's Guide to Helping Young Children Affected by Trauma*, Kathleen Fitzgerald Rice and Betsy McAlister Groves（Zero to Three Press, 2005）

参考文献

Aber, J. Lawrence, Sara Pederson, Joshua L. Brown, Stephanie M. Jones, and Elizabeth T. Gershoff. 2003. *Changing Children's Trajectories of Development*. New York: National Center for Children in Poverty.

Ballenger, Cynthia. 1992. "Because You Like Us: The Language of Control." *Harvard Educational Review* 62, no. 2: 199–208.

Barkley, Russell A. 2013. *Your Defiant Child: Eight Steps to Better Behavior*. New York: Guilford Press.

Carlsson-Paige, Nancy. 2008. *Taking Back Childhood: Helping Your Kids Thrive in a Fast-Paced, Media-Saturated, Violence-Filled World*. New York: Hudson Street Press.

Clark, Lynn. 2005. *SOS Help for Parents: A Practical Guide for Handling Common Everyday Behavior Problems*. Bowling Green, KY: Parents Press.

Fonagy, Peter, György Gergely, Elliot L. Jurist, and Mary Target. 2002. *Affect Regulation, Mentalization, and the Development of Self*. New York: Other Press.

Gray, Carol, and Abbie Leigh White. 2006. *My Social Stories Book*. Philadelphia: Jessica Kingsley.

Greene, Ross W. 2008. *Lost at School: Why Our Kids with Behavioral Challenges Are Falling through the Cracks and How We Can Help Them*. New York: Scribner.

——. 2010. *The Explosive Child: A New Approach to Understanding and Helping Easily Frustrated, Chronically Inflexible Children*. New York: HarperCollins.

Greenspan, Stanley. 1992. *Infancy and Early Childhood: The Practice of Clinical Assessment and Intervention with Emotional and Developmental Challenges*. Madison, CT: International Universities Press.

Greenspan, Stanley, and Serena Wieder. 1998. *The Child with Special Needs:*

Encouraging Intellectual and Emotional Growth. Reading, MA: Perseus Books.

Heidemann, Sandra, and Deborah Hewitt. 2010. *Play: The Pathway from Theory to Practice*. St. Paul, MN: Redleaf Press.

Hirschland, Deborah. 2008. *Collaborative Intervention in Early Childhood: Consulting with the Parents and Teachers of 3- to 7-Year-Olds*. New York: Oxford University Press.

Kagan, Jerome, and Nancy Snidman. 2004. *The Long Shadow of Temperament*. Cambridge, MA: Harvard University Press.

Klass, Perri, and Eileen Costello. 2004. *Quirky Kids: Understanding and Helping Your Child Who Doesn't Fit In*. New York: Ballantine Books.

Koplow, Lesley, ed. 1996. *Unsmiling Faces: How Preschools Can Heal*. New York: Teachers College Press.

Landy, Sarah. 2002. *Pathways to Competence: Encouraging Healthy Social and Emotional Development in Young Children*. Baltimore: Paul H. Brookes.

LeLaurin, Kathryn, and Todd R. Risley. 1972. "The Organization of Day-Care Environments: 'Zone' versus 'Man-to-Man' Staff Assignments." *Journal of Applied Behavioral Analysis* 5: 225–232.

Minahan, Jessica, and Nancy Rappaport. 2013. *The Behavior Code: A Practical Guide to Understanding and Teaching the Most Challenging Students*. Cambridge, MA: Harvard Education Press.

National Scientific Council on the Developing Child. 2005. "Excessive Stress Disrupts the Architecture of the Brain: Working Paper #3."

Osofsky, Joy D., ed. 2004. *Young Children and Trauma: Intervention and Treatment*. New York: Guilford Press.

Rice, Kathleen Fitzgerald, and Betsy McAlister Groves. 2005. *Hope and Healing: A Caregiver's Guide to Helping Young Children Affected by Trauma*. Washington DC: Zero to Three Press.

Scarlett, W. George. 1998. *Trouble in the Classroom: Managing the Behavior Problems of Young Children*. San Francisco: Jossey-Bass.

Shonkoff, J., and Phillips, D. eds. 2000. *From Neurons to Neighborhoods: The Science of Early Childhood Development*. Washington, DC: National Academies Press.

Siegel, Daniel J. 2012. *The Developing Mind: How Relationships and the Brain Interact to Shape Who We Are*. 2nd ed. New York: Guilford Press.

Steiner-Adair, Catherine. 2013. *The Big Disconnect: Protecting Childhood and Family Relationships in the Digital Age*. New York: HarperCollins.

Tabors, Patton O. 2008. *One Child, Two Languages: A Guide for Early Childhood Educators of Children Learning English as a Second Language*. 3rd ed. Baltimore: Paul H. Brookes.

Thomas, Alexander, Stella Chess, and Herbert G. Birch. 1968. *Temperament and Behavior Disorders in Children*. New York: New York University Press.

Turecki, Stanley. 2000. *The Difficult Child*. New York: Bantam Books.

Vygotsky, Lev S. 1978. *Mind in Society: The Development of Higher Psychological Processes*. Cambridge, MA: Harvard University Press.

Williams, Mary Sue, and Sherry Shellenberger. 1996. *How Does Your Engine Run? A Leader's Guide to the Alert Program for Self-Regulation*. Albuquerque, NM: Therapy Works.

Zelazo, Philip D. 2014. "Executive Function Part One: What Is Executive Function?"